DIE AMEISE ALS TRAMP: VON BIOLOGISCHEN INVASIONEN

# 放浪するアリ

## 生物学的侵入をとく

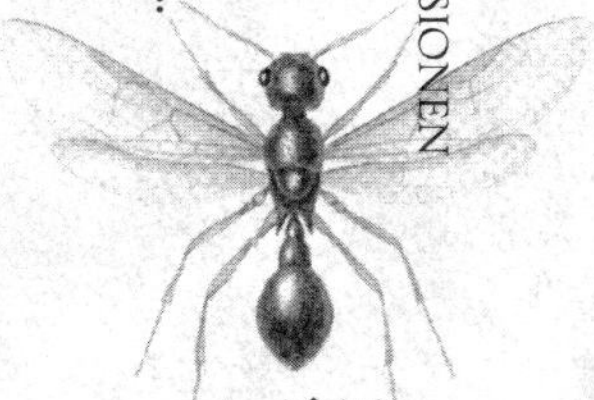

BERNHARD KEGEL
ベルンハルト・ケーゲル
小山千早……訳

新評論

i

## 的外れの自己評価への称賛

モズはスクスク育ち、
ブラック・パンサーは何も躊躇せず、
ピラニアはその行いの意味を疑わず、
ガラガラヘビは無条件に自分を認める。

自己批判的なジャッカルなどいない。
バッタ、ワニ、旋毛虫（せんもうちゅう）、這い回る生き物はすべて
生きるがごとくに生き、それで満足している。

クジラの心臓は一〇〇キロもあるが、
別の見方をすればそれもまた軽いものだ。

ここ、太陽系の第三番目の惑星では、
やましいところのない良心、
これより動物的なものはないのだろう。

Wislawa Szymborska（ヴィスワヴァ・シンボルスカ）

# もくじ

# もくじ

# 凡例

1．本文行間の算用数字（1）（2）（3）…は訳者による脚注である。
2．本文行間の＊付き算用数字（＊1）（＊2）（＊3）…は巻末の引用出典である。
3．原著者による脚注は（原注1）（原注2）（原注3）…として示し、訳者による脚注と区別した。
4．「 」は原則として原著の（1）引用符に囲まれた語句、（2）斜体字による強調表現、に用いた（一部傍点にかえたところもある）。
5．『 』は作品や著作物を示す。
6．〈 〉は新聞および雑誌を示す。
7．（ ）は訳者による補記として用いたが、原著にある原語表記を並列する場合にも用いた。
8．地名および人名は原則として原音表記を心がけたが、慣例を優先させたものもある。
9．動植物名で日本語名が確定していないと思われるものに関しては、学名（ラテン名）のみの表記にとどめた。
10．原著の索引は簡略化した。
11．本書は、原著“DIE AMEISE ALS TRAMP”の全二八章のうち、一五章の抄訳である。

## フランス　一九九三年八月

南フランスのロット・エ・ガロンヌ県に住むその釣り人は、びっくり仰天した。数時間のうちに、彼は数種の小さな魚を除いて当地に見られる種類の魚はほとんど釣り上げていた。だが、今、彼の釣り針にかかってもがいている魚はまだ一度も見たことがない魚だった。それは体長三〇センチメートルの平べったい円板状の魚で、金属のような銀色の光沢を放ち、腹とエラが血のように赤い。一番目を引いたのはその歯だ。信じられないような歯だった。経験豊かな釣り人はその歯を見てすぐに、それが普通だったらここには生きていないような魚であることを、そして、ここには絶対に生きていて欲しくない魚であることを悟った。当地を担当している監視人は、このことを耳にしても初めは冗談を言っているのだとしか思えなかった。だが数日後、二匹目がかかった。ガロンヌには、本当にピラニアがいたのだ！　当局は、誰かが気難しいペットを水槽から川へ解放してやったものと見ている。

# 放浪するアリ

**Bernhard Kegel**
**DIE AMEISE ALS TRAMP**

# 序

「誤ちを犯さぬように。私たちは地球の動植物界における史上最大の革命の一つを経験しているのだ」(*1)

チャールス・エルトン(1)

分かれ、広がり、伸展するのは生命の特色である。動植物は至る所で、どの時代においても、新しい境遇の中で生きようとしている。これまでの生活の境界を手探りで超え、失敗してはまた最初からやり直す。この目的のために生物がふと思いついた適応の仕方は、計り知れないほど多様だ。歩き、泳ぎ、飛び、帆走し、波風に運ばれ、あるいはほかの生物の体をタクシーのごとく利用する。生物の多くは、生活環の中で特定の分布方法を段階的に発達させてきた。パラシュートつきの種や付着組織、羽根のように軽い胞子、可動幼虫など、これらは多くの子孫ができるかぎり広い範囲に分布されることを約束している。すぐに消滅してしまう生命もあるが、それは最初から計算済みだ。新しい生活空間の発見とその地への定着は、今も昔も動植物にとって一つの生き残りをかける問題である。停滞は死にもつながりかねない。沼は乾ききって、湖は陸地化し、森は焼け落ちて、大陸全体

(1) Charles Elton(1900〜1991)イギリスの動物生態学者。食物連鎖、主態的地位、個体群動態を基礎にした現代生態学を確立。著書に『侵略の生態学』(思索社、川那部浩哉・大沢秀行・安部琢哉訳、1971年)など。

が氷結してしまうのだから。

だが、生き物の旅に対するあこがれがどんなに強くとも、その願望は長い間、常にさまざまな障害物に阻まれてきた。カリブ海の甲殻類プランクトンが自力で熱帯の太平洋へたどり着くことは不可能だったし、同様にヨーロッパのネズミが遠く離れたタスマニアに移ろうと思っても、当然のごとくそこへ行き着くことなどできなかった。山脈や大洋、大陸、砂漠などが、打ち破ることのできない「ここより先立入禁止」という看板を形成していたのだ。この自然のバリアーがなかったら、マダガスカルやオーストラリア、ニュージーランド、ハワイ、あるいはガラパゴス諸島などの、それぞれ独自性の強い多くの動物群は絶対に形成保存されることはなかっただろう。ほかならぬ、何千キロも水で遮られた大洋島(原注1)こそ、オーストラリアの有袋動物であれ、ガラパゴス諸島のゾウガメであれ、生物がスペクタクル的に進化する理想の境地だったのである。

この状況は、近代人の出現とともに根本的に変わっていった。増殖し、新しいチャンスや生活空間を探すことがプログラミングされている動植物界を背景に、私たちは既存のバリアーを取り除いて大陸を突き通し、大洋をつなげ始めている。何千年、何百万年もの間にわたって分離されていたものが道路や橋で結ばれて、交通路や水路の網の目はどんどん細かくなっていく。船や航空機は、大陸から大陸へと計り知れない量の貨物を運んでゆく。

そして、自然もそれと一緒に旅をしているのだ。袋や裂け目や箱に入り込み、何トンも

(**原注1**)大陸を土台とせず、またそのことにより海面が沈下しても大陸とつながらない島々のこと。

の重さの石や土や水からなるバラスト[2]に紛れ込み、またパイプや上張り、補強材の内側に隠れながら、生物体の無敵艦隊は丸ごと密航者として船で一緒に運んでもらい、そうしていつか新しい岸辺に降り立つ。また、書類かばんや特別の容器や収集物の中で、あるいは籠や海上輸送される家畜小屋の中でまったく公式な旅をしながら、爆発的に増加している世界的な貨物流通の一部となっているものもある。ほとんどが、遠く離れた公園や庭園で手入れをしてもらい、その後自由を求めて脱走する。垣根や囲い、栽培場から逃れたり、あるいはポイと郊外へ捨てられたりする。その生物が征服者になれるタイプであれば、それらは人間に牽引されながら地上のもっとも辺ぴな地域にまで波のように押し寄せることになる。このようにして、独自性あふれる動植物群の世界は遅かれ早かれ大きな「混乱」に見舞われるのだ。

動植物の種の分布を扱う生物地理学の足元はゆらぎつつある。それは、犯罪の決め手となる証拠物件の位置がずらされ、取り換えられ、変化させられているのを現場で見つけ、それでもそれらをもとに犯行の経過を再現しなければならない警察署の警部と同じようなものだ。最近、ある動物地理学者は自ら著した専門書の中で、「密輸入や意図的な移入の影響によって起こった動物界の変化の経過や結果に対して、十分な洞察ができなくなった」ことを嘆いている。地上の至る所で、動物地理学の研究や類似学科の「原則が取り上げられ、拠り所がふさがれている」[*2]。そして、ある新しい学問が上昇気流に乗っている。つま

(2)船を安定させるための底荷などのこと。あるいは、潜水艇や気球などで、浮沈・昇降を操作・調節するために使う水や砂、鉛などをさす。

り、「侵入生物学」[3]だ。

世界がますます狭くなる一方で、誇り高き人間の修学能力はこの問題に関しては明らかに封鎖されているとみえ、生物体の旅好き――密航者としてであれ、甘やかされた里子としてであれ――は途方もなく大きな問題へと発展している。どんどん進む小生活圏の破壊と並んで、著名な学者たちはこのことを、この地球に残る自然空間を今日脅かしている最大の危機であると見なしている。だが一方では、単に一五世紀以降の環境問題としてしか見なさない人々もいる。[*3]世間の関心はごくわずかだ。少なくともここヨーロッパでは。だがその分、地球に広がる経済的および環境的な損害はより大きくなる。

アメリカ議会から委託された（技術評価局による）研究[*4]の一つでは、国産以外の種が国民経済に与えた損害は、一九九一年までにアメリカ合衆国だけでほぼ一〇〇〇億ドルに上ると推定している。その上、出費も年々増加し、今日では年間一〇億ドルを超えている。だが、実際の損失は発表された数字よりもはるかに多い。というのは、情報不足のため、少なくとも四五〇〇種は持ち込まれているであろう動植物のほんの一部しか調査の対象には入れられていないからである。環境への被害、たとえば国産の動植物種の損失などはこの数字には含まれていないのだ。

調査対象外となっているものにはまた、持ち込まれた雑草種による影響も挙げられるが、これにはきわめて多くの費用がかかっている。[原注2]これらの雑草は、農業において年間二〇億

（3）ドイツ語でいうInvasionsbiologie。侵入生物に関わる生物学という意味で、ここでは「侵入生物学」とした（国立環境研究所の五箇公一氏の助言による）。

（原注2）US Comgress OTA 1993。ダイズ栽培だけをとってみても、37の主な雑草のうち23種は国産ではない。

から三〇億ドルの損害を出している上、化学除草剤にもさらに一五億から二三億ドルもの費用がかかっている。自然界に定着した侵入動植物の数は世界中で増加しているし、除去できるのはほんの例外程度でしかないのだから、それらが引き起こす損害はさらに増え続けることだろう。アメリカ合衆国の研究で使用されたシナリオでは、外来問題種のうちたった一五種しか調査対象に入れていなかったが、それでもさらに最高一三四〇億ドルの損害が出ると予測されている。(*5)

歴史学者のエドワード・テナー(4)は、これを典型的な報復効果、つまり技術革新の不可避の結果、あるいは進歩をあまりにも楽観的に信じたことの結果であるとしている。(*6)同様の経験を幾つもしてきたにもかかわらず、人間はその影響を二度と取り除くことのできない、連鎖する宿命的な出来事を繰り返し引き起こしてきた。大抵の場合は強力な経済的利害が関係しているが、単なる無知とか、ノスタルジーや遠い場所へのロマンティックなあこがれだったりすることもしばしばである。

外来動植物は、良かれと思って野外に放たれてきた。猟獣用、毛皮供給用、害虫撲滅用、あるいは侵食予防として連れてこられ、森林破壊者、殺し屋、あるいは国産の生き物の駆逐者として生き残った。新しい故郷でもらった名前から、それらの外来動植物が土地の人々をただ喜ばせているだけではないことがうかがえる。たとえば、「緑の癌」、「モンスター」、「キラー海藻」、「黙示録的植物」、「生態爆弾」などという名が付けられ、あるいはまた「悪

(4) Edward Tenner。歴史家。邦訳書に『逆襲するテクノロジー』(山口剛・粥川準二訳、早川書房、1999年)などがある。

夢」や「水中生まれ」、「キラー蜂」、「殺し屋の木」に「悪の木」、それに「きれいな、あるいは花咲くペスト」、「緑の地獄」に「赤い氾濫」……かと思えば、単に「汚いやつ」と呼ばれていたりする。

そこから広がる波紋は大きい。生態的な劣等というものが存在すると言う人、そして外国種の占める割合が過度に増大していることや外国種が徐々に入り込んでくる影響について問題にする人もいれば、「樹木種差別」や「新帰化植物迫害」の恐れありと警告する人もいる。

罠や銃、毒、スコップ、ブルドーザー、チェーンソーで武装した作業派遣隊が、邪魔な侵入者を根こそぎにしようと世界のあちこちで出動している。大抵が無駄に終わる敢行（かんこう）だ。フロリダやヴィクトリア湖のホテイアオイ、ヨーロッパのミチヤナギやブラックチェリー、カナダのエニシダにオーストラリアとニュージーランドのカイウサギなど、どれをとっても以前の状態に戻ることはあり得ない。

新しい原産地で長く生き延びられる侵入者は数少ない。単に、人間に保護育成してもらい、常に補充をしてもらっているから生き延びているだけの話なのだ。ほとんどの侵略者は、爆発的に増加しながら新領土を蹂躙したかと思うと、突然、取るに足らない存在となる。また、何十年もみじめな陰の存在で我慢しなければならなかったのが、突如として制御不可能なほどの成功を続々と収め始めるケースもある。全体的に見ると、これは世界中に張り巡らされた固体群の動態実験のように思える。また、そのように見なしている研究者も実際少なくはない。

侵入生物学には、珍しくてためになり、またスリルあふれる話がたくさんある。その中の幾つかは、ここで紹介されることになろう。だが、それは生物学者の目によるもので、歴史学者の目で見たものではない(原注3)。全部を叙述することは不可能だ。動植物群の移入の規模は、まったく計り知れないほど大きくなってしまった。それでも私は、グローバル化という時代の中で、あえて生物学的侵入という問題を世界的な現象として記述してみようと思う。そうしなければ、この問題の意味を正しく認識することはできない。

中央ヨーロッパに住む生物学者である私にしてみれば、この本の重点の一つが旧世界、すなわちヨーロッパの中心の状況に置かれるのはごく当然のことであり、加えてこのテーマについて誰にでも分かるように書かれたものがこれまでになかったことを思うとなおさらである。ヨーロッパの事情は、ほかの地域に比べると平板であり、注意を払う人もほとんどいないが、私たちもまたこの世界的な生物界の大混乱に巻き込まれていることを知らなければならない。いざ知ってみるとそれに対して激しく反応しがちとなるが、世界のほかの地域へ目を向けることによって正しい比較をすることが可能となる。

世界的な生物流通においては、旧世界と呼ばれるヨーロッパは受け取る方というよりはどちらかというと提供する方だった。ヨーロッパで生きている外国の動植物種をリストに

**(原注3)** ヨーロッパからの征服者による、歴史的に見て相当大きな輸入や移入の規模については、A・W・クロスビー（米）が著書『エコロジカル・インペリアリズム（Ecological Imperialism）』（1986）の中に書いている。この本は1991年にドイツ語でも発行されているが、ニュージーランドの章は省かれている。

すると、それはどこまでも長く続く。当地の人々の多くが想像しているよりももっと長いが、壊滅的な弊害はほとんどと言ってよいほどない。

地球のほかの地域ではもっとひどい害を受けている。そして、忘れてはならないことにそれはヨーロッパからの生物輸出の結果なのだ。ヨーロッパ人の帝国主義には、しばしば見過ごされがちな生態にかかわる要素が含まれていたが、もしそれがなかったら、とりわけ温帯地域における侵入がいつまでも続くことはほとんどあり得なかったと思われる。(*7)

たとえばニュージーランド。遠く離れた南太平洋に浮かぶこの島国の共和国は、ドイツや中央ヨーロッパの状況と対称的だと言えよう。両国とも同じような緯度にあり——こちらの方が「ダウン・アンダー」(5)の人々よりもいくらか極に近い所に住んでいるが——ほぼ同じ大きさである。しかし、より目につくのはどちらかというと相違点の方だ。ドイツは巨大なユーラシア大陸の一部であり、それに対してニュージーランドは地球でもっとも孤立した土地である。ニュージーランドの人々は、二〇〇〇キロ近い隔たりを越えてやっと自国より大きい最寄りの隣国（オーストラリア）に着く。もともとの両国の動植物界は、これ以上異なることができないというほど異なっている。人類は、ヨーロッパでは数千年前から重要な役割を演じてきたが、ニュージーランドではやっと数百年前からでしかない。この異なる二つの生態学は、それぞれの国に移入してきた種に関する問題をどのようにして切り抜けるのだろうか？

(5)オーストラリアの別称。南半球のずっと下方に位置することからこう呼ばれている。

とにかく美しい緑でさえあればよいと思っている人には、本書で説明される展開などどうでもよいかもしれない。この地球の生命の多様さを重要に思う人は、それが経済的な熟慮からくるものであろうが、環境的な熟慮からくるものであろうが、あるいは倫理的な熟慮がくるものであろうが、この現象に無関心ではいられないはずである。

生物学的な侵入という問題に対しては、どうあっても集中的に取り組まなければならないように思う。なぜなら、私たちは今バイオ技術時代との境にある敷居をまたごうとしているところで、[*8] 現世界の生態系には新たな侵入者の波が押し寄せてきているからだ。遺伝子組み換え、つまり人間によって遺伝子を変化させられた有用植物が、世界のあちこちで産業的な意味において大規模に栽培される時機はそこまできている。まもなく、家畜小屋では遺伝子組み換え用畜[6]が育ち、製薬工場の発酵機の中では遺伝子組み換えによって生まれた微生物が泳ぎ回ることになるだろう。これらのほんの一握りが、何千何万もの動植物が過去においてすでにしてきたことを繰り返したとしたらどうなるのか、是非とも考えてもらいたい。彼らは、栽培されている畑や囲いを破って野生化し、あるいはまたその遺伝子を野生の固体群の中で交配して、彼らの特異な環境とともに自然界の相互作用の中へ入り込んでいくのだ。

(6)子および毛・皮・脂・肉・乳などを得ることを目的として飼育する家畜。

# 1 新旧植物について

学者、とくに植物学者というのは、その分類癖で有名かつ悪名高い。よそからやって来た動植物という現象に対しても研究者のこの情熱は止むことがなく、極端に長い、紛れもない化け物のような単語を世に送り出している。「Ergasiophygophyten（文化忌避性の動植物）[1]」という単語などはその最たるものだ。

このような言葉をつらつらと並べるつもりはまったくないが、ここでは基本的な三つの概念に触れないわけにはいかない。この地域に初めて現れた時期によって、植物学者は、「土着」あるいは国産植物、および「旧帰化植物（Archäophyten）[原注1]」と「新帰化植物（Neophyten）[原注2]」とに分類している。

動物学者たちも、最近相応した専門語をつくることに意見がまとまった。分類の基準となるのは、動物にしても植物にしても、人間によって輸入されてきた時期である。新帰化植物の場合、それは紀元後一五〇〇年になってようやく始まるが、旧帰化植物は、その前にすでに中央ヨーロッパにたどり着いていた。旧帰化植物と新帰化植物は、侵入生物学における一種の時代の転換期といえるコロンブスのアメリカ大陸発見を目安に区別されている。両植物群に質的な違いはない。つまり、これまでひっくるめて「よそ者」とか「外国

(1)土地開発・自然破壊などによって生育できなくなる動植物。

(原注1)1500年以前に、人間によって中央ヨーロッパへ到達した植物種。

(原注2)1500年以後、人間によって初めて中央ヨーロッパへ到達した植物種。

**●ブランデンブルク、1646年**

大選帝侯(2)は、城のすぐ後ろに造られた遊園地に再び手を入れることにした。16世紀末に造られ、上品な社交界を魅惑していた遊園地である。

「城の後ろにもまた君主の優雅な遊園地があり、すばらしい果樹や見たことのない球根、良い香りを放つ薬草が種々荘厳な趣きで植えられ、栽培されている」と、1591年のある旅人は心酔している。しかし、この庭園は30年戦争(3)の間、甚だしくなおざりにされていた。何といっても軍事の方が優先されたのである。さて今回、大選帝侯から庭師に向けて、「現代風に……国産植物も外来植物もふんだんにこの遊園地に植えるように」と命令が発せられた。

「大選帝侯はイタリアやフランス、イギリス、オランダから、その時代に知られていた種子や植物、樹木をすべて取り寄せた。城外に駐在している公使や総督が大選帝侯に取り入ることができたのは、前述の植物の送付および売買を通してのみだった(＊1)」

種」とか呼ばれていた植物は、ここにはもう何百年も前から、たとえばアンズの木などは二〇〇〇年以上も前から存在しているのだ。だが、このことをもっても、これらの植物がもともと中央ヨーロッパ原産ではなく、人間の協力がなければおそらくここへ到達することはなかったという事実が変わることはない。

外国の植物は、数回の波に乗って中央ヨーロッパへ輸入されてきた。最初の波は、かれこれ数千年前にさかのぼる。五〇〇〇年前の石器時代初期の人間は、穀物から果樹に至

(2)(1688～1740) プロイセンの王、フリードリヒ・ヴィルヘルム一世のこと。
(3)1618年～1648年。ドイツを中心にヨーロッパ諸国を巻き込んで続いた戦争。

る馴染みの栽培植物のみでなく、雑草も多数持ち込んだ。以来、耕地などで成長する随伴植物[4]はのちに遅れて入ってきた植物によってさらに豊かになり、どの農夫の心をも「喜ばせて」きた。ヤグルマギク（Centaurea cyanus）やヒナゲシ（Papaver rhoeas）、ジャーマン・カモミール（Matricaria chamomilla）などの耕地に生える野草は消滅してしまったが、それゆえ、これらは最高収穫高を目指した農業による環境破壊の影響を象徴する植物となっている。だが、この三種はどれも国産ではない。

中世に、中央ヨーロッパで植えられた外来喬木および潅木の数は比較的少ない。リンゴやナシの木、イボタノキ、クリの木を含む、当時栽培されていたおよそ三〇の旧帰化植物はすでに古代からよく知られており、何世紀にもわたって別荘や修道院の庭で栽培されてきた。それらのほとんどは、地中海沿域や隣接する西アジアの地域から入り込んだものである。

一九四二年は、一つの転換期をしるす年となった。コロンブスの発見に端を発して起こったアメリカの植民地化は、いくらか遅れをとって北アメリカの多くの種の輸入（と輸出）を招くこととなった。最初の新帰化植物がヨーロッパへやって来たとき、とくにイギリスでエキゾチックな植物に対する関心が高まった。時が経つにつれ、ロンドンの植物園「キューガーデン」[5]は、遅くとも一九世紀以降にはブームとなる、急激な成長を遂げた世界各国の外来植物商取引の中心地へと発展していった。増える需要を満たすため、まもなく商

（4）輸入された栽培植物に伴って、意図せずに移入されてくる雑草。

（5）イギリス王立植物園。1760年造園。世界各地から集められた植物が研究対象として保存されているほか、絶滅の危機に瀕した植物の保種・保全活動にも力を入れている。

業目的の養樹園や園芸農園が設立された。

プロイセンでは、有名な造園専門家のペーター＝ヨゼフ・レネ(6)が「ポツダム郷土養樹園」の設立を提案した。

「当養樹園は、すでに当地に植えられている喬木や潅木の栽培・手入れのみでなく、ここで育つことが望まれている異質風土の植物にまで手を広げて、世界各地の非常に有用な植物を母国に帰化させることになろう(＊2)」

一八三〇年に、ポツダム郷土養樹園が売却した樹木の数は六万本以上に及ぶ。

一八から一九世紀に人気を博したイギリスを手本とする大規模な庭園では、外来植物の形状がとくにうまく生かされていたが、それと並んで林業もまもなく外来樹木の重要な顧客へと発展していった。新しく発見された喬木は、試験植林によって森林形成に適しているかどうかが検査された。一八〇六年に発行された『森林ハンドブック』には、輸入された樹木のうち、どの種がどの場所に適するかということについてすでに詳細な指導が掲載されている(＊3)。当時の感奮(かんぷん)は想像に難くない。純粋で無尽蔵の自然は、一人ひとりにそれぞれふさわしいものを用意してくれているかのようだった。外来植物には荘重な威光が結びついており、有爵者はみなほかの人を凌駕すべく努力した。ベルリンの豪華な並木道に南ヨーロッパのマロニエが植えられれば、ほかの場所でも惜しみなく金が使われて外来樹木が植えられた。

(6) Peter Josef Lenné（1789～1866）プロイセンの造園家。

(7) Adalbert von Chamisso（1781～1838）ドイツの作家・植物学者。小説『ペーター＝シュレミールの不思議な物語（影をなくした男）』（池内　紀訳、岩波文庫、1985年）などの著書がある。

ところが、そこには最初の懐疑論者もいた。一九世紀初頭の著名な作家であるアダルベルト・フォン・シャミッソー(7)は、自然科学者でもあり「ベルリン植物園」の管理者でもあった。そのような立場にいた彼が、自分の保護する植物が植物園の塀を飛び越えてどんどん独立していくのを見逃すはずはなかった。植物の世界的な商取引や交易が栄えれば栄えるほど、生態系に影響が及ぶのは免れなかった。彼は書いている。

「教養人が移住してくると、当人の面前でその土地の自然の光景が変わってゆく。ペットや有用植物が彼の後を追ってくる。森林は隙間だらけとなり、脅し追い払われる野生の動物は逃げ去ってゆく。持ち込まれた栽培植物や種子は彼の住居の周りに広がってゆき、ドブネズミやネズミ、さまざまな種類の昆虫が彼とともに同じ屋根の下に棲みつく。だが、最終的に彼の占領下に置かれなかった所では、家来はもはや家来ではなくなり、彼がまだ足を踏み入れたことのない荒地さえもその形状を変えてしまう」(*4)

チャールズ・ダーウィン(8)も、同様に生物学的侵入という問題について、有名な著作『種の起源』において言を発している。

「輸入された植物が、一〇年も経たないうちに島全体に広がった例も幾つかある。たとえば、チョウセンアザミや背の高いアザミなど、ラプラタの平野に広く繁茂し、何平方マイルにもわたってほとんどほかの植物を閉め出している植物の多くはヨーロッパから輸入されてきたものだ。さらに、インドには分布地域が（中略）コモリン岬からヒマラヤにまで

(8)Charles　Darwin（1809～1882）イギリスの博物学者・進化論者。動物学・植物学ならびに人類についての研究を生涯にわたって行う。

広がっている植物があるが、原産はアメリカで、その輸入はアメリカ大陸発見後にようやく始まったにすぎない(*5)」

ダーウィンは、外来植物種の次から次へと続く成功を非常に興味深い実験として見ていた。彼はそれを、たとえば天敵不在というような都合のよい外的事情によって子孫の大部分が生き残ると保障されたとき、生物体にはいかに想像を超えるほどの繁殖能力があるかということを示す証拠として利用した。

ハノーヴァー大学の植物学教授であり、外来植物種専門家のインゴ・コヴァリク(9)は、ゲーツェ(10)の古いデーターをもとに、新帰化植物性樹木が中央ヨーロッパへ輸入された時期を示す年表を作成した。(*6) 彼の分析を見ると、輸入には波のあることが分かるが、その波はかなりの正確さで原産地域別に分かれている。口火を切ったのはヨーロッパに隣接する地域、とくに地中海域から由来する種だ。その数は一六世紀から絶え間なく増加し続けたが、

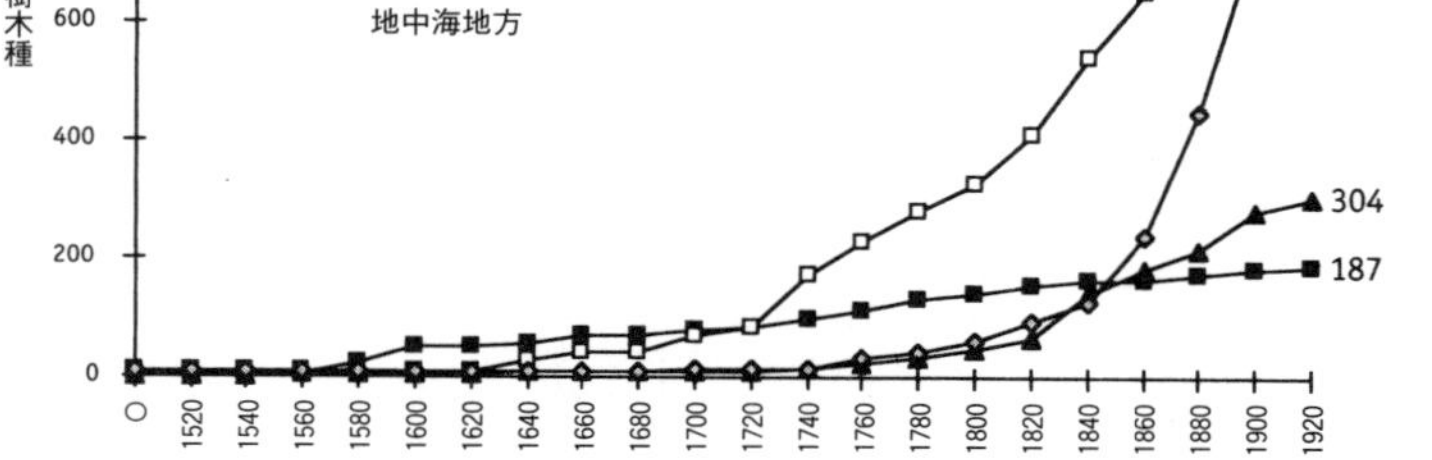

一九世紀の半ばには飽和状態に達した。つまり、ほかの外国種の時代がやって来たのである。

魅惑的な植物で満たされたタンクが提供され、その蛇口は貪欲なほどにひねり続けられた。一八世紀に飛躍的に増加した北アメリカ産の喬木や潅木に続き、約一〇〇年を経て、中央および東アジアの種がその後を追った。アジアの種が取り立てて言うほどの数だけ輸入されるようになるのは、ようやく一九世紀も後半になってからのことだったが、たった八〇年でこれらはトップランナーへと成長し、見たところ無限に消化できそうなヨーロッパのマーケットを、およそ九〇〇種ものさまざまな喬木や潅木で溢れさせた。

この二〇〇年の間に莫大な数の外来植物が流入したが、このことは人間や動物が生きる緑生活環境の完全なる変形を意味している。今日、公園や庭園に花を咲かせている植物の大半も野生の植物の多くも、一〇〇年あるいは二〇〇年前にはこの地では未知なるものだった。右のグラフには、西アジアとヨーロッパのほかの地域の種がまったく表記されておらず、発展に関しても一九二〇年までで完結しているわけではないので、今日の状況は国産樹木にとってさらに不利となっていると思われる。

積極的に活動をしている自然保護者と、森の中をブラブラしてみるとしよう。話しながら歩くあなたの同伴者は、突然、その最中にこんもりと葉の茂った枝をつかみ、まざまざ

(9) Ingo Kowarik。現在ベルリン技術大学の生態学および生物学研究所に所属。

(10) Goeze。ベルリンの植物学者。1916年に、中央ヨーロッパへ輸入された外来植物のリストを作成。

と嫌悪感を顔に表しながら、それを引き折ったりするかもしれない。そのような行動は、あなたが抱いている自然保護者のイメージとは合わないだろう。そこで、驚いて訳を尋ねれば、相手はひょっとしたら新帰化植物の潅木林のことを何かボソボソとつぶやくかもしれない。

多くの新帰化植物は、ここヨーロッパでもアメリカでも、あるいは遠く離れたニュージーランドでも、新しい故郷となった所ではあまり人気を得ていない。自国の植物界がいや応なしに豊かになっていくことに対しては、ほかならぬ植物学者やほかの専門家も苦々しい思いを抱いている。このことは、つい最近まで有効だったドイツのシダおよび顕花植物の（レッド）リストに新帰化植物がまったく載せられていなかったという事実によく表れ

**●ポルトガル、1993年 8 月**

ポルトガルの炭坑夫が、ますます広がるユーカリ農園に対して抗議を行うために何千人も集まった。今では、ポルトガルに生育する木の 6 本に 1 本は、オーストラリアのユーカリの木である。ユーカリ栽培が覆う表面積は、40年の間に全世界で10倍にも増えた。今日、それは700万ヘクタールに上り、地球上の100の国々に分配されている。ユーカリの根は土中深くまで届いて地下水面を下げてしまうことがある。また、ユーカリの新地となる場所に棲む動物は、ほとんどの場合その葉を好まない。あっという間に伸びるユーカリは、製紙工業にとっては後から後から成長してくれる原材料であり、また貧しい国々にとっては重要な外貨の稼ぎ手でもある。「ユーカリは、我々にとっては緑の石油だ」と、ポルトガルの産業大臣アマラル（1987～1995）は述べている。とくに、ブラジルとタイでは巨大な熱帯雨林地域が伐採され、ユーカリ農園に姿を変えてしまっている。(＊7)

ている。(＊8) それがようやく是正されたのは、一九九六年に発行された新しいリストの中においてである。(＊9)

野生とされるすべての植物が記載された公式リストへ登記されるということは、言ってみれば公認されたも同然である。周りをかき乱す新帰化植物は余計な侵入者だと見なされており、公認などされてはならなかったのだ。それらが減少すれば人々は満足し、珍しい植物が生存したとしても、「絶滅危惧」といったような危険にさらされている種のカテゴリーへ叙爵（じょしゃく）されることなどあってはならなかった。何百年も存在し続けている旧帰化植物とは、学者や自然保護者は何とか折り合いを見つけた。それらは帰化したとされて、とうの昔に私たちの生態系(原注3)の一部になっており、どの植物リストを見ても国産植物と仲良く一緒に並んでいる。だが、新帰化植物とどのようにかかわるべきかというテーマについては、激しく討論されている。

では、シダおよび顕花植物のようなリストは、いったいどんな種を包括すべきなのか。旅行の大好きな人が、そう、たとえば南パタゴニア（南米大陸南部にある台地）を旅する途中で魅惑的な小さな植物に出合ったと想像してみてほしい。自分の家の庭に植えたいと思うくらい魅惑的な植物だ。彼はその植物を慎重に掘り出し、あるいは種を幾つか集めて、実際に世界の半分を回って傷つけることもなく持ち帰った。家に着くとこの新顔は、ぐったりとしてしまう前に、すぐに故郷となる大地に上座を用意してもらった。さて、この旅

（原注3）その生活圏を含む、互いに関係し合う生物組織。

人の行動は、いったい誰が阻止すべきだったのだろうか。しかしほら、翌年、彼の庭で若い新芽が小さなうっとりするような紫の花をつければ、その甲斐もあったというものではないか。

このような植物がドイツの全植物目録に加えられるとしたら、その極端な希少性――当地にあるのはこの一本だけなのだ――は、この植物を著しく脅かされている種に分類するのに十分な理由となりうるだろうか？　そんなわけはないだろう。これと同じことが、折にふれて当地でも見られる若いイチジクの木や、あるいはまた最近クロイツベルグで発見された小さなナツメヤシの木についても言えるのである。インゴ・コヴァリクは、それらは「果実として扱われているディアスポラ(11)が運ばれた」結果であると書いている(*10)。分かりやすく言うと、それらは、吐き出された果物の芯から生じたきわめて珍しい結果だったのだ。

イチジクやナツメヤシの木がここのリストに（さしあたり）見当たらないとすると、載っているのはいったいどんな木だろう。多くの新帰化植物は、今では植物群落全体の中でもっとも特徴的な種となるほど広く分布している。カナダアキノキリンソウ(12)（*Solidago canadensis*）は、どんな休閑地にもどんどん根を下ろし、黄色い目立つ花をつけて見た目にもまちがいなく権勢を振るっているのに、新帰化植物であるというだけで公式の植物リストに入れてはならないということは意味のあることなのだろうか。著名な学者ですらあ

(11) もともと同じ場所に住んでいたが、別の土地へ移り住んだ同一文化をもつ少数派。

(12) セイタカアワダチソウに似た植物で、夏ごろに開花。鑑賞用・切花用。

れこれと思い迷っていることは、先日亡くなられた、ヨーロッパでもっとも有名な植物学者の一人であるハインツ・エレンベルグ[13]の次の文で証明されている。
「カナダアキノキリンソウは、社会の休閑地に見られる一般的な雑草（あるいはその飾りか）となる最適の道を進んでいる」[＊11]

となると、決定的となる判断基準はいったい何なのだろう。決め手となるのは、ある植物がどこかの庭で成長しているとか、どれほど頻繁に、あるいは稀にしか見られないとかいうことではなく、カナダアキノキリンソウのように、人間から保護や手入れを受けずともこの地で生き延びることができるかどうかということのみにかかってくる。それは、その植物が自然発生的に増加してのみ可能となる。新参者が花を咲かせて種をつけた場合のみ、それに続いて鳥や風によって運ばれ、散らばった種が芽を出して新しい若い植物が生じてのみ、そして生活環が実際に一回りしてのみ、一つの植物は帰化したといえるのだ。植物学者たちの見方は、明らかにもっと厳しい。彼らにとっては、少なくとも二五年の間に、当地で自然発生的に最低二世代から三世代の交代が証明されて初めてその植物種は定着したことになる。そしてまた、脅威になりうるのもそのような植物のみだ[＊12]。

複雑なのはその経過である。なぜなら、多くの種は植物性、つまり無性生殖によって増殖することができるからだ。そういった植物はいかなる有性繁殖も、またそれにともなう種子の生産もせずに地下で匍匐茎（ほくふくけい）[14]を広げてゆく。このことは顧慮（こりょ）する必要がある。

(13) Heinz Ellenberg（1913〜1997）ゲッティンゲン大学の植物地理学および景観生態学の専門家。
(14) つる状に伸びて地上を這う茎。イチゴ、ユキノシタなど。

植物学者が使う厳しい判断基準を基礎にすると、どの植物も散発的にしか育たない種、あるいは人間の集中的な手入れによってのみ育つ種となり、当地で生育している外来植物の数は大幅に減少する。ドイツでは、永続的に帰化した、つまり定着した外来植物は草から巨木に至るまでおよそ四二〇種を数える。これは、当地に生育するすべての種の約一六パーセントに当たる。(＊13) 大陸に定着した外来のシダおよび顕花植物が占める割合は、世界的に五パーセントから三〇パーセントの間を変動しており、(原注4) 島では五〇パーセント以上になることもある。そして、都会や工業中心地における数字はいずれも飛び抜けて高い。

**(原注4)** フロリダでは27%、ニューイングランドでは29%、ハワイでは45%にも達する（US Congress OTA 1993）。

# 2 モアとマオリ[1][2]——巨大鳥の最後

ニュージーランドでもっとも著名な動物学者の一人であるカロリン・キング[3]は、この多海島の初期について説明をするとき、わざとメルヘンチックな調子を選ぶ。彼女の国に残る数少ない原生林は、そのままでも壮大なファンタジー映画の舞台としてうってつけであるが、それだけではなく、もうほとんど国産の鳥を目にすることのないオークランドやウエリントン、あるいはクリストチャーチの住民たちにとってもこのような叙述は、実際、伝説的な太古の話に聞こえるに違いない。

「昔々、そうですね、一二〇〇年くらい前にしておきましょうか。未曾有に青い大洋の南西の片隅に、緑の島々がありました。この島々に足を踏み入れた人は一人もおらず、名前さえも付いていませんでした。周りを囲む海の中には、信じられないほどたくさんの生き物が棲んでいました。そして島々は、肩から足のつま先まで密生した常緑の森に覆われていました。とくに平らな低地には、とにかく生き物ばかりがたくさん、とりわけ多くの鳥が群がっていました。森も鳥も、地球上ではここ以外に存在する所はありません。未曾有の青い大洋に浮かぶこの島々に棲む動物たちは、いつも仲むつまじく暮らしていたわけではありませんが、爬虫類やほかの肉食獣、あるいは二本足で歩く狩人のあごにはさまれて

(1) ニュージーランドにはかつて大小様々な走鳥類が生息していたが、18世紀に絶滅。現存のものと同様飛翔力がなく、最大で高さ4m、体重230kg と推定。

(2) ニュージーランドのポリネシア系原住民。ヨーロッパ人との接触によって多くの人口を失ったが、今日では再び増加している。

残酷に殺されるものはいませんでした」[*1]

おそらくソシエテ島からやって来たと思われる「マオリ」については、今日に至るまで、偶然ニュージーランドへ流されてきたのか、それとも目的のはっきりした海外移住の結果だったのか、また艦隊全部が上陸したのか、あるいは本隊から離れてしまったカヌー数隻だけだったのかと論争が繰り返されている。紀元後一一〇〇年ごろ、ニュージーランドにはすでにしっかり定着した狩りの文化が存在していた。ということは、彼らの起源はもっと以前にさかのぼるはずで、おそらく紀元後八世紀ごろだと思われる。[*2]

これらのポリネシア人のお供として、最初の哺乳動物がこの島々へ上陸した。その時点まで、そこには三種のコウモリがいたにすぎない。それらは、もう何百年も前に南アメリカやオーストラリアから激しい風に乗って吹き運ばれてきたのだった。[*3] しかしこのときになって、細長く、船足の速いカヌーをよじ登り、人間のみでなくポリネシアのイヌやドブネズミまでもが島へ上陸してきた。

「キオレ」と呼ばれるポリネシアのネズミは体が小さく動きの敏捷な木登り名人で、主に草食とし、果実、種子、木の実などを食べる。しかし、ほかの種のネズミとは違って、危険なく獲れる獲物であれば動物を食べることもいとわない。キオレの肉は、ポリネシア人にいわせると甘くて美味であるようだ。この動物は、厳粛な儀式に従って狩猟され、食さ

（3）Carolyn King。野生生物学者。主にイタチを研究。

（4）ヤマノイモ属植物のうち、栽培されているものの総称。熱帯アジア・アフリカで主食として重要。

（5）サトイモ科の多年生作物。サトイモに近縁の一変種。

れた。それらは、南北の本島にあっという間に広がり、その周りに浮かぶ多くの小さな島々にもいつのまにか入り込んでいった。キオレは国産の木々の中でとくに多くの子孫を産むが、その木の実が落ちると規則的にキオレは大量増殖した。この関係性はポリネシアからの移民には周知のごとくで、彼らはそれをうまく活用していた。一九世紀の末になっても、そのようなネズミの大量増殖の年はまだ訪れている。

「クリ」と呼ばれるポリネシアのイヌは、体つきからいうとキツネぐらいの体格で、いうに価する数までは野生化せず、今日では絶滅したとされている。クリもまた食用にされた。同じくらいの大きさの哺乳動物がほかにいなかったことから、クリの毛皮は皮や服をつくる唯一の材料であった。

マオリ族の先祖であるポリネシアの住民は、二、三種類の熱帯の有用植物もニュージーランドへ持ち込んでいる。[4]だが、彼らが農民として生きるには限界があった。彼らはヤムイモ、タローイモ[5]、カボチャやサツマイモなどを植えたが、ニュージーランドはそれらの熱帯植物にとっては理想的な環境ではなく、結果的に彼

**●ネルソンおよびマールボロ地域、ニュージーランド、1885年**

「生きたネズミは、いずこの角でもクネクネと体を動かし、どんな小道にも穴を開けている。屍骸は様々な腐敗過程を見せ、多かれ少なかれほとんどが不具（ふぐ）になって道路や田畑、庭に横たわり、泉や小川を四方八方にわたって汚染している。これらの生き物を殺すものが何であれその数は実質上減少するには至っていない。到着したばかりの大軍が、このように殺戮されたネズミの穴埋めをしているからだ」

J・ミースン(＊4)

らは主に肉を食した。

高さが三メートルもあり、狩猟グループが何日も腹いっぱい食べられるほど筋肉がモリモリしている巨大なモアに初めて出会ったとき、マオリの狩人たちは驚きで目を何度もこすったに違いない。その卵もまた巨大で、さまざまな用途に役立てられた。当時は一二種のモアがおり、大きさも七面鳥から巨人クラスまでとさまざまで、ほとんどすべての種が狩りの対象となっていた。これほどまでに大きな鳥にしては、モアの生息数は非常に多かった。モアという名前は、驚いたときに出る叫び声から由来しているのではなく、東ポリネシア語の単に「ニワトリ」を指す単語である。新地の気温や気候はポリネシア人にとって厳しく居心地の悪いものだったかもしれないが、海岸にはアザラシの大群がいて、海には魚があまた泳ぎ回り、森林や湖には大きくて無邪気な鳥がうごめくといったこの様子は、きっと彼らの想像した通りだったろう。

ポリネシア人は、槍の前に現れるものは何でも狩った。モアや、ほとんどが異様に大きくて飛ぶことができなかったほかのニュージーランドの鳥類にとって運命的な瞬間となったのは、彼らが初めてマオリの狩人の目を見たときだった。つまり、そのときが彼らの絶滅の始まりを意味することになるからだ。

ニュージーランドがポリネシア人だけのものだった一〇〇〇年の間に、三二種の鳥が死に絶えたことが現在明らかとなっている。その中には一二種のモアもすべて含まれるが、さらに地方種のペリカンやハクチョウ数種、ガチョウ二種、カモ三種、ワシ二種など、ほかにもまだ多くの鳥が絶滅している。これらの大きな鳥の骨は、ほとんどすべて狩人がおこした炉のそばで見つかっている。(*5)

原始的な石斧や槍で武装しただけの比較的少ない数の人間が、これほどの多大な影響を与えきれるものだろうか。彼らの持つ武器だけでは絶対に無理だ。地上孵化する鳥の一腹の卵をポリネシア人が略奪し、彼らが連れてきた同伴者、とくにポリネシアのネズミが木の上で孵化する小さな鳥の種を犠牲者にならしめたとしても、やはりそれだけでは十分な説明とはいえない。これほど破壊的な影響を被るには、何かほかのことがさらに起こったに違いないのだ。そして、それは移入者によって実践された「焼き畑」だった。

マオリ族たちがやって来る前、ニュージーランド諸島は高所に至るまで完全に森で覆われていた。人々には、それは無尽蔵に見えたに違いない。ヨーロッパ人がニュージーランド諸島を発見した直後の一八〇〇年ごろ、この古い森はその四分の一以上が消え去っていた。森があった所には広大な草原ができ、古くからいた森の植物群は生き延びるチャンスをまったく失っていた。

それと平行して起こった世界的な気候の変化が、これほど多くの鳥類が絶滅していった原因だったのではないかという意見もある。だが、比較的ゆるやかに進んだ寒冷化がなぜ突然このような決定的な影響を与えることになったのかということに対しては、ニュージーランドの動植物群がこれまでの痛切な変化をくぐり抜けて何度も生き延びてきていることを考えれば、やはり納得できるような説明に欠けるのだ。カロリン・キングは、新しい状況への適応能力がない鳥の世界に大損害を与えるには、三つの要素があれば十分だと言い切る。焼き畑による広大な生活圏の破壊、一定の動物に的を絞った狩猟、そしてポリネシアのネズミによる略奪行為である。

狩人論反対派の人々は、モアを狩る人々の生活の中には単純な形の自然哲学が存在していたと信じている。ポリネシアの人々は獲物と自分たちは一体であると感じており、それらの存在がずっと維持されるように図らっていた、と言うのだ。カロリン・キングは、そのような見方をロマンティックなたわ言だと思っている。「『貴重な野生動物』に対する間違った観念は、すでにもう数多くの人々の視界を曇らせている」と、彼女は言う。

ハルパゴルニス

モアとキウイ

「モアを狩る人々が自然保護倫理を持ち合わせていたとしても、それは格別有効に働くようなものではなかったと思われます。ポリネシア人が森羅万象と調和して生きていなかったことは事実ですし、それはニュージーランドでもほかの南洋の島々でも同じでした。そこには何らかの意図があったにせよ、またなかったにせよ、彼らが独特の風土を有する地域やそこに棲む生物群集に与えた影響が非常に重大であったことに変わりはありません。そして、自然そのもののことを思うのであれば、彼らが育んでいた自然崇拝は自然環境保持に対する現代の観念と同一視されたり、それと取り違えられたりしてはならないのです」(*6)

一九世紀初頭、ヨーロッパ人たちは、狩る方も狩られる方もひっくるめて、新発見された土地を征服しようとしていた。だが、モアやかつて生息していた大きなワシ、ハルパゴルニス(6)、あるいは三二種の絶滅したほかの鳥類のいずれかを目にしたヨーロッパ人は一人もいなかった。

ポリネシア人が「パケハ」と呼ぶヨーロッパ人は、ポリネシア移民が始めたことをそのまま続行した。アルフレッド・クロスビー(7)は、彼らの船を「その内側で起こっているプロセスを自分の目的のために利用しようと、異様に大きな細菌の周りに付着した巨大なウイルス」と比喩した(*7)。ヨーロッパ人の方がずっと数が多く、何といっても敏速で効率的だった。彼らは森林を伐採し続け、何百ヘクタールという牧草地や耕作地をつくり、町や船を

(6) Harpagornis。紀元前3万年から紀元後1500年の間に、ニュージーランド南島の森林や亜高山帯に生息していた巨大なワシ。体重10kg前後、羽を開いたときの長さは3mに及ぶ。

(7) Alfred Crosby。テキサス大学のアメリカ学、地理学、歴史学の名誉教授。

造り——副海軍大将ネルソン(8)がフランス・スペイン艦隊を破った艦隊のマストは、ニュージーランドのカウリ(9)の木からできていた——ある意図のもと、あるいは何の意図もなく、何百という動物、何千という植物の種を国の中へ持ち込んだのである。

(8)（1758〜1805）イギリスの提督。1793年以降、フランス革命からナポレオン帝政に至る波乱の時期を、海軍の将官として活躍。

(9)ニュージーランド固有の巨木。樹齢2,000〜4,000年。建築材や家具材として利用され、1960年頃から成樹が減少。

## 3 水面下

錆びついた自転車、バケツ、ハシゴやほかのスクラップを処分するために手近でよく取られる方法は、池や湖、または川に投げ込んでしまうことである。去る者は日々に疎まし。まさに、世界中に広がった人間の悪い習慣だ。

アクアリストが可愛がっていたルームビオトープ(1)の中身を野外の自然の中へ捨てるのも、この原則に従った処置である。おそらく誰もが、心の底から確信した口調で自分は動物愛護主義者だと言うだろう。誰が彼らに、その可愛い、ただちょっと今は都合が悪いだけのペットをトイレの中へ流してしまえとか、我が手でその首を折れなどと言えようか。それだったら、すばらしい日々を、たとえ数日あるいは数週間でも自然の環境の中で過ごさせてやりたいと思うだろう。自然はやっぱり自然で、湖はやっぱり湖なのだから。

ニューヨークのカタコンベに巣くう巨大人食いワニの噂は大げさとしても、牧歌的な内陸水域に続々と集まってくる生き物の影響は、思っているよりももっと長く尾を引くものである。

たとえばフランス。この国で水の中に足を突っ込むのは危険だ。最近のフランスのゴシップ新聞によると、三〇センチまで大きくなるミシシッピーアカミミガメ(2)（red-eared

(1) ビオトープとは、安定した生活環境をもった動植物の生息空間を意味する。つまり、ルームビオトープは、水槽などのように室内につくられた生息域のこと。
(2) カメ目ヌマガメ科の淡水生カメ。甲の長さ約30cm。原産はアメリカで「ミドリガメ」ともいう。日本でもペットが野生化し、問題化している。

slider）は、気分を害されたら、泳いでいる子どもたちの足を噛むことなど簡単にやってのけるらしい。このガツガツしたカメは、そこの生態系にとって大きな危険を意味する。彼らは、国産の魚や両生類の卵を絶滅させてしまうのだ。「ニンジャ・タートルズ」[3]が流行すると、愛するわが子を喜ばせるため、櫂のような可愛い足をした三、四センチのミニ・タートルを買い求めようとパリの親たちは群れになってペットショップへ駆け込んだ。一九九二年だけでも、三〇万匹ものカメがアメリカから輸入されている。その多くが、遅くとも次の夏休みが始まるまでには近くの湖に放たれるのだ。そのカメたちはそこでスクスクと成長しており、とくに南フランスでは子孫の繁栄が著しい。

あなたの知り合いに、誰が子どものときにカメを飼っていたことがあるか、と一度聞いてみて欲しい。おそらく多くの人々にその経験があることだろう。いずれにしても、年配者の中には大勢おられることと思う。

では、今は？　あなたの友人や知り合いの中で、どれほどの人が今でもカメを飼っているだろうか。カメは長生きだ。ミシシッピーアカミミガメは一〇歳でようやく生殖可能となり、二〇歳がもっとも成熟した成年期である。ほかのカメは、それよりももっと長生きする。子どものころ、私たちを退屈させたカメの多くは、今日もまだ生きているはずなのだ。一九七一年には、ユーゴスラビアだけでも一二万四二三六匹のカメをドイツ連邦共和

（3）1990年代にアメリカでヒットした忍者のカメが活躍するコミック。映画にもなっている。日本でもテレビシリーズが放映された。
（4）両生類・爬虫類などの陸生飼育器。

国へ輸出している。[*1] これらすべてのカメは、今はいったいどこにいるのだろう？

ミシシッピーアカミミガメは、ドイツでも有名である。ライン・ルール地域の人口密集地域では、今日二番目によく見られる爬虫類であるが、これはテラリウム[4]の中のカメを指しているわけではないのだ。フランスとは異なり、野外繁殖はこれまでに証明されていないが、専門家はこれも単に時間の問題だろうと見ている。[*2]

北アメリカのウシガエル[5]に至っては、野外繁殖はもうずっと前からごく当たり前のことになっている。生物学者は、現在のような気候条件が続けば、ヨーロッパに棲むウシガエルには光り輝く未来がくると予言する。ということは、国産の食用ガエルには厳しい時代が到来するということだ。胃の中の検査によると、ウシガエルの主な餌となっていたのは、養魚池の主人が心配し恐れていた魚ではなくて国産の食用ガエルだったのだから。

一九九三年四月、ノルトライン・ヴェストファーレンの環境大臣クラウス・マティーゼン[6]は、この地方に見られぬ両生類を国内の水中に放った者には最高一〇万マルクの罰金を課すと警告し、次のように発表した。

「ほとんど推定不可能な生態への影響はともかく、こういった振る舞いは純粋な動物虐待でもある。外来両生類のほとんどは、餌不足や不慣れな寒冷気候が理由で苦しみながら滅亡していくのだから。そしてまたこれらは、原産国の庭園池でもやはり邪魔者扱いされて

(5) カエル目アカガエル科。体長約18cm。アメリカ東部原産。食用ガエルともいう。日本にも移入され、各地に分布。

(6) Klaus Matthiesen（1941～1998）ノルトライン・ヴェルトファレン州の元環境大臣。ドイツ社会党の元議員団長。

いた種である」(*3)

アメリカのウシガエル、ミシシッピーアカミミガメ、サメハダイモリ、東アジアのアカハライモリおよびシリケンイモリ、これらはすべて氷山の一角でしかない。いつも同じ水面を見せているドイツの川や湖の下では、革命的な変化が起こった。ライン川の動物群は、今日、ほんの二〇年前と比べてもまったく違った構造になっている。水面より上で同じようなことが起こっていたとしたら、私たちは古き良きヨーロッパを再確認できないくらいだ。きっと、怒

**●アメリカ合衆国、1994年**

放浪貝、ワンダーマッスル（Dreissena Polymorpha）は、その名にまったく恥じない貝だ。エリー湖には１㎡当たり90万匹もいる。そして、発電所や飲料水供給用の水管を詰まらせている。その幼虫は非常に小さくてあちこちへ自由に泳ぎ回り、流れる水に乗って遠くまで運ばれたり、目の非常に細かいフィルターをも通り抜けたりする。これまでの損害は推定で50億ドル。10年以上前にヨーロッパ船のバラストに紛れて国内へ入り込み、今日では北アメリカの大きな湖や多くの川筋に定着している。だが、ヨーロッパも原産地域ではない。成長する航海の恩恵を被って、19世紀初頭になってようやく、30年から50年をかけて黒海やカスピ海沿いの河川から東および中央ヨーロッパへ移ってきたのだ。過剰施肥（せひ）を妨ぐ作用があるため、その増加に悩むオランダにも活発に移された。ただし、「放浪する貝」というこの名はまったく別の行動からきている。石や貝殻の上に集まった貝は、みんなで並列的な動きをする能力をもっている。全部の貝が一緒になって貝殻の半分を思い切り打ちたたくと、このワンダーマッスルの集団は水の中をピョンピョン跳びはねて、冬には深い水層の中へと引きこもることができるのである。

りの嵐が吹き荒れたに違いない。しかし、淡水動物が送る生活はひそかなものであり、また、たとえ水中の底を見ることができたとしても、素人の目には小甲殻類や巻貝、二枚貝はすべて同じように見えてしまうのである。

生物が新しく組織を始めるにあたっては、古い秩序のほぼ完璧な崩壊がその前提条件となった。この地方から出る排水や重金属、塩、生態環境破壊物質、そして近隣の大化学工場でつくられるさまざまな種類の石油化学製品によってライン川には毒が入り込み、一〇〇年経つか経たないかのうちにサケのパラダイスから中央ヨーロッパ最大の下水溝へと変わり果てた。何度も事故を繰り返し、その結果、致命的な毒の波が北海に向かって押し流された。この結果、一九六九年だけでも四〇〇〇万匹の魚が死んでいる。[*4] その後一年経っても、マインツ－ケルン間のライン川には魚は一匹も存在しなかった。最後の大事故、一九八六年一一月にスイスのバーゼルで起こったサンド薬品株式会社[7]の壊滅的な火事は、おそらくまだ読者の記憶の中に残っていることだろう。植物防護薬と消防水が混ざった有害な液体がライン川へと流れ込み（約三六トン）、水面下でのさらなる大量死を招いたのである。

ところがこのような進展は、実は一九七〇年代初めにすでにどん底に達していた。水中の酸素量は豊かな水中生命を保障する重要な前提条件であるが、一九七一年、ライン川では一リットル当たりほぼ四ミリグラムまで下がっていた。[*5] 一九世紀から二〇世紀への変わり目には川底の沈殿物の中に一〇〇種以上の虫が存在していたが、この時点で残っていた

（7）スイスのバーゼルに本拠地を置く薬品会社。1996年に同じくバーゼルの薬品会社チバ・ガイギと合併し、「ノバルテス」と改名。

のはもはや六種のみである。湖、川、そして運河のあらゆる所で見られた種の絶滅は、哀しい頂点を迎えたのだった。

だが、その後状況は好転した。水の透明度を維持するための、国を挙げての努力が実を結び始めたのだ。汚染物質運送量は減り、酸素量が増えた。今日、ライン川では一リットル当たり一〇ミリグラム以上の酸素量を示し、流動水路の川底に棲む虫の種類も七〇にまで増えた。水面下の命は、再び深呼吸ができるようになったのだ。しかし、まだまだ多くの栄養素を含んで濁った、満々と流れる水の中で現在あえいでいる生物は、以前そこに生きていたものとはほとんど様相が異なるものだ。(*6)

人間は、ほぼ完全に接続された便利な水路組織を、ヨーロッパの川や湖に棲む生き物に自由に使わせてやっている。ドイツだけでも七七〇〇キロメートルにも及ぶそれは、「連邦水路網」と呼ばれている。七七パーセントまでが自然河川あるいは整備された河川から、そして二三パーセントが運河から成っており、総合すると世界各国から集まる新帰化動物のための一種のエクスプレス連絡網となる。水質汚染が原産の生物群集を引き裂いてつくった大きな隙間には、南東ヨーロッパや地中海、北アメリカの東海岸、南および東アジアから、いやそればかりかニュージーランドからも無欲で競争に強い移入者が入り込んで定着している。これらの種の多くは、もっと以前にすでに中央ヨーロッパへと続く道を見つけていたのだが、そこでの薔薇色の未来は、古い生物体組織が崩壊して初めて切り開かれ

**●エルベ川、1927年**

当地の川に棲む無脊椎動物(原注1)の中でおそらく最もスペクタクルな新参者は、中国産のモズクガニ（Eriocheir sinensis）だろう。７cm はある堂々としたカニで、今世紀の初めにはもうすでに船のバラスト水に入ってヨーロッパにやって来ていた。今日このカニは、北海へ流れ込むすべての川に生息しており、ノルトオストゼー運河（ドイツ北部、ユトランド半島基部）を通ってバルト海やスカンジナビアにも到達した。バーゼルやプラハなど、川をさかのぼった所でもモズクガニが発見されている。これらはとても活発で、陸上をも移動し、とりわけ稚魚や二枚貝、巻貝を好むが、川にある食べ物ならほとんど何でも食べる。大量に存在するので、餌をめぐる魚の強力な競争相手だと見なされている。中国モズクガニは、砂を掘るのが好きだ。岸辺の傾斜には、すでに80cm にも及ぶ深い通路があちこちで発見されている(＊7)。

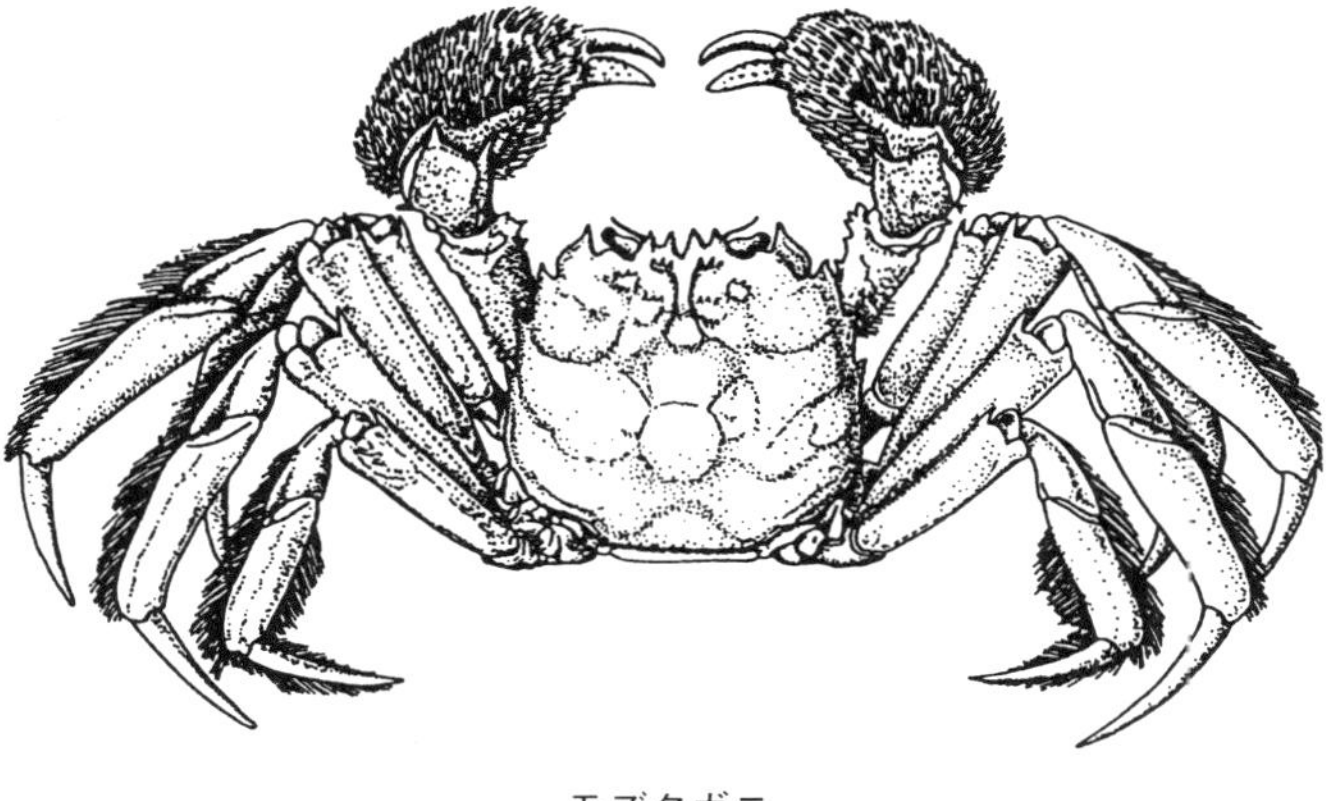

モズクガニ

（原注１）脊椎をもたない、あるいはその前段階である腱をもつ動物。

ることになったのである。だが、それが長続きするかどうかは、多くの場合、疑問視されなければならないだろう。川や運河にできた生物体の新しい住居スペースはまだ不安定であり、まさしく何もかも引きはがし、流してしまうダイナミックな世界なのだ。ある新帰化動物が無理やり入り込み、大量増殖し、ほかの生物を食い散らす。だが、最後にどうなるかは分からない。ただ、驚愕させられるのは、数人のスペシャリストを除いて、私たち人類はこれらすべてのことについてほとんど何も知らなかったということだ。

たとえば、あるヨコエビ属の一種（Corophium curvispinum）(8)。これは、中央ヨーロッパでおそらくもっとも多く見られる新帰化動物で、ライン川に棲む六三の新しい動物種の中の一つである。(*8) 原産はカスピ海流域で、ドニエプル川、ワイスラ川、そしてワルタ川を通って今世紀初頭に西側へと押し迫り、北ドイツの運河に突き当たって一九八七年にライン川へ到達した。そして、そのままさらに南へ下ってマイン川を征服し、続けてマイン・ドナウ運河というドナウ川への新しい接続の存在を発見し、そろそろ黒海からドナウ川をさかのぼって移動してきた同種の第二の移住の波とオーストリアのどこかで出合うころだ。(*9)

ライン川での生活は、五ミリしかないこの小さなエビにとっては本当に心地良いものだったようだ。何といっても、たった三年間で個体数が一平方メートル当たり一〇万を超えているのだから。だが、その後生存数は減り、この数字の一〇〇分の幾つかにまで下がった。このエビは、いまや連邦水路内で魚の餌となるもっとも重要な動物の一つに数えられ

(8) カスピ海原産。淡水または塩水に棲む。移入してきたヨコエビ属の中でも最も広くヨーロッパに分布。

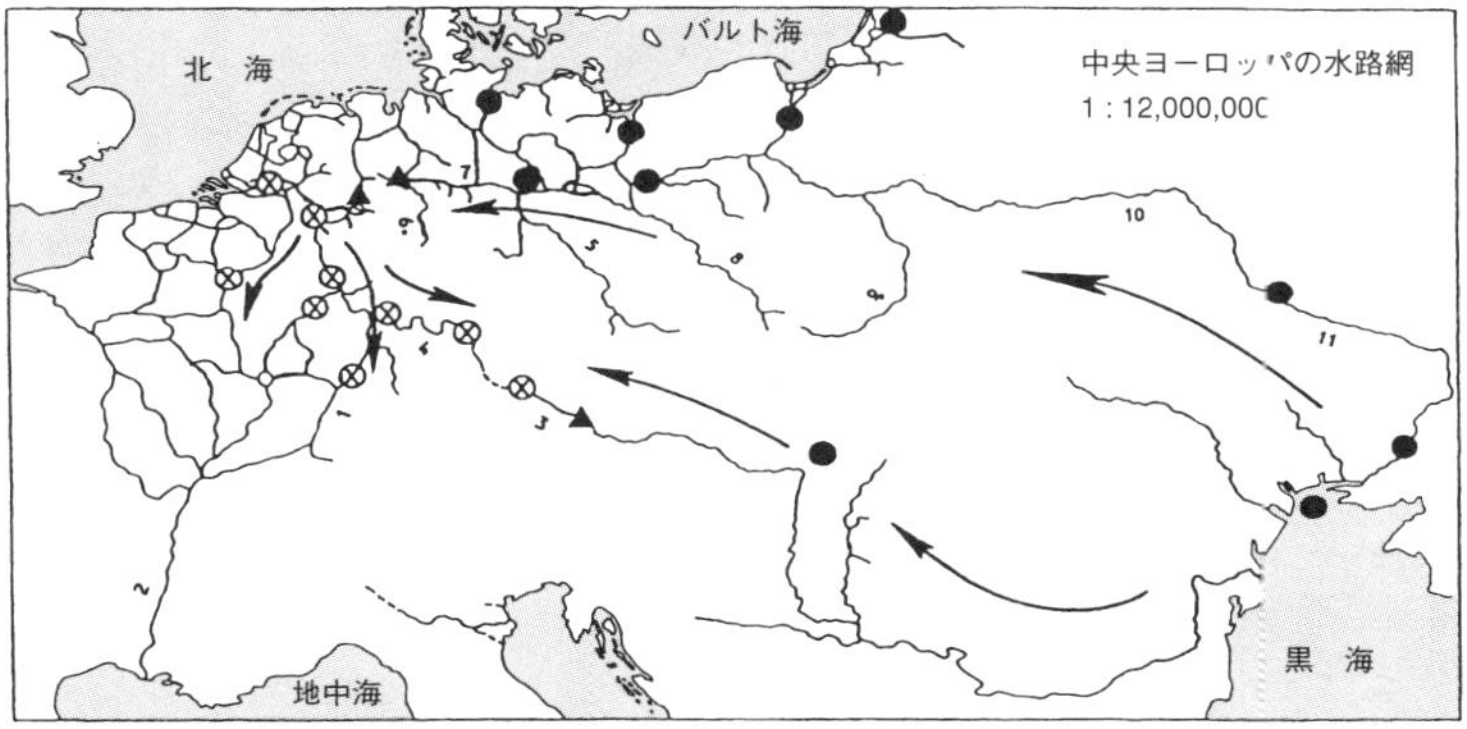


Corophium curvispinum の分布経路（1995年現在）

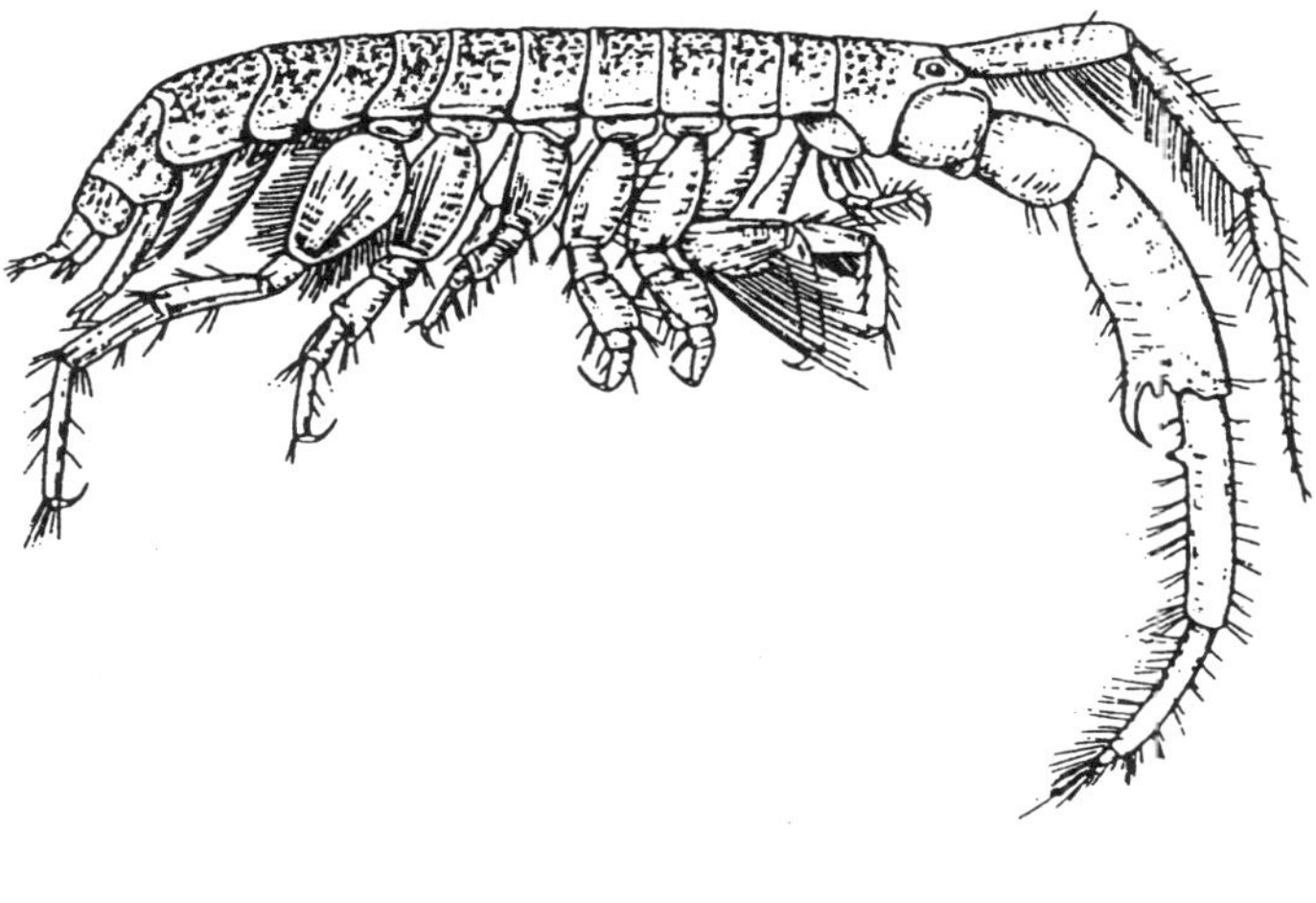

ヨコエビ属 Corophium curvispinum

るまでになったが、水面下では場所取りの激しい争奪戦が繰り広げられている。このエビは硬い底層、たとえば石や木切れや貝殻の上に棲み家となる筒を紡ぐ。それに砂や浮遊物が付着し、全体を一つのなめらかな茶色っぽい層が覆う。同じ底表面を狙っていた貝の幼虫は、ここではもう付着する場所を見つけることができない。「場所取り競走の典型的な例」だと、ライン・マイン地域で新帰化動物の中の水中動物を調査しているフランクフルト大学の動物学者であるブルーノ・ストライト(9)は言う(*10)。ほとんど場合、やりこめられてしまうのは国産種の貝だ。

そうでなくとも、国産の貝は侵入してきた艦隊全部と戦わねばならない。ワンダーマッスル、あるいはこのヨコエビ属と故郷をともにするゼブラガイ(10)(Zebra mussel)は、一九世紀に出現して以来繰り返し大量出現するほど数が多く、アメリカの湖でも何十億ドルという被害を出している。しかし、その全盛期はもう過ぎたと思われる。

今日、大量繁殖の傾向を見せているのは、一九九一年に初めて中央ヨーロッパの内陸水域で存在が確認されたタイワンシジミ(*Corbicula fluminea*)ともう一種のアジアの貝である*C. fluminalis*だ。これは、東アジアから直接こちらへやって来たのではなく、北アメリカ経由の道をとってやって来た。いまや、北海からライン川、ウェーザー川へと勢いよく移住を進めている。そして、南西からは、イシガイ属の貝(*Unio mancus*)がローヌ川やモーゼル川を通ってタイワンシジミを出迎えている(*11)。

(9)Bruno　Streit。フランクフルトのヨハン・ヴォルフガング・ゲーテ大学の生物学博士。動物学研究所の生態学および進化学部所属。

シュトゥットガルトにあるホーヘンハイム大学の三人のドイツ人動物学者が、一九九二年から一九九四年までバーデン・ヴュッテンベルクのライン川上流を調査し、彼らが「マクロ動物界底生浮遊生物」と呼ぶものについて詳細な研究を行った。(*12) この言葉は、極端に長い学術用語の中でも明らかに最高のカテゴリーに入るものだろう。これは、もともと川底に棲んでいる底生生物(原注2)なのだが、流れによって規則的に引き流され、広々とした水中からも検出される大き目のすべての動物を意味している。

エネルギー経済が存在しなければ、この調査は難しい課題だったはずだ。マンハイムやカールスルーエの大発電所は、休むことなく多量の冷水を吸い込む。この水は、親切にも大きなこし機で数回ろ過されるので、魚を含む水中の動物群は居心地の悪い発電所水路を通らなくてもすむ。

これらのこし機は大きなノズルから出る水で自動的に洗浄されるが、こし機の中身は川へ戻る代わりに、今度はシュトゥットガルトに住む三人の動物学者の試験容器にたどり着くことになる。それは、ライン川の生きた（そして死んだ）浮遊物の縮図である。

彼らは、約一二万四〇〇〇の生物体を発見した。この意味を測り知ることができるのは、数日あるいは数週間、顕微鏡や立体拡大鏡の前に座り続けてミリメートルという細かな動物を何千と類別し、その属を確かめた人だけだ。大変根気のいる、骨の折れる仕事である。

それらの動物は渦虫類(うずむしるい)(11)からペルカ(12)まで一三六種に分類されたが、その八〇パーセント以

(10) はっきりした和名はない。カスピ海から黒海沿海がおそらく原産地であろうとされる。北米では五大湖全域からミシシッピー川流域に大量分布し、利水施設の運用・管理を妨害。

(原注2) 海水および淡水の底に棲む生き物。

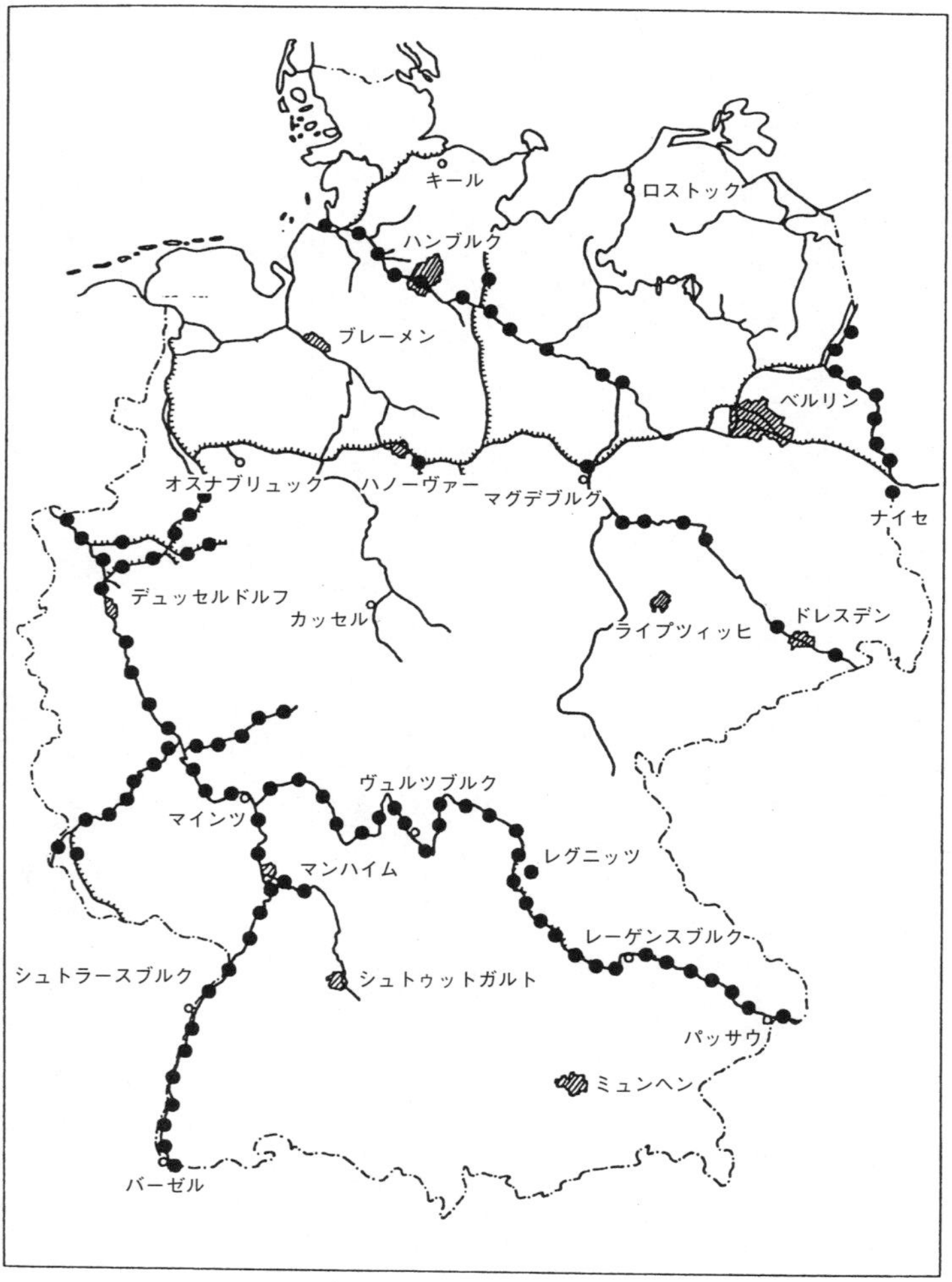


Corophium curvispinum の発見場所

(11) 扁形動物の一綱。淡水・海水または湿地産。体は楕円ないし紐形で偏平。体長1mmから50cm。プラナリア、ヒラムシ、コウガイビルなど。

上が甲殻類だった。また、新帰化動物はその中の二一種にすぎなかったが、捕獲総量の三分の二以上を占めていた。すでにご存じのカスピ海のヨコエビ属 Corophium curvispinum と北アメリカのヨコエビ属 Gammarus tigrinus[13] が群を抜いて多く見られた。

ライン川の流れは、二枚貝や巻貝を引き離してしまうほど強力だが、これらの実際の量は、この方法では決定することはできない。

調査された発電所の周りにいるタイワンシジミだけを見ても、一平方メートル当たり何千匹という密度に達しているが、この地域に見られなかった生物によるライン川の事実的な支配は、冷水こし機の中身から推測されるよりももっと顕著である。水面下では革命が起こったが、それに気づいた人はほとんどいない。「もう一度ここに本源的なものをつくり上げることはまず無理だ」と、ケルンの生物学者ブルーノ・クレマー[14]は言っている。[*13]

ライン川上流の状況は例外ではない。ほかの水路、とくに北ドイツの運河が示す新帰化動物の占める比率はさらに高い。[*14] ウェーザー・ダッテルン運河（ミュンスターの南を東西に走る）やキュステン運河（ドイツ北西部を東西に走る）では、全無脊椎動物種のうちほぼ三分の一が移入、あるいは移住してきたものだ。このような種の中の数種は、途方もなく大きな個体数に達することから、そこの生物体世界が完璧に彼らに支配されてしまうことも起こりうる。国産種は珍しくなってしまったが、それでもまだ存在している。

(12) 淡水産スズキ類。体長約40cm。中央ヨーロッパ北部の温暖な地域で見られる。
(13) 北アメリカ産。主に河口や入江の上流域に堆積したクズの中に棲む。
(14) Bruno Kremer。ケルン大学の生物学およびその教授法研究所所属。自然保護に力を入れている。

# 4 キラー海藻とクシクラゲ、そしてバラストがかける負担

ひょっとすると、あの悪名高きキラー海藻イチイヅタ（Caulerpa taxifolia）[1]が地中海に到達したのは、水槽の中身を一番大切に保護してくれるのは地中海だという結論に達した、モナコの優しい一市民によってだったのかもしれない。

だが、学者たちが発表した疑惑は違ったものだった。彼らは、この熱帯産の海藻の複雑な旅のルートは、シュトゥットガルトのヴィルヘルマ動物園[2]に通じているという。そこで自然発生的な突然変異が起こり、愛らしい水槽植物は生態系を破壊する時限爆弾となってしまった。そして、大水族館同士の頻繁な国際交流が活発化する中で、この海藻はフランスへやって来て、そこからモナコでもっとも有名な博物館の水槽排水とともに地中海へとたどり着いた、というのである。[*1]

この突然の海藻出現の責任は、「海抜高く君臨する海洋博物館にある」と、モナコの漁師たちは固く確信している。なぜなら、イチイヅタは結局、一九八四年にモナコの海岸で発見されたのだから。ゆえに、海藻が野外へ放たれた責任は、国際自然保護の世界では光輝（こうき）を放つ人物の一人であるこの博物館の館長にあるということになった。伝統深きこの施設は、一九五七年から一九八九年までジャック＝イヴ・クストー[3]に率いられていた。彼は

（1）長さ20～30cm。カリブ海、フィリピン、インドネシアなどの海が原産地。地中海での異常繁殖が問題となっている他、日本の水族館でも確認されている。
（2）1850年頃にヴィルヘルム１世の依頼により造園。1,000種近い約１万匹の動物が飼育されている。

最近亡くなられたが、一〇〇を超すテレビ番組を通して世界的に有名になった「海の弁護士」だ。

漁師たちは怒っている。イチイヅタが出現してからというもの、この海藻で汚れた網の掃除に費やす時間は増えるばかりだ。一日漁をしては一日網の掃除をする。こんなことで、どうして稼ぎが得られようか。フランソワ・ドュマンジュ(4)、モナコの伝統深き博物館の現在の館長は、イチイヅタ侵略の責任が当館にあるとする非難を断固として拒絶している。彼の公示によると、非難はさておいても、この海藻は大災禍(さいか)などではなく、難しい問題を抱えた地中海にとっては一つの恵みであるとともに、死に絶えた深海に新たな生命を呼び起こして多くの動物に孵化圏を提供してくれているのだそうだ。ここで、彼が登場したのも当たり前である。これより前、すでにフランスの女性環境庁長官から、海藻ペストの原因をつくった者はその除去にかかる費用をそれぞれ負担しなければならないと脅されていたのだ。そうなれば、高くつくことになるのはまちがいない。

ニースの海洋学者アレクサンドレ・マイネス(5)も、多くの学者仲間と同じようにドゥマンジュの主張に驚いた。マイネスは、警告を鳴らした最初の人である。それからというもの、彼のチームは、海藻が新しく発見された場所へ何度も呼ばれている。たった三年の間に、海藻が生い茂る面積は四倍近くにまで広がった。このままこのスピードで拡大が続けば、海藻ポシドニア(**Posidonia**)(6)が広々と茂る草原「ポセイドンの庭園」の存在が真剣に危

(3) Jacques-Yves Cousteau (1910～1997) フランスの海洋河川探検家。のちに地球環境学者として活動。著書に『海の生き物』(山脇恭訳、岩崎書店、1994年)。
(4) François Doumenge (1926～) フランスの地理学博士。20年前には漁業研究のため日本に長期滞在。現在のモナコ海洋博物館長。

イチイヅタ

惧されることになる。この海藻には、地中海に生きる全動物の三分の二が依存しているのだ。イチイヅタ侵略は後戻りすることはなく、地中海の生態系が根本的に変形する発端ともなりうると、アレクサンドレ・マイネスは恐れている。

この海藻は、海底の至る所で成長する。泥の上でも砂の上でも、あるいは岩石の上でも、その匍匐（ほふく）茎はどこにでも足だまりを見つけるのだ。海藻ポシドニアの刃針（はばり）型の葉は年間三センチしか成長しないが、イチイヅタは夏から秋にかけては一日に二センチメートルも伸びる。その結果、たった一平方メートルに八〇〇〇にも及ぶはたきのような葉が茂り、二三〇メートルもの高さまで茎が伸びる厚いマットが姿を現す。そして、あらゆる生命はその中で窒息死してしまうのだ。

（5）Alexandre　Meinesz。フランス、ニース・ソフィア大学教授。イチイヅタに関するエキスパート。著書に“Killer Algae”など。

（6）地中海や西オーストラリアのロットネス島付近に自生する海藻。地中海の種は6種が確認されている。

一九九二年五月二八日、イタリア当局もイチイヅタに対して警告を鳴らした。ポルト・マウリツィオ（ジェノヴァの西）の港で、小さな群生が認められたのだ。即座に緊急対策本部が設置された。同じ年、マリョルカ島の前でもイチイヅタが発見され、地方政府はパニックに陥った。「ホリデーパラダイスにキラー海藻」などというホラーニュースが流れることを恐れて、カラ・ドール前の海底を巨大な水中ピストンで一掃させたが、害を与えるだけの無意味で何の成果もない一撃に終わった。

フランス、イタリア、スペインの三国が、海藻の侵略駆除をうたう「ヨーロッパ・プログラム」を主唱し、この対策のために三〇〇万マルクが準備された。一九九三年三月四日、フランス環境庁は完全な接触禁止令を布告した。つまり、これから先、イチイヅタとはいかなるかかわりも禁止されるということである。そうなれば、この海藻のほんの小さな一断片だけを運ぶときにも認可が必要となる。だが、この海藻がどのように広がっていくかを考えてみると、これは官僚だけが安堵する意味のない対策だった。

海藻を広めたのは船だった。錨（いかり）が小さな一切れを引き抜いて海面へ引き揚げると、それは潮に乗って漂流していった。また、ある一片は高温多湿の錨箱へとたどり着き、そこで一〇日間は光も水もなしに生き延びることができた。錨は次の港で水中へ下ろされ、それとともに固く付着していた植物も一緒に水の中へ戻っていった。新しい群生を形成するには、葉っぱが一枚あれば十分だった。船舶交通は地中海沿岸の国々には不可欠なものであり、それをあまり妨害することなく効果的にイチイヅタの蔓延を防ぐことなどとても無理な相談だった。この海藻は、ジブラルタル海峡を通らずしては大西洋にはたどり着けない、ということを証明するものも何もなかった。このことは、学者たちが想像もしたくないシナリオだった。

この羽毛状の葉をしたかわいらしい海藻は、原産国のビオトープではむしろ目立たず、稀にしか見ることがない。イチイヅタは、もともとカリブ海およびインド洋に生息する海藻である。近縁の海藻が東南アジアの海洋農場で栽培されており、サラダ用の特選食品として重宝されている。しかし、地中海へやって来たこの変種は、野生の形態とは異なっている。ハタキのような葉はもっと大きくなり、寒いヨーロッパの冬の温度も寛大に受け入れるようになっているのだ。これらすべてが過多であるのに加えて、とりわけ夏にこの海藻が生産する一種の毒、カウレルピニンの濃度もまたさらに高い。それは固形分一二パーセントに及ぶこともあり、この植物の葉が、ほかの生物体を媒体としてあまりにも強力に繁茂（はんも）することを防ぐ役目を果たしている。人間には危険はないが、ウニはそれに対して敏感に反応する。普段はこの海藻じゅうたんを避けるが、ほかに食べるものがないとき、つまり海藻が何もかも覆い尽くすほど成長したときに発生しうる状況では、ウニはイチイヅタを少し食べると食餌の摂取をやめてしまい、餓死してしまう。イチイヅタがいる所では、ウニの数が激減しているのもうなずけることである。

最近では、クロアチアからイチイヅタに関する凶報が届いている。一九九五年の三月末、リゾートアイランドとして有名なクルク（スロヴァキアとの国境近く）の海岸でイチイヅタの群生が初めて発見された。この熱帯の海藻は、エルバ島やシチリア島を踏み石としてイタリアの長靴を回ることに成功し、東へ東へと進んでいる。

そこで出迎えてくれるのが、隣接する黒海でしばらく前から人々を怒り狂わせていた、まったく別の性質をもった侵入者Mnemiopsis leidyiというクシクラゲ[7]である。直径七センチにまで達するこのゼラチンボールは、透明な微光を放つスグリの実のようで、いわゆる「シリア（Cilia）」という無数の小さな毛（綿毛）を使って漂流する。Mnemiopsisは、無害な植物とは遠くかけ離れた非常に貪欲な肉食生物だ。その獲物の多様性は幅広く、一センチ以下のものはすべて魚の卵まで食べてしまう。黒海におけるクシクラゲ蔓延の歴史は、「これまでの五〇年の中で、もっとも突出した世界レベルの侵略ストーリーの一つに数えられる[*2]」。クシクラゲは、ボスポラス海峡をすでに渡り終えた。エーゲ海からの報告は、世界的な騒乱を巻き起こした。人々は、それでなくとも痛手を受けている漁業が被りうるさらなる打撃を恐れているのだ。

この小さなクシクラゲの原産地は、北アメリカからカリブ海を抜けてブラジルに至る大西洋の西側にある領海や河口である。大西洋横断は、商船のバラスト水に紛れて成し遂げ

（7）世界で約80種類、日本で20種類が確認されている。傘の中にくし状の櫛板が見られるのが特徴。深海に多く生息する。

た。最初の一匹が見つかったのは一九八二年、クリム半島の近くだったが、多数のクシクラゲが初めて記録されたのはその五年後のことだった。そして、前例のないほど爆発的に増加する。一九八八年初めのバイオマス[8]は一平方メートル当たり〇・四グラムだったのが、晩夏には一平方メートル当たり一一〇〇グラム以上にまで増加し、二〇〇〇倍以上もの増加率となった。[＊3] ウクライナやブルガリアの大陸だな水域では、その値はさらに高かった。[＊4] たった一立方メートルの水の中に、五〇〇〇匹ものクシクラゲが泳いでいた。そのバイオマスは、ほかのあらゆる動物性プランクトン生物体[原注1]のそれを何倍も上回っていた。ロシアの専門家は、ときによっては全黒海に生きるバイオマスの九五パーセントがこの一つの生物体に限定されていたと推定している。[＊5] この地球上の生態系においては、たった一種の肉食生物が支配するこのような状況は、これまでほかの地域では観察されていない。

一九八〇年代後半から Mnemiopsis の数は減少しているとはいえ、この小さくて貪欲なクシクラゲは、相変わらず黒海でもっとも頻繁に見られるプランクトン生物体の一つであり、人々のショックも長く尾を引いている。国連の環境プログラムは、このテーマについて特別の

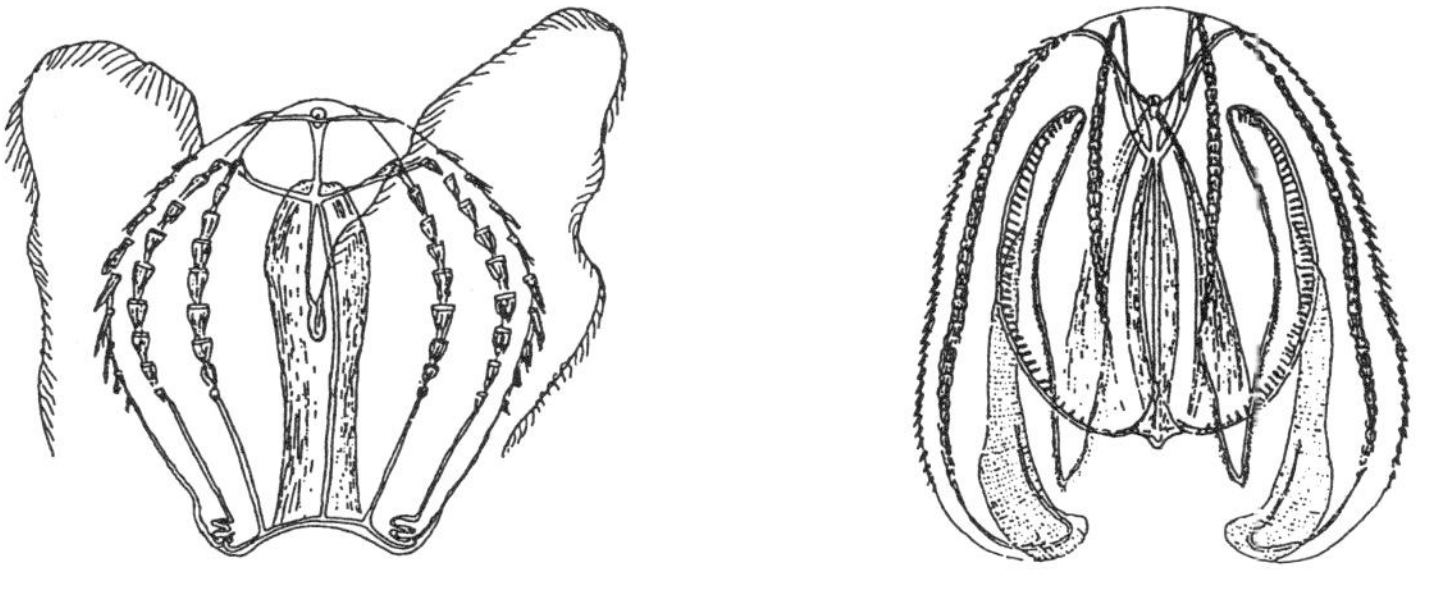

クシクラゲ　(Mnemiopsis leidyi)

ワークグループを設置した。[*6] それによると、Mnemiopsis による漁業への損害は二億五〇〇〇万ドルにも上るという。[*7]

「一隻のコンテナ船が修理のため、ちょうどハンブルクのドックに入れられるところだ。二人の海洋生物学者が船に乗り込む。船員が彼らのために、『マンズロッホ』と呼ばれるバラストタンクのハッチのねじをゆるめて外した。ハッチの下、二人の前に真っ黒な無の世界が広がる。慎重に最初の一段を下りる。はしごはヌルヌルしている。バラスト水と一緒に取り込まれた沈殿物がその上にたまっているのだ。一段目の仕切の床に降りると目も暗闇に慣れてきて、タンクの実際の規模がはっきりしてくる。さらに三階層下にあるタンクの底には、バラスト水の残りがキラキラと光っている。このタンクは四階建ての建物ほどの高さがあり、ほぼ六〇〇トンの水が収容できる。平均的なコンテナ船には一万トン以上の水を運べるものもあり、荷を積んでいない大量貨物船は、それに加えてさらに積載場所に一〇万トンまで収容することができる」[*8]

ここで今、船のかび臭いバラストタンクの中へあえて入っていこうとしている二人の男は、シュテファン・ゴラシュ[9]とマルク・ダンマー[10]である。この二人の海洋生物学者の目的は、バラスト水だ。ベルリンにある連邦環境庁の研究プロジェクトの一環として、アメリ

（8）ある時点で任意の空間内に存在する生物体の量。重量またはエネルギー量で示す。

**（原注1）**水中に浮遊する動植物で、多少受け身的に漂流する。少し大きなクラゲなどもこれに属する。

カ合衆国やオーストラリアで行われた、同じような研究の結果がヨーロッパでも同様に有効かどうかをテストしなければならないのだ。[*9] 彼ら二人が見つけ出したものは、世界各地の趨勢と同じであった。そして、それは警報を発していた。

一〇万トンのバラスト水、これは一億リットルだ。それは目的港の中で、あるいは入港前にポンプで汲み出される。オーストラリアに運び込まれるバラスト水の量は年間に五九〇〇万トン、世界中では一〇〇億トンに上ると推定されている。この二人の研究者が調査したところによると、ドイツに運び込まれる年間量は一〇〇〇万トンで、そのほぼ五分の一はヨーロッパ共同体（EU）以外の海洋や河川からのものである。[*10] だがその水は、川から来ていようが、湖あるいは大洋からのものであろうが、死んではいないのだ。その中には、微視的な海藻からハンブルクのドックで働いていた労務者が見つけたピラニアまで、幾千幾万もの動物や植物が存在している。放浪貝ワンダーマッスルは、船のバラスト水の中に入って黒海からヨーロッパへ、そしてそこからさらに北アメリカの大きな湖まで旅をしたし、クシクラゲの Mnemiopsis はアメリカの大西洋岸から黒海へ、中国のモクズガニは北海へ、また毒をもつ、顕微鏡でのぞかなければならないほどの小さな海藻は日本からオーストラリアへと旅をしていった。このようなリストは、際限なく続くことになる。

海は、そこの居住者にさまざまに異なる生活圏を提供している。その水中に棲む生物体

(9) Stephan　Gollasch。ドイツの海洋研究所の海洋生物学者。著書に“Blinde Passagiere, Exoten transportiert im Ballasttank und Schiffbewuchs”がある。
(10) Mark Dammer。ドイツの海洋生物学者。著書に“Gefährliche Reiserde”など。

は、おおざっぱに三つのグループに分類することができる。一つは、底に棲む生き物いわゆる底生生物、二つめは、活発な動きのできる大きい、あるいは大き目の動物、そして水という物体の中で浮遊し、流れのままに漂流するプランクトンだ。魚がバラスト水に入り込むことはまずないので、とくに頻繁に船に積まれることになるのはプランクトンといえるだろう。では、バラスト水にはどんなプランクトンが混ざっているのだろうか。

巻貝であれ、二枚貝であれ、管住類[11]あるいはウニであれ、海底に棲むほとんどの生物の幼虫はプランクトンである。それらは「ヴェリガー」や「プルテウス」、あるいは「トロコフォラ」などという幻想的な名前をもち、活動能力が非常に制限されていても新しい産地へたどり着けるように、途方もない多くの数が集まっている。無数の海藻、小甲殻類、あまり知られていないほかの動物群と並んで、底生生物体の幼虫もプランクトンの大部分を占めている。

ゆえに、海底から離れた水の中、そして大洋を渡る巨大船のバラストタンクの中にも、水が取り込まれる場所に棲む生物体のほぼ完全なコレクションが存在することになる。バラスト水は、あらゆる食性グループの生物、あらゆる生活環の生物を包括する普遍的な運搬媒体だ。勢いのあるポンプで船の内部へ運び入れられるので、吸入の流れから逃れることができないもののすべてが含まれる。動物のほとんどすべての「門」[原注2][12]（大きく分類した動物群をそう呼ぶ）だけでなく、単細胞動物や植物の姿も多く見られる。これは、一種の「ノ

(11) 管棲多毛類。体が細長く、多くの環節から成り、イボアシや毛などの体表突起物が多いのが特長。体長数ミリから１m。

(12) 界、門、綱、目、科、属、種に分類できる。

(原注２) 動物群を大別した概念。「界」の下で「綱」の上。

アの水中箱舟」なのだ。

バラスト水に相当する現象は陸地にはない。一つの大陸から別の大陸へ運ばれていくのは隠れた動物や付着した植物種子の一つ一つだが、バラスト水に潜んでいるのは一個の完全な生物共同体なのだ。ヨーロッパから、そこに棲むあらゆる生物体と一緒に一ヘクタールを海外へ運んでいき、そのままそこに委ねさせるようなものである。

二人のアメリカ人、ジェイムス・カールトン(13)とジョナサン・ジェラー(14)は、一九九三年七月、この問題の全体規模が明らかとなる調査結果を発表した(*11)。彼らはオレゴン州のクース湾で、二五ヵ所の港から集まってきた日本の貨物船一五九隻のバラスト水をサンプルとして収集した。どの船も二週間から三週間の航海をしてきたが、そのタンクの中には生命体がウヨウヨしていた。カールトンとジェラーは、三六七種のさまざまな動物および植物種を発見したが、そのほとんどがタンクの中から何百万と現れた。二人の研究者は、これらの研究の注解として次のような鑑定を行った。各船に平均二〇から三〇種が吸入されたと考え、さらにバラスト水を積載できる世界中の艦隊三万五〇〇〇隻のうち数千隻が常に海上にいるとすると、毎日何千種という生物体が地球をめぐる船旅を楽しんでいることになるというのである。

また、この海洋生物学者たちは、ドイツにおける驚くべき数字も計算していた。北海およびバルト海では、この一五〇年の間に一〇〇種を上回る新帰化動物および新帰化植物が

(13) James Carlton。ミスティック（サウスダコタ州）にあるウィリアムス・カレッジの海洋生態学者、進化生物地理学者。1960年代初めより侵入種の研究を行う。

(14) Jonathan Geller。サン・ホセ州立大学の無脊椎動物学准教授。海洋無脊椎動物の生態学および進化について研究。

記録されていたのだ。おそらく、その約半分は航海によって移入してきたと思われる。バラスト水やその沈殿物に混じって、あるいは船舶に繁茂(はんも)して、毎秒六九種の動物がドイツの海岸や港にたどり着いている。これは、一日にすると六〇〇万を数えることになる。そこに現れる種の六〇パーセント弱はもちろん国産ではない。ドイツの港に寄港する船はどれも、外板やバラスト水タンクに平均四一〇万の動物を一緒に載せてくる。そして、ここに運び込まれる植物性プランクトンの数となるとさらにもう一回り規模が大きい。(*12)

二人のドイツ人海洋生物学者の調査や類似のオーストラリアの研究によって、ジェイムス・カールトンとジョナサン・ジェラーの調査結果が正しかったことがかなりの程度証明された。生物体が、船のバラスト水に入ったまま運搬されるのは世界的な現象だ。その結論は予想できない。そして、このことは生態的な問題のほかに、おそらく解決することのできない顕著な学術問題をも投げかけている。

アメリカ合衆国の学者たちは、「バラスト水運搬に関係する地域（地球のほぼ全海岸域）でこれまでに知られていなかった種が発見されたら、それはこの先、侵入の可能性があるとして危険視されねばならない」と、考慮を求めている。

「あるいは逆に、未知の歴史的な運搬が、全世界へ自然な分布を広げてしまうという誤った結果に導いてしまったのかもしれない。いずれにしても、史実に従った分布モデルや遺伝子の流れ、あるいは種の形成に関する我々の理解が混乱させられてしまうことに変わりはない。なぜなら、分布、そして遺伝子の流れを追うのに役立つ地理的バリアは、バラスト水運搬によって簡単に乗り越えられてしまうのだから」[*13]

バラスト水は、船の安定を良くするために一八八〇年から、つまり一〇〇年以上前から使用されている。その間に、何千億トンもの水が地球のあちこちに運搬されていった。何がどこからどこへもっていかれたのか、再現できる人間は一人もいない。

バラスト水調査の結果は、一つの生態的な結論を出した。この生態知識は、科学的認識の損失よりも数倍も重大なものである。それでなくても科学的な認識というのは、もっと良いものが出てくればそこで無効となり、葬り去られてしまうようなものだ。それぞれ特徴の多い生物体世界をもつ湾や河口、フィヨルドなどのバラスト水が処理される地域のすべては、地上でもっとも危険にさらされている生活圏に属しているのである。

# 5 速くて強い——魚

魚は、自分たちが餌とするトビムシが北アメリカから来ていようが、ヨーロッパのものであろうが、大抵の場合はあまり気にしない。大事なのは、食べるものがそこにあるということだ。そして人間にしてみれば、大切なのは魚がいるということで、それもできるだけ大きなものがよい。魚は、味覚的な質のほかにも、釣り人が下ろす釣り針にひっかかったときに荒々しい闘士としての質を立証できるように、何といっても「速くて強い」という特性を備えていなければならない。これらの条件を満たせるのは、通常は肉食魚のみだ。(*1) ところが、ヨーロッパの海洋や地球上のほかの多くの河川湖沼に棲む魚を見てみても、見世物用に捕らえられたベルリン水族館の魚たちと比べて、必ずしも天然の動物群らしくより自然に生きているというわけではないのである。

漁業は、重要な経済要素である。その際、抜きんでた地位を占めているのは遠洋漁業であるが、多くの人々にとっては淡水魚もまた、唯一とはいわないまでも生存のための重要な基盤となっている。多くの天然魚の超過漁獲が一段と進んでおり、食用魚や甲殻類などの目的に合わせた養殖がいよいよ重要となってきている。その上、スポーツフィッシングあり、釣り人に付属器具を供給する産業ありとなれば、かぎりある自然の供給物を援助し

**●アトランタ、ジョージア州、1996年**

鑑賞魚として輸入された外国種が、またもや自由への道を発見した。アジアのタウナギ科の魚(Synbranchidae)[(1)]は、1mの長さまで成長する、適応能力に優れた肉食魚である。黄色と緑のかわいらしい鑑賞用ウナギとして購入された魚は、いずれアクアリウム（水槽）の持ち主の手には負えなくなるのだろう。アメリカの生物学者は、オリンピックの町アトランタの近くの池でこのウナギを発見している。ウナギは空中でも呼吸できるため、生息地域を限るのはほぼ無理だと思われる。この種のウナギは、新しく適当な生活圏を見つけるまで陸上を長距離にわたって遍歴することも可能である。[(＊2)]

て増やすだけの理由は十分すぎるほどある。

自然分布地域の境界をこれほど強烈に越えて広がった動物群は、魚のほかにはほとんどいない。加えて、退屈したり経済的に破綻したりしたアクアリストが放逐する魚の数も少数とはいえない。魚は、おそらくもっとも簡単に帰化しやすい脊髄動物だろう。気候状況が許せばきわめて多くの子孫を残すし、孤立した湖沼からは通常離れることができないので、その場に定着するにはわずかな数でも十分である。[(＊3)]陸上動物の場合とは異なり、魚の輸入に対する抵抗感は比較的後になってから芽生えてくるが、そのことと、ふだん魚を目にしないという事実は確かに関係していると思われる。中央ヨーロッパ産の魚に対する一般的知識が我々に貧困なのも、たぶん同じ理由からだろう。一般の人が知っているのは、

(1)アジア、インド、オーストラリア、西アフリカ、中央・南アメリカなどに分布。
(2)サケ亜目マス亜科。体長約20cm。ヨーロッパでよく見られる。
(3)サケ科コレゴマス属、東部ヨーロッパ、シベリア、北アメリカなどが原産。日本やヨーロッパ北部に移入され、食用魚として人気。

ニジマス、ペルカ、コイ、ウナギなど、焼いたり煮たりした、あるいは燻製にした状態で食べられるものだけだ。最後のウナギだけがもともと中央ヨーロッパの魚だが、減少が激しく、数多くの飼育魚を投入してその分をカバーしている。しかし、コクチマス[2]（Coregonus pidschian-Formenkreis）、シナノユキマス[3]（Coregonus lavaretus）、ローチ[4]（Rutiluspigus virgo）、ブリーム[5]（Abramis ballems）などの名を挙げたところで、いったい誰がこれらの魚について知っているのだろうか？

　魚が世界中を往来した結果、生態への望ましくない影響が繰り返し生じた。国産の魚群が押しのけられ、伝統的な産業様式が崩壊した。この一〇〇年の間に、北アメリカでは四〇種（と亜種）の魚が絶滅した。その三分の二は、輸入された魚が消滅の主な原因である。したがって、絶滅の要因としては、いわゆる破滅的な化学汚染（三八パーセント）や過剰魚獲（一五パーセント）よりも外来魚種の方が重大だったのである[*4]。国連食糧農業機関（FAO[原注1]）がこの問題に取り組むようになったのは、世界の食糧事情を考える場合に漁業が重大な意味をもっているからだった。ローマに本拠を置くこの世界的な食糧機関は、一九八八年、機関紙〈FAO漁業技術新聞〉において、外来魚種の帰化の理由、規模、結果についての世界的な調査結果を公表している[*5]。この研究は魚種の国際交易のみに絞られているが、アメリカ合衆国の東海岸から西海岸への魚種の移送はドイツからオランダへの国境を越える移動よりも本質的にもっと重要であると、著者自身も考慮することを求めている。

（4）ウグイ属。南・東ヨーロッパに生息。体長30〜50cmの、静かな水域に棲むコイに似た魚。

（5）コイの一種。河川の下流や湖に棲む。体長20〜35cm。

（原注1）Food and Agriculture Organization of the United Nations

だが、このような国内の移動を顧みずとも、ＦＡＯの調査における世界的なギブ・アンド・テイク、つまり世界的な交換が与える印象は強力である。というのも、この調査は一四〇もの国々における二三七種の魚の一三五四件に上る輸入によっているからだ。「輸入に関する驚くべき数値は、今日なら〝何と平凡な〟と思うであろう幾つかの理由から生じた結果らしい」と、ＦＡＯの報告は主張する。

「その中では、親しんだ動物群に囲まれていたいという、国外へ移住した人々のノスタルジックな感情がかなり高い順位を占めている。その地方に適した地方種がすでに存在していたり、輸入された種が新しい故郷に馴染みにくかったりして見たところは非合理的だったにもかかわらず、植民地化に続く昔の帰化の多くは、おそらくこのような感情が基盤となって行われてい

「（略）ドイツの自然保護は高水位線で終わっているという悪言があるが、それは大部分がその通りである。漁業資格者は、自然の海洋や湖、川、小川などに稚魚を投入することによって、捕った量をほぼ補うよう義務づけられている。そして、これはまたどこでも従順に守られているので、一般的に（中略）当地の小川や（中略）小さな自然の湖は魚で満杯である。これほど高密度の状態は天然の中には絶対に存在しない。湖などに放流されるのは食用魚だ。特別な養魚池ならまだよいが、このようなやり方では水中の無脊椎動物群が絶滅してしまい、常に魚に餌を与えなければならなくなるので、自然の湖や川ではやはり許されざる処置である。陸上では不可能な動物群の不自然な改造が、ここでは、事実上法によって規定されているのだ」

ヘルマン・レメルト[＊6]

たのだと思われる」(＊7)

哺乳動物や鳥類の帰化のほとんどが一九世紀の世界的な順化に負っているのに対し、意図のあるなしにかかわらない魚の輸入が最高潮を迎えたのはようやく一九五〇年から一九八〇年になってからのことだった。以来、ある程度飽和状態に達しているようだが、一方ではまた、苦い経験が意識の変化やより強い自制を引き起こしてもいる。今日、新しい魚種を輸入している地域は主に南アメリカであり、アフリカやアジア、北アメリカでは魚種の越境交易はほとんど停滞している。ただしヨーロッパでは、一九八〇年代になってもまだ新種の数は増え続けていた。この地の外来魚種に対する関心はほぼ不変で、ほとんど満足させることができないと見える。関心がなくなったのは、両世界大戦が行われている最中だけだった。フランクフルト、ゼンケンベルク研究所の魚類学者アントン・レレク(6)は、中央ヨーロッパに輸入された魚として合計四六種を挙げているが、その中の一八種はアメリカ、一〇種がアジアの魚種となっている。(＊8)

輸入国の中で、飛び抜けてトップを守っているのはアメリカ合衆国だ。今日、アメリカ国内で釣り人によって水中から引き揚げられる魚の少なくとも四匹に一匹は帰化された外来魚種である。(＊9) アメリカ合衆国は一九八八年までに七〇種の新しい魚種を国内に取り入れているが、それに加えて国内でも放縦(ほうじゅう)に往来があり、さらには島々へも取り入れられて

(6) Anton Lelek。フランクフルト・ゼンケンベルク研究所で魚類学および魚類生態学学科を率いる。

きた。ハワイは、明らかに一種のアメリカ人用のアドベンチャープレイ場として利用されており、今日ではニュージーランドのように外来問題種の圧倒的な数に苦しんでいる。本国に比べればちっぽけなこのハワイ一つをとってみても四四種の魚が輸入されており、これをもってハワイは確固たる世界第二位の地位を占めている。

人間によって広められた分布についていえば、記録を保持している魚はニジマス(**Oncorhychus mykiss**)だ。ニジマスは、スポーツフィッシャーにとっては議論の余地のないナンバー・ワンの魚であり――生死を賭けてのその格闘は、ただただ忘れることができないものらしい――加えて、養殖を目的として輸入される魚のリストの中でも一歩リードしている。唯一、コイがニジマスと比較するに足りる名声を得ているのみだ。この両種は、恒久的な養殖や人工的な補充でしか当地では保持することができない、という点において共通している。(*11)

ニジマスの原産地は、北アメリカのメキシコからカナダまでの西海岸である。そこから放縦に往来しながら、世界中へ送られていった。その運輸経路がＦＡＯ報告書の表紙を飾っているが、まるで幾つかの大航空会社の航路を組み合わせた図のようだ。

一九八八年、つまり社会主義国家が崩壊する前、ニジマスはこの地球上の八二の国々に存在していた。熱帯地方においてすら、多くの国々の涼しめの山岳地帯で生き延びていた。ドイツへやって来たのは一八八二年、パプア・ニューギニアへは一九五二年になってから

(７)サケ目サケ科。日本にも移入されており、生息地域の生態系を変えてしまうと心配されている。体長は40cm 前後だが、原産地では１m 以上になることもある。
(８)サケ目サケ科の淡水魚。体長約40cm。原産地は北部ヨーロッパ・イギリス。東日本の河川や湖沼にも移入している。

で、そして一九八〇年には中国へ渡った。ドイツからスイス、ブルガリア、そしてスウェーデンへと運輸され、またカメルーンやテリ、当時のソビニト連邦へも運ばれていった。レバノンのニジマスはデンマークからのものだし、モロッコはスイスから、インドネシアの場合はオランダがもととなっている。イランとイラクがどこからニジマスを取り寄せたのかは分からない[*12]。

ニジマスは肉食魚だ。生態的に見ると、このような前提において、問題が出てくるのは常である。なぜなら、ニジマスは自分の故郷で餌としている魚も、チチカカ湖（ボリビア・ペルー）の魚もまったく同じように味わうからだ。ユーゴスラビアでもヒマラヤでも、また南アフリカやニュージーランドでも、ニジマスは多くの国産の魚種を撃退、あるいは根絶してしまったとされている。それでも、ニジマスの人気は落ちることがない。

ここヨーロッパでは、ニジマスは国産のオガワヨーロッパマス[7]（Salmo trutta）のライバルだ。両者は、餌と産卵場所をめぐって張り合っている[*13]。オガワヨーロッパマスにしてみれば、生息数を脅かされることになりかねない。だが、飼育魚を集中

**外来魚種の主な輸入国[*10]**

| | |
|---|---|
| アメリカ合衆国（大陸） | 70種 |
| ハワイ | 44種 |
| コロンビア | 40種 |
| メキシコ | 33種 |
| パナマ | 29種 |
| プエルトリコ、スリランカ、オランダ | 24種 |
| ドイツ（東ドイツを除く）、大英帝国、マダガスカル、フィリピン | 23種 |
| チリ、キューバ | 22種 |
| …… | |
| ニュージーランド | 19種 |

的に増やす対策が取られ、魚の全体数自体は減少していないことから、本当に危険が差し迫ったこの状況もぼやかされてしまっている。[*14] 一方、アメリカ合衆国では、ばかげたことにまったく逆の現象が起きている。ヨーロッパから輸入されたオガワヨーロッパマスが「ブラウントラウト[8]」と呼ばれて、その大きさと攻撃性のため、スポーツフィッシャーから非常に重宝されているのである。ところが、カリフォルニアでは、このブラウントラウト根絶のため、一九六五年以降、一〇〇万ドル以上も費やさなければならなかった。ブラウントラウトは、カリフォルニアの「国魚」であるゴールデントラウト[9]を完全に撃退し尽くしてしまうところだったのだ。[*15]

中央ヨーロッパ最大の湖であるボーデン湖（ドイツ・スイス・オーストリア）は、今日二七種の国産魚種の棲み処となっている。しかし、これは全生息種の三分の二でしかない。必須であるニジマス、北アメリカ産のアメリカナマズ[10]やパンプキンシード[11]、あるいはアジア産のコイのみでなく、フーヘン（ドナウ川のサケ）、サケ、チョウザメ、ペルカ二種、フナ、イトヨなど、これまでボーデン湖では見られなかったヨーロッパの海水魚も数種泳ぎ回っている。これだけではない。たとえば、南アメリカ産のモツゴ[12]やチョウザメなど、漁師の網にはほかの外国種もどんどんかかっているのだ。果たして、これほど強力に外来魚種を投入した意味はあったのだろうか。一九八五年にボーデン湖で行われた捕獲高の分析は、この問いに対して明白に「ノー」と答えている。[*16]

(9) シエラネバダ山脈の湖が原産。アメリカ各地の山上湖に移植。体長30cm 前後。

(10) 沼や浅い湖、流れの遅い川の底に棲むナマズ。体長25～35cm。

(11) 北米産の淡水魚。カナダの南部からメキシコ湾に至る水域に生息。スズキ類のペルカに似ており、ヨーロッパでは食用魚となっている。

外来魚種の輸入は、ときとしてさらなる輸入を次々と招くことがある。貪欲な略奪者が無邪気な国産の魚の世界に襲いかからないようにするため、あるいは彼らの関心を経済的に重要な食用魚からそらせるためには、餌となる魚を次から次へと追加して、供給源の多様性を広げるしか方法がないのだ。

過剰施肥による影響や、いつのまにか入ってきた水生植物の繁茂（はんも）をコントロールするために、中国ソウギョなどの草食魚が国内に持ち込まれた例もある。そして、このベジタリアンが増えすぎたら、再び肉食魚を輸入してすくいとってしまえばよいというわけだ。このような草食魚は大きな植物を絶滅させてしまうので、小植物の増加が促進される。結果として生じる海藻の繁茂は人々の憤りの種ともなりかねないが、また別の外来魚種にとってはもっけの幸いでもある。人間は、人工自然の新しい世界をつくり出しているが、その世界には古い世界よりももっと多くの問題が生じるのが通例だ。

当地では冬が寒いため、温暖な気候条件下に棲む熱帯魚には生き残るチャンスはあまりなさそうだが、それでも彼らに適応した生活圏は若干だが存在する。たとえば、温泉が供給する自然温水のほか、人工的に温められている生活圏も増える傾向にある。発電所が一〇〇メガワットを出力するためには、一秒間におよそ七立方メートルの冷却用水を要する。この水は、その折に約八度上昇する。魚類学者のアンドレアス・アーノルド(13)は、次のように書いている。

(12) コイ科の淡水産の硬骨魚。体長約8cm。日本には広く分布。

(13) Andreas Arnold。ランゲンバッハ（ミュンヘンの北西）の魚類学者。著書に“Wir beobachten Libellen"などがある。

「韓国仏教徒は、生命に対する尊敬の念を祝う儀式の際に魚を放つのを伝統としている。そこで放たれる年間200万匹の魚の中には、養殖場出身の魚も若干見られる。20年前にアメリカ合衆国から輸入された、数匹のパンプキンシードの子孫もその一種だ。ハン川（ソウルは、ハン川の河口に位置している）の上流では、別の北アメリカ産の魚であるバーチ(14)の輸入により、25種の国産魚種の個体群(原注2)が全滅している」

エドワード・テナー(＊18)

「これは、この規模の発電所であれば、小さな川や湖を熱帯湖に変えることができるということを意味する(＊17)」

温度の上昇は、冷たい水に慣れている国産魚の「胚発育に害を与え」たり、「多くの有害物質の毒性を強め」たりし、「同時にまた、水中の酸素の溶解性をも下げてしまう」。そしてそれは、数え切れないほどいるアクアリウム（水槽）所有者から出る、温かさを必要とする熱帯魚というごみに生き残りの可能性を与えていると補うことができよう。以前なら、すでに最初の冬に凍死していたような所にも、今日では南アメリカ産のグッピーからメキシコ産のソウギョまで、異常なほど色とりどりの仲間が泳ぎ回っているのだ。

(14)北アメリカ産。スズキ類のペルカに似ている。

(原注２)ある空間を占める同種個体の集団。種の具体的な構成単位だが、出生率・死亡率・移出入率・齢構成・遺伝的構成などの属性によって特徴づけられる。

## 6 レセップスのミグレーション

フェルディナン・マリー・ヴィコート・デュ・レセップス[1]は、声望あるフランスの外交官であり、技師でもある。彼は、一八五九年から一八六九年までの一〇年の間、ある巨大プロジェクトを率いた。地中海と紅海をつなぐ、一六〇キロにも及ぶ運河の建設だ。この新しい水路が、巨大な大陸アフリカを回る、時間のかかる危険な航海から私たちを助けてくれた。この運河は、彼にちなんだ命名こそされなかったが——今日、それは単に「スエズ運河」と呼ばれている——レセップスの名前がすっかり忘れられたわけではない。彼が造った水路は完全に離れた二つの海をつなぎ合わせたわけだが、その結果、何百という動植物種がこの新しい通路を利用し始めることとなり、自然科学の世界ではそれを「レセップスのミグレーション（移住）」と呼んでいる。

このような運河を造るという努力は相当なものだ。だが、それほどの努力が可能だった社会も、運河建設によって発生した両海への影響を多少なりとも総括的に記録するということに関しては無力であったことが明らかとなった。

●**イギリス、1991年8月**

大英帝国の動物学者たちは、ドーヴァー海峡トンネルの出口で驚異的な発見をした。普段はヨーロッパ大陸でしか知られない、小さなサラグモ[2]の存在が証明されたのだ。この小さなクモは、英仏海峡下のトンネルを分布道として利用した初めての動物種だと思われる[*1]。

「スエズ運河は、完全に分離した二つの動物群地域にどちらからも自由に侵入することができる世界唯一の場所であるにもかかわらず、そのような場所に一軒の研究所すらない」と、すでに一九一九年、ドイツの学者が嘆いている。[*2] もちろん、この運河が通っているのは地上でもっとも危険な地帯だ。しかし、それもダム建設や石油産地の開発、あるいは現在全盛の観光産業の建設など、潤いの多い活動の妨げにはなっていない。

個人で活動している研究者の中には、両方の動物群が完全に混合してしまうことを運河の開通前にすでに見通していた人々もいた。[*3] 彼らは、大きな融合がやって来る前の状態を取り急ぎ調査しようと試みた。そして、彼らによって魚に関する小さな研究が発表されたり、巻貝が収集されたりした。それらを除けば、この運河流域の大きな探検はたった一つしか行われていない。マンロウ・フォックス(3)の指導による、一九二四年のいわゆる「スエズ運河のケンブリッジ探検隊」だ。この短い研究旅行の結果、三七の学術発表が行われ、「レセップスのミグレーション」は生物学の教科書にも載せられるようになった。そこには、知るに値することはいまやすべて明らかになった、という感銘があった。[*4] その後、新しい研究プログラムが作成されたのはようやく一九七〇年代になってからのことで、それはエルサレムのヘブライ大学とアメリカ合衆国のスミスソニア研究所の共同作業によって行われた。[*5]

海洋に面した紅海とは様子を著しく異にするスエズ湾の動物界については、実質的には

(1)(1805〜1894) フランスの外交官。エジプトの許可を得て、スエズ運河を開削。
(2)水田および畦道に多く生息。造網性種。
(3)Munro Fox (1889〜1967) 動物学者。1924年にスエズ運河を探検。

ほとんど何も知られていなかった。同じことが、シナイ半島北海岸の大部分をなすサーボニアンラグーンにもいえた。そこで組織的な研究を行った最初の人々は、フランシス・ドヴ・ポア(4)と彼の研究チームである。一〇〇年の間に一万隻もの船が新しい運河を通っていったのに、両方の河口近くに生きる動植物種についてはいまだに知られぬままだった。

運河は、地中海と紅海の間にある陸地というバリアを取り除きはしたものの、そこには目に見えない障害が相変わらず存在し続けていた。冬の地中海の水の冷たさと、何よりも塩分濃度が著しく違うことだ。一つの海から別の海へ泳いでいく。多くの海洋生物体にとって、これは自殺にも等しい行動である。生理学的にいうと、塩分濃度は水中の生き物にとってもっとも大きな挑戦の一つを意味する。多くの生物は、大幅な塩度変化は許容できず、偏差は命にもかかわることになる。周りの媒介の塩分濃度が高すぎると、なくてはならない水分が細胞から奪われ、塩分が少なすぎると膨らましすぎた風船のごとく破裂してしまうのだ。

紅海は、巨大なインド洋の虫垂（ちゅうすい）である。あえていうほどの量だけ淡水が流入している所は一つもなく、その代わり焦がすような太陽の照りつけがとんでもなく厳しい。塩分濃度は比較的高いが、北に進むに従ってさらに高くなり、スエズ湾の運河河口の少し手前で最高値の四三パーミル（一〇〇〇分の四三）に達する。その反対側、地中海の東側に位置

（4）Francis Dov Por。イスラエル人。ヘブライ大学の生態学・分類学・進化学学者。

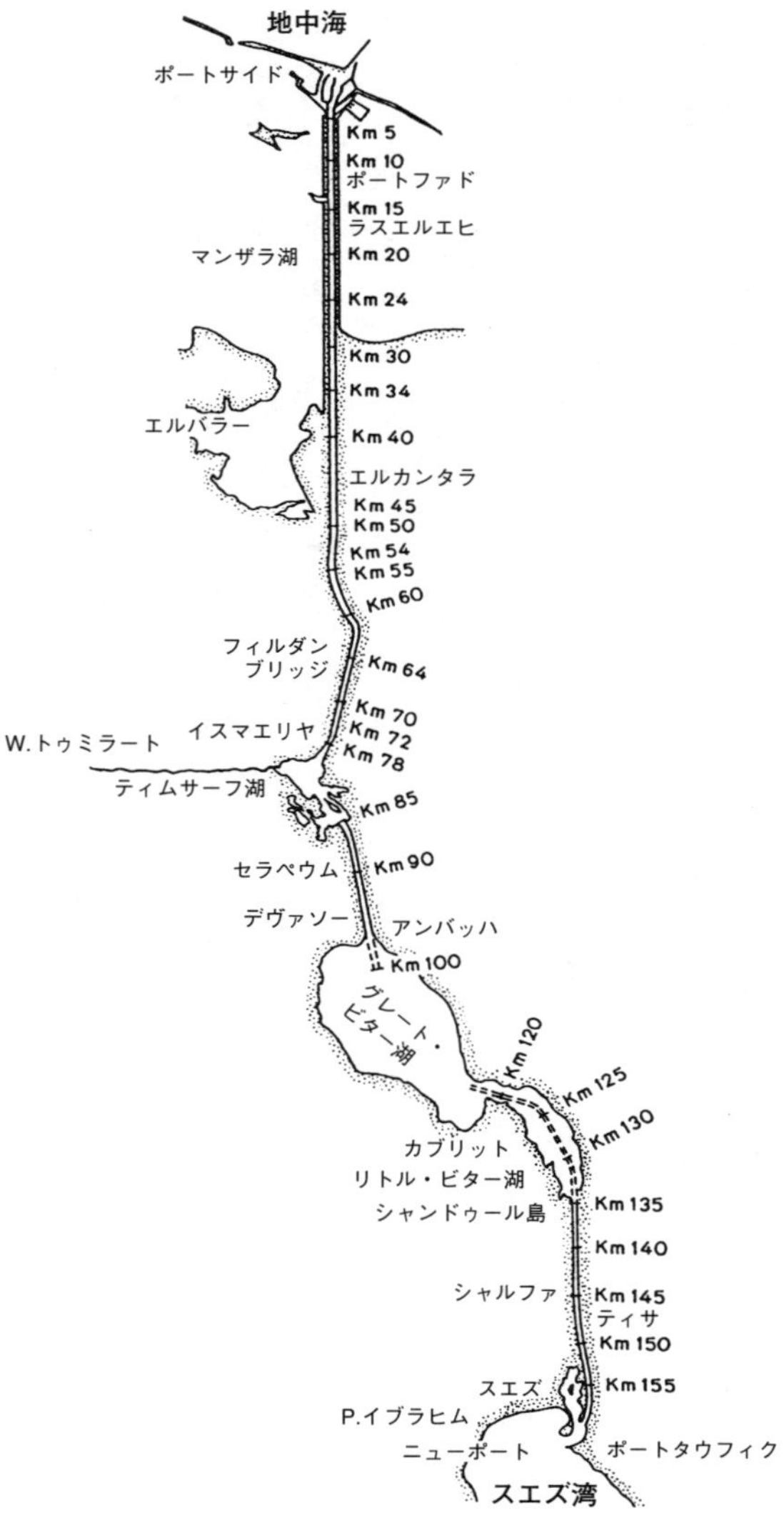
地中海
ポートサイド
Km 5
Km 10
ポートファド
Km 15
ラスエルエヒ
マンザラ湖
Km 20
Km 24
Km 30
Km 34
エルバラー
Km 40
エルカンタラ
Km 45
Km 50
Km 54
Km 55
Km 60
フィルダン
ブリッジ
Km 64
Km 70
イスマエリヤ
Km 72
W.トゥミラート
Km 78
ティムサーフ湖
Km 85
セラペウム
Km 90
デヴァソー
アンバッハ
Km 100
グレート・
ビター湖
Km 120
Km 125
Km 130
カブリット
リトル・ビター湖
シャンドゥール島
Km 135
Km 140
シャルファ
Km 145
ティサ
Km 150
スエズ
Km 155
P.イブラヒム
ニューポート
ポートタウフィク
スエズ湾

スエズ運河

する近東地方の海では、それに相当する値はおよそ三五パーミルでしかない。その数値は、一九六七年のアスワンダム建設以前はさらに低かった。定期的に起こるナイル川の氾濫が膨大な量の淡水を地中海東部へ運び込み、ときには水を二六パーミルにまで薄めていた。四三パーミルと二六パーミル、感じやすい海洋生物体にとってこの二つはまったく異なる世界なのだ。

しかし、それだけではない。紅海からスエズ運河を通って北へ進むと、互いにつながる二つの湖、リトルおよびグレート・ビター湖を渡る。スエズ運河が開通したとき、そこの水の塩分濃度は一六一パーミル、命も失う塩水砂漠だった。両湖の塩度はゆっくりと下がっており、今日では四七パーミルを示しているが相変わらず運河では最高値である。グレート・ビター湖の数キロ後ろには、さらにもう一つの内地湖であるティムサーフ湖が待っている。この湖には一本の運河を通してナイル川の水が引き込まれ、それが塩っぽい運河の水の上にすべり流れていくので、両ビター湖で塩による衝撃を受けたかと思うや、ここでは今度いきなり淡水による衝撃に襲われることもありうる。スエズ運河をあえて横断しようとする生物体は、命にかかわるやっかいな変動に体調を合わさなければならないのだ。

だが、一番大きな問題は船である。スエズ運河は、世界でもっとも頻繁に運行されている航海路の一つに数えられるが、そこを通っていくのは一つの海から別の海へと漕いでゆくゴムボートでは決してない。運河の底の柔らかな基質は、巨大な船のスクリューに巻き上げられ、水は沈殿物と一緒に渦巻き続ける。これは、静かな澄んだ水を必要とする生き物には毒である。多様な紅海の生物群集、つまり珊瑚やその周りを色どる動植物界は、それゆえ「レセップスのミグレーション」に属することは絶対にないだろう。それらは巻き上げられた多量の沈殿物の中で窒息し、太陽の光も差し込まないため成長もできない。同じことが、ほとんどのプランクトン生物についてもいえる。豊富なのは植物性プランクトンだが、これは濁った運河の水の中ではまったく発育する可能性がないのだ。

つまり、地中海はおそらくこの先も、もっともすばらしい熱帯の海洋生物を得ることはあり得ないだろうということだ。しかし、これらの困難な問題をも顧みず、多くの生物が自ら進んで運河に棲みつき、その後、両方の海のどちらかへ押し入ることに成功している。そして、この運河によって可能となった移動は今もなお続いている。

とはいえ、動物界の混合を予言した学者たちもまったく正しいわけではなかった。スエズ運河の開通が招いたのは、バランスのとれた種の交換ではなく、熱帯にある紅海の動物世界による地中海東部の一方的な侵略だったのだ。紅海から北へ移動した生物種の数はおよそ五〇〇と推定されているが、これは、逆方向への移動の少なくとも一〇倍に当たる。イスラエルの海洋生物学者フランシス・ドゥ・ポアによって刻み込まれた「レセップスのミグレーション」(*6)の概念は、厳密にいうと、地中海へ入り込んだ紅海の種だけを意味しているのである。それらは、彼が「アンチ・レセップスのミグレーション」と名づけた、な

(5) Geerat J. Vermeij。アメリカ人進化生物学者。メリーランド大学の地質学教授。

だれ込むというよりはむしろしたたる程度に南へ移動していった地中海の生物体よりもずっと強力に地中海東部の生態系を変化させている。後者は例外なしに魚であるが、ほとんどの場合、数匹しか見つかっていない。それに引き換え、紅海からの移民の多くは近東地方の海では非常に数多く見られ、そこに生きている種を撃退してしまっている。しかも新しい魚種の中には、今日では経済的に重要となっている魚さえ数種存在しているのだ。

どうしてこんな歪曲した事態になってしまったのだろう。スエズ運河の水流状態だけでは説明不足である。北からの水流は一〇月から六月までしか発生せず、真夏になると水は逆方向に流れる。あるときは塩分の豊富な水が紅海から、また別なときには塩分含有量の少ない水が地中海東部から、そこに存在する動植物の世界とともに吸い込まれていくのだ。また、普段はまったく流れのない両ビター湖の蒸発量が非常に大きくなると、運河の両端から真ん中に向けて水が流れることもある。[*8]

「生物体が交換する際には、一方通行となる例がしばしば見られる。以前あったバリアを越える一方向への動きが、逆方向への動きを制してしまうのだ。更新世（200万年前～１万年前）の間（南北の陸地を結ぶ土地が中央アメリカに形成された後）にアメリカで発生した生物体の大交換の際には、鉱山植物やサバンナに適応していた哺乳動物は主に南を目指していた。それに対し、熱帯雨林グループ（鳥、哺乳動物、植物）の侵入は、ほとんど例外なしに南から北へ向かっていた。この不均整な生物体の交換において、果たして生物学的な優越が決定的な役割を演じていたのかどうかということについては、想像にまかせるよりほかない」

ゲラート・J・フアーメイ[5][*7]

運河の通行に成功するのは運河に棲む再生可能な種のみだが、運河の水量の八五パーセントを包括し、スエズからたった三〇キロしか離れていない両ビター湖に棲む生物にとくに多く見られる。運が悪かったのは地中海の動物である。こちら側の運河の河口に棲むのは不利だった。水路の北端にあるポートサイドからティムサーフ湖までは七〇キロもあり、両ビター湖はそこからさらに二〇キロ南にあるが、この区間の運河はほぼ全域にわたって幅が狭く、そこを流れる水はかき乱されて濁っているのだ。その点、紅海の生き物は苦労せずにすんだ。そこで柔らかい基質に棲むことや、大きく変動する塩度にうまく合わせていくことに慣れていた生物には、運河を通行するのには最高の装備が施されていたのである。

しかし、フランシス・ドゥ・ポアは、紅海に棲む熱帯生物の一方的な成功にはもう一つまったく別の理由があったとしている。それは、地質学的な変化に富んだこの地域全体の歴史の中に潜んでいる。ポアにとってスエズ運河の開通は、以前の状態を再現し、生態的空白を満たしたことを意味している。気候的、動物地理学的に見ると、地中海東部というのは、実は、生息するにあたってもっとも重要な根源であるインド洋圏から切り離されてしまった栄養物のあまりない熱帯の海である。インド洋の動物群の代わりにそこに棲んでいるのは、資源の有効な利用の仕方を知らない大西洋の乏しい動物群だ。紅海に棲む魚が八〇〇種を数える一方、地中海東部のそれは五五〇種でしかない。

スエズ運河によってつくられた交通路は、実際、まったく新しいものではなかった。ス

(6) 古代エジプト王の称号。
(7) (1646〜1716) ドイツの数学者・哲学者・神学者。著書に『単子論』などがある。

エズから地中海へ抜けるクネクネと曲がった航路が、ファラオの時代にもすでに存在していたのだ。わずかに人工の運河からなる部分もあったが、それ以外は自然の水路が利用されており、ナイル川を通じて地中海へ流れ込んでいた。ライプニッツ(7)からゲーテ、(8)ひいてはエジプト滞在時に古い運河の残りを個人的に見学したナポレオン(9)に至るまで、多くのヨーロッパの身分高き人々がすっかりそれに魅了され、この古い接続路の存在は新しい運河建設を考慮するきっかけとなった。生物にとっては、今日よりももっと大きくて、おそらくもっと打ち勝ちがたい障害がファラオの運河には混ざっていた。

しかし、フランシス・ドウ・ポアが暗示しているのはそれよりもっと前の状態である。二〇〇〇万年前、そこには今日の地中海域と南西アジアを結ぶ広い連絡路が存在していた。地域的な違いはあっても、ここに生きていたのは本質的に一つの動物群だった。この連絡路が閉ざされてしまうと、スエズ運河が建設されるまで直接のコンタクトはできなくなった。地中海は、私たちには不動の単一物に見えるが、実は地質の推移によって初めて形成されて大西洋の虫垂（付属物）となったのである。それに対して、陸地が開いてできた紅海はインド洋の一部となった。

そして、氷河期がこの両方の海を繰り返し捕えては解放した。氷河が前面に押し出してくる間、海面は多いときでおよそ二〇〇メートルも下がり、地中海東部は塩分の薄い沼地のようなプールになった。それに対し紅海は塩湖へと収縮し、スエズ湾はカラカラに乾燥

(8)(1749〜1832) ドイツの作家。代表作として『若きウェルテルの悩み』、『ファウスト』などがある。

(9)(1769〜1821) フランスの皇帝。フランス革命に参加した後、ヨーロッパに覇権を確立するかに見えたが、結局最後は島流しとなり、セント・ヘレナ島で没する。

した。気候が緩むと、両方の浴槽は再び塩水で満たされ、幅わずか九キロメートルの細長いドロドロの陸地帯しか残らないほどに近づいた。塩分の薄い水に適応していた地中海東部の動物群は、大部分が消滅し、西側から大西洋の生活環境に順応した生物群集が入ってきてそれを補った。この勢力の交代の経過は、発見された化石を通して追跡することができるが、紅海の動物群が侵入してきたかどうかについては証明することができない。そこに棲む動物群に、気候的にもともとふさわしいはずの生活圏を取り戻すことはインド洋の水には果たせなかったのだ。そのためには、フェルディナン・デュ・レセップスが建設した運河が必要だった。

次の氷河期が訪れて再び水が後退していくと、スエズに乾燥した塩湖や沼地、つまり今日運河となっている両ビター湖などの湖や河川が残った。そこには、変化する塩分含有量と折り合うことを強要された動物群がいた。この動物群は、次の間氷期が両方の海を互いにつなぎ合わせたり、あるいは、人間が運河という海へ続く新しい人工的な通路を造ったときにはいつもそこにいた。フランシス・ドゥ・ポアは、この種の共同体を「第三の動物群」と名づけた。南北からの移入者とともに、彼らも今日スエズ運河の生物群集を形成している。

紅海から移入してきた動植物群が均等に地中海に分かれていくことを期待していた人は、まもなくその誤りを悟らされることとなる。ポートサイドにある運河出口の西側、ナイル川の河口デルタの前には、塩分の薄い水が広がる巨大なエリアができ上がった。それは、塩分を好む多量の移入者を東へ、とりわけパレスチナの海岸前へと駆り立てた。ここでは、もっとも激しい変化が見られた。新しい魚、二枚貝、巻貝、甲殻類、ヒトデやほかの海洋動物からなる熱帯の動物群は、自分たちの棲み家を戦い取っていった。「レセップスのミグレーション」に大きな関心を示したのがフランシス・ドヴ・ポアなどのイスラエルの学者であるのは、ひょっとしたらそのためかもしれない。この熱帯の影響は、キュプロス島付近ではもうすでにほとんど識別できなくなっている。運河を通ってやって来たのは沿岸の動物たちで、近東地方の海岸に沿って北へ移動している。キュプロス島に至る沖合いに出るのはほとんど無理だろう。エーゲ海の比較的冷たい水もまた、新たな侵入の妨げとなっているからだ。

しかし、スエズ運河の開通後も、地中海東部のこの混乱は終わることがなかった。人間による行為がここでもたらした結果は、ほかでは唯一、地質学的プロセスだけが行いうるほどの規模をしている。ナイル川から地中海へ流れ出す水量は、アスワンダムの建設によって、一九六六年以降かつての量の四分の一にまで減った。ただでさえ栄養素の少ない地中海東部に流れ込んでいた、もっとも重要な栄養源が断ち切られてしまったのである。流れが注ぎ入る所にできる淡水と塩水が混合する水域は縮小し、「レセップスのミグレーシ

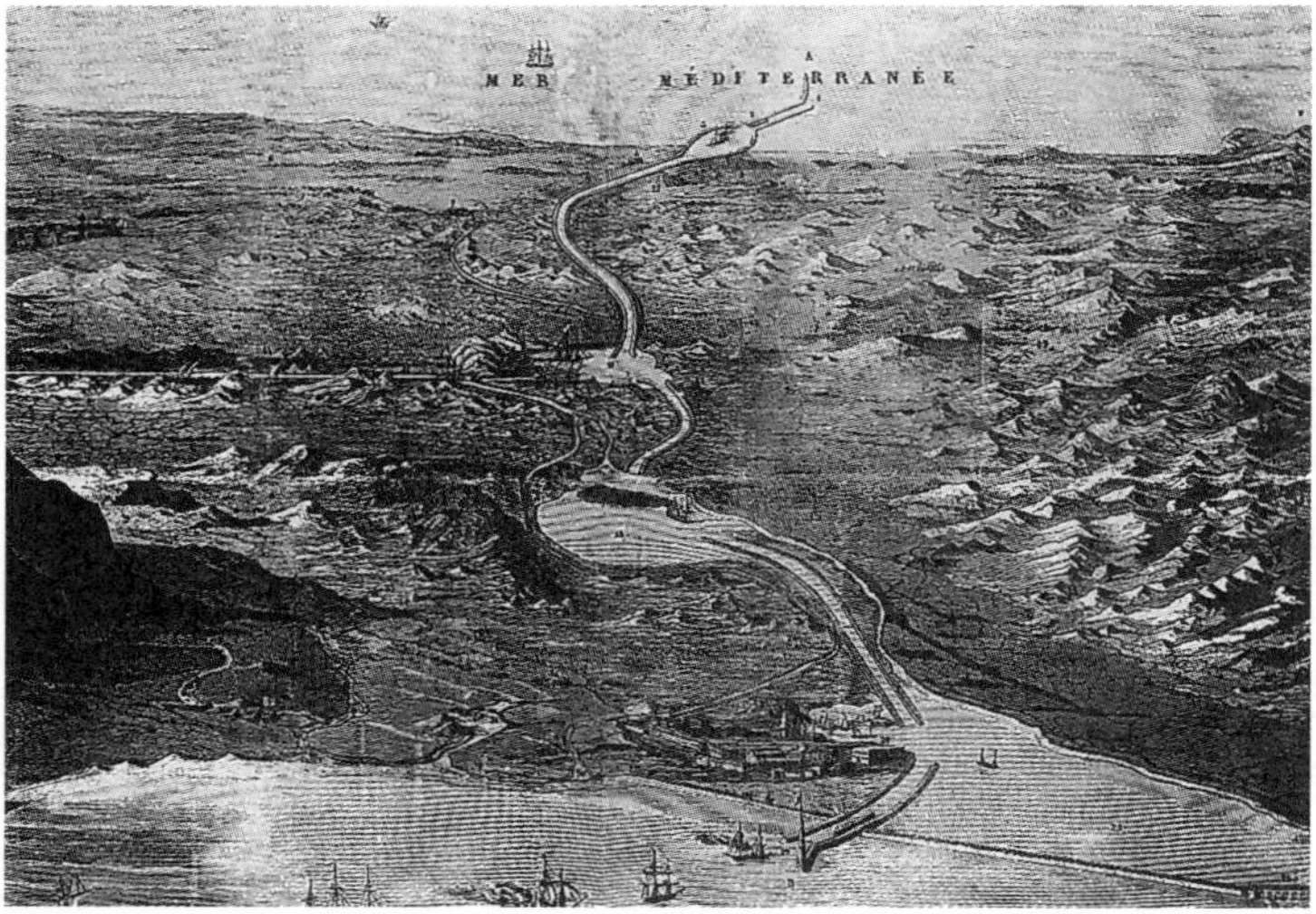


スエズ地峡と運河計画のパノラマ図　(パリ国立図書館所蔵)

●ヨーロッパ

ヨーロッパでも、運河は分布経路となっていることが実証された。論争になっているマイン・ドナウ運河は、いまや南東ヨーロッパ圏へ進出する新しい接続路となっている。ドナウ川からライン川方向へ移動していく魚にとっては、水門の数も少なく、高さの違いもあまりないので、専門家はドナウ川からライン川に侵入していく魚の方がその逆より多くなるだろうと見ている。17種のドナウ川の魚種がマイン川に現れると推定し、ドナウ川には10種が加わるだけだとされている。フランクフルトにあるゼンケンベルク研究所の魚類学者アントン・レレクは次のように述べている。「ウナギが本当に自力で永続的にドナウ川へ侵入していくのであれば、ドナウ川の魚種の共同体に対する著しい障害が現れると考えなければならない(＊9)」

ョン」では西側への流出が突然自由になった。

スエズ運河の生物群集の運命にのちのちまで残る影響を及ぼした最後の出来事は、六日間戦争(10)だ。その結果として、運河は一九六七年から一九七五年の八年間にわたって封鎖された。浅い水路は底をさらわれることもなくなり、港の施設には海藻やほかの植物が生い茂り続けた。沈殿物は下へ沈み、以前は何もかも巻き上げられてドロドロだったスエズ運河は、これまでにないほど澄んで静かになった。この完全に変化した状況によって、新しい生物種の移動が可能となっているかもしれない。どうやら、これらの変化は動物群にとっては「天の恵み」だったようだ。(*10) だが、——よくあるように——その比較データーは存在しない。(*11)

最終的にどんな結末が訪れるのか、予想することは不可能だ。「レセップスのミグレーション」の影響は、おそらく地中海の東半分だけにとどまっているだろう。珊瑚礁など生物の共同体全体の移動はあり得ないので、この地域が紅海の単なるコピーになることはまずないと思われる。フランシス・ドウ・ポアが正しい説を唱えているのなら、そこで形づくられる生物群集は、昔の資源よりも現在ある資源の方を効果的に利用することができるはずである。このことが、そこに住む人間にとって何を意味することになるか、それはいずれ明らかになるだろう。

(10) 1967年、イスラエルとエジプトの間に6日間続いた戦争。この戦争の後、イスラエルはシナイ半島、ガザ地区、ヨルダン川西岸地域、ゴラン高原の一部を占領した。

●パナマ

1914年８月15日、中央アメリカに全長82kmの運河が開通した。建設したのはアメリカ合衆国。このパナマ運河は二つの巨大な大洋を接続したが、生物体の移動が可能となることはなかった。今日に至るまで大西洋に侵入することができたのは、太平洋の小さな魚一種だけである。

この運河は高低の差が26mあり、生物は移動する際に、三つの水門の助けを借りてこの差を克服しなければならない。そして、水門の後ろには、運河の長さの半分以上をなすガトゥン人造湖が控えている。この巨大な淡水湖は、動物が広がっていくことに対して効果的なバリアとなっていることを実証した。

海面と同じ高さの第二の運河建設が繰り返し何度も要求されているが、それが生態系に与える影響は「生物が破滅する恐れあり」と見なされている。研究者は1,000から5,000に及ぶ動植物種が絶滅すると予言し、雑誌〈サイエンス〉の中で、計画中の運河の両端に棲む生物を用心のために詳しく観察することをすすめている。「中央アメリカの海中の動物群や植物群は、きちんと研究されていない」(＊12)ことを、うすうす感じ取っているのだ。

# 7 「放浪」アリ

この地球上には何千種というアリが存在するが、その中には、私たち人間と非常に一方的な関係をもつ種がある。いわゆる「放浪」種だ。(原注1) 彼らはガサゴソと這い回る群れの中のコスモポリタンである。私たちが彼らの好みに応じてやらなくても、彼らは何ら困ることはない。私たちの後をどこまでも追ってきて、私たちはといえばそんなつもりはないのに彼らのために食卓の用意をしてやってきた。イエヒメアリ(1)のように、ほとんどの種はこれまでにもともとの発生地を調査することが不可能なほど世界中に広がっている。

「放浪」アリは、ジェネラリストだ。両あごの間に入るものならすべてと言っていいほど何でも食べるし、巣をつくるにしてもとくにこれといった要求もない。体は小さく、イエヒメアリは二センチにも満たない。ヒアリ属のリトルファイヤーアント(2)（Wasmannia auropunctatum）などに至っては一ミリ半にも満たないが、その小さな体格を補っているのが大量発生だ。彼らがとくに好む生活圏は、建物や調和の乱れた不安定なビオトープ、町の中や路肩、庭、芝生、ごみ箱などである。ハワイやオーストラリアで行われた調査によると、自然な生物群集の存在する植物界はむしろ避けられていることが分かっている。(＊1)

しかし、人間が道路建設や開墾に手をつけるや否や、さすらい者たちも姿を現す。

（1）ヒメアリ属。体長２～2.5mm。世界中に分布し、家屋害虫として有名。

（2）カミアリの一種。密な個体群と噛まれたときの痛さで有名。

**（原注１）**Hölldobler／Wilson　1990。全世界に分布する、人間によっていつのまにか連れてこられたアリの種。

### 主な「放浪」アリとその発生地(＊2)

| | |
|---|---|
| リトルファイヤーアント（Wasmannia auropunctatum） | 熱帯アメリカ？ |
| アルゼンチンアリ（Linepithema humile） | ブラジル、アルゼンチン |
| イエヒメアリ（Monomorium Pharaonis） | 熱帯アフリカ、インド？ |
| ツヤオオズアリ（Pheidole megacephala） | 熱帯アフリカ |
| アシナガキアリ（Anoplolepis longipes） | 熱帯アジア？ |
| アワテコヌカアリ（Tapinoma melanocephalum） | 熱帯アフリカ？ |

放浪アリは、同種のアリに対しては非常に寛大である。異なった巣に棲むアリ同士が攻撃し合うことは絶対にない。匂いを嗅いで（アリはそのために触角を使う）、それぞれが我が道を行く。一匹一匹がいろいろな巣の間を行き来するのは普通で、どのアリがどのコロニーに属するかを区別するのは大抵の場合は不可能である。棲み家に関しても、今日はここ、明日はそこと、これらのアリはやっぱりさすらい者なのだ。学者たちはそれを「ユニ・コロニアル（単一群体性）(原注2)」と呼ぶ。一定地域に存在する全部の巣が一つの緩やかな一単位を形成しているのだ。実験者が同種のアリを何百キロメートルも離れている所から運んできても、ある程度詳細な検査を受けるだけで、それらはもうそのコロニーに受け入れてもらえる。野外に集まっていたリトルファイヤーアントのコロニー数個を実験室に連れてくると、そこでコロニーはあっさりとすべてごちゃ混ぜに混じり合ってしまう。何を問題とすることもなく、一つの新しいスーパーコロニーに合併するのだ。(＊3) これは、ほかの種のアリでは考えられないことである。

（**原注2**）ある地域内に分布する一種類のアリの巣が緩やかな一単位を形成し、別の巣に棲むアリに攻撃をしかけない。放浪アリによく見られる。

集まるのと同様に、離れるのもまた簡単だ。「放浪」アリは広範囲にわたって分布することに成功したが、ここでは彼らの一風変わった繁殖行為が決定的な意味をもつ。大きなコロニーには大抵数匹の女王アリ（多婚性）[原注3]がおり、イエヒメアリの場合にそれが一〇〇匹以上になることもあるが、どれがどれに対して優生かということは認知できない。生殖可能なアリの結婚飛翔[3]は見られず、羽のあるオス、つまり羽アリと女王アリの大群も存在しない。交接は巣の中の閉ざされた扉の後ろで行われ、新しいコロニーの創設もごく平凡だ。いわゆる出芽生殖[4]である。働きアリの一グループが幼虫を何匹かくわえて、受精した一匹の女王アリとともに外へ行進していき、近くに新しい巣をつくる。このようにして、この種は小さく一歩ずつ広がっていくだけだが、団結力は固く非常に継続力がある。さらに遠い場所への移動に関しては、人間が引き受けてくれる。

放浪アリたちは性急な生き物だ。極端に神経質で、ほんの少し邪魔されただけで荷物をまとめて引っ越してしまう。そしてそれが理由で、一つのコロニーがあっという間に二つ、四つと増えていく。こういった状況のため、駆除対策にも大いなる問題がある。駆除すれば、コロニーを多数の小さなグループに粉砕してしまう。そして、ひと固まりの働きアリが幼虫を数匹救い出せば、それらはまもなく新しい女王アリを生み出すことができるのだ。[*4]このようなわけで、やっかいなアリを根絶するべき行為は、実際には分布をさらに広げてしまうということになるのである。

（3）女王アリが何万匹ものオスアリと空中へ飛び立ち、交尾を行う現象。

（4）下等動物に見られる無性増殖の形。母体がつぼみ形に隆起することによって個体が発生し、のちに母体から離れたりそのままコロニーと結合したりする。

（原注3）アリの営巣中における、１匹以上、大抵は多数の女王アリの同権並存。

同種のアリと愛情深く付き合う分、異種に対する「放浪」アリの反応は非常に冷淡だ。とくに際立つのが他種のアリに対する攻撃で、とりわけ新領土における定住の第一段階の間によく目立つ。その後、この攻撃はいくらか落ち着く。アリ研究家が「ターミング（抑制）」と呼ぶ現象だ。世界のさまざまな地域における調査が描き出す姿はどこでも同じで、どこからか入り込んできた侵略者が棲みついた所では、ほかの種のアリに残された場所はほとんどなくなる。(*5) 彼らは激しい戦いを強いられ、押しのけられてしまうのだ。ガラパゴス諸島では、やたらと刺すリトルファイヤーアント(5)が現れるや、もともと二九種いたアリのうち生存が確認できるのはたったの四種のみとなってしまった。ちっぽけな「さすらい者」は、彼らの領土の八〇パーセントで、その広い平野を一人占めしている。(*6) アルゼンチンアリはカリフォルニアの二七種のうちたった一六種しか残さず、ブダペストでは、ケアリ属**Lasius neglectus**(6)が出現した後、一七種の国産アリが姿を消した。(*7) 常時生き残りのチャンスに恵まれているのは、もともと孤独な生活を送っている例外的な種だけである。さすらい者たちと食物や営巣の場所を取り合う者は、明らかに最前線に立っており、絶望的な戦いをするだけなのだ。

アリの放浪者が世界をまたにかけて盛んに往来し出すと、異種の「放浪」アリ同士の度重なる対戦はほとんど免れなくなった。結末は、れっきとした戦闘だった。一九〇二年ごろ、バミューダー諸島にツヤオオズアリ（Pheidole megacephala）(7)が上陸し、国産種のア

(5)ルリアリ属。熱帯・亜熱帯を中心に分布。家屋・農業害虫。
(6)近年ヨーロッパでの分布が顕著となっている。
(7)オオズアリ属。体長2～3.5mm。日本でも沖縄以南に分布。

リを押しのけた。一九四九年には、彼らが勝ち取った覇権を、同様にいつのまにか入り込んだアルゼンチンアリが得ようとして再び戦うこととなった。何年も続くアリ戦争が始まり、一九七五年にはアルゼンチンアリの圧倒的な勝利に終わるかのように思えた。

マデイラ諸島でも、すでに同じようなことが起こっていた。五〇年の間に、「放浪」アリの種は次から次へと交替していった。ところが、バミューダー諸島では急激な変化が起こった。ツヤオオズアリが、失った領地を奪還することに成功したのだ。どのようにしてそれを成し遂げたのかは謎である。なぜなら、何を取ってみても、直接の戦いではアルゼンチンアリの方が勝っていることを予示しているからだ。アメリカ合衆国の学者たちが、一種のミニ・グラディアトーレン戦(8)で両方の種

**●大阪、日本、1995年11月**

南日本に位置する大阪湾が毒グモの侵略に襲われている。このセアカゴケグモは、通常はオーストラリア、インドネシア、インドにしか見られないが、おそらく熱帯材木の船荷と一緒に日本列島へ上陸したものと思われる。日本クモ学会会長の声明を聞けば、動揺が巻き起こったとしても何の不思議もないのだが、世間はこれまで注目に値するほどに平然としている。彼によれば、この20年の間に世界中で1,726人の人間がこのクモに噛まれており、55人が亡くなっているという。それよりはもう少し運に恵まれていたとしても、重い血行循環障害や発汗、吐き気、めまいを起こす。大阪では噛まれた人はこれまでまだ1人もいないが、念のために収集された8本足の「新日本人」は何千匹にも上っている。それらは、いまや公園や花壇、墓石の上、プールなど、至る所で動き回っており、当局によりパンフレットが配られたり警戒の看板が立てられたりしている。(*8)

のアリを戦わせてみたところ、ツヤオオズアリは、ペトリ皿という闘技場の中でほとんど常にやっつけられていた。この両方の種は、今日バミューダー諸島をモザイクのように互いに分け合っている。(*9)

意図せぬままに「放浪」アリを広めてしまった人間は、さまざまな点でそれら「放浪」アリの活動の被害に遭っている。体はちっぽけだが、数種のアリは非常に強力な戦闘力をもっている。リトルファイヤーアントの一刺しはものすごく痛く、収穫をする人々や農家の人々に恐れられている。多くの種が家の中を好むため、人間とアリの利害の衝突はどうしても免れない。一九七二年、いつのまにか入り込んできたアシナガキアリ(9)は、セイシェル諸島（アフリカ大陸の東側）でその名の真価を認めさせている（ドイツ語では「狂気のアリ」と言う）。このアリは、イヌやネコ、ブタやカイウサギ(10)を攻撃し、産んだ卵からニワトリを追い払い、産まれたばかりのヒナを殺し、人間の目や耳や開いた傷口の中へ這いずり込んだ。(*10)ブラジルでは、ペルナンブコ州の町イタピリカが「放浪」アリの侵略に襲われた。ダム工事に使う重い装備を運んできた船とともに、ツヤオオズアリがやって来た。まもなくすると、イタピリカでは揺りかごやベッド、貯蔵庫の脚が水の入った皿の中に立っていない部屋はなくなった。このようにして住人たちはこのアリを遠ざけようとしたが、そのころにはすでに、ヤモリやトカゲがほとんどすべて町から追い払われていた。それど

(8)ローマ時代、特別の学校で剣を使った様々な戦法を学ぶ剣士たちが、皇帝の命によって生死を賭けて戦った。
(9)ヤマアリ亜科。中型のアリで、アフリカを中心に生息。

ころか、満々と水がたまり、あふれ出そうな貯水池から救い出された、体の弱った二匹の大蛇ボア(11)すらも攻撃的なアリの犠牲となってしまった。(*11)

とくに、トラブルが広がったのは農業である。「放浪」アリの好物はアブラムシが出す甘い分泌物だ。そのため、このアリは多くの国で嫌がられていた。これらは、植物の葉や茎から出る栄養分の多い甘い汁をなめ、アブラムシというドル箱を肉食の虫や寄生虫から守ってやるのだ。そのときも、バラバラに散在しているアブラムシを探して汁を搾取するだけでは満足せず、自分たちの「ペット」を自らの手であちらこちらに分け置いたりもする。若いアブラムシや産みつけられたばかりの卵の一包みをつかむと、自分たちの巣の周囲にある新鮮で入り込みやすい植物原料のもとへと運んでいく。巣は、それほど遠くにあることはない。あまり遠いと、前進および退却に必要とするエネルギー量が、期待できるだけの収穫分よりも大きくなってしまうからだ。このような状況下でのアブラムシの密度は、アリが関与しないときよりも明らかに高い。(*12)

病院に落ち着いた「放浪」アリからは、まったく別の類の危険が発生している。院内で病原体の媒介者なる役割を演じているかもしれないという理由から、ドイツやアメリカ合衆国の調査では、とくにイエヒメアリが大きな危険種であるという結果に至った。ブラジルのような熱帯の国々では、この問題はもっと深刻だ。この国の病院感染率は世界でもっとも高い。サンパウロの北西にある町リオクラロの生物学者たちは、ブラジルの大学病院

(10) ヨーロッパ産のアナウサギの飼養変種。ヒマラヤンやチンチラもこれに含まれる。肉用・毛皮用。

(11) トカゲ科ボア科のヘビの総称。多くは体長約3m。中央アメリカ・アフリカ北部・西アジアなどに分布。無毒。夜行性。

から個人病院に至るまで二〇軒の病院を精密に調査した。そして、そのとき、その理由となりうる事実を発見した。調査された病院の中で、アリが一〇種未満の所は一つもなく、一番多い所に至っては二三種にも及んだ。病院が大きくなればなるほどアリの数も増えた。国産のアリは外を囲む塀の中や周囲を好み、病院の中はいつのまにか入り込んできた「放浪」アリの手中にすっかり落ちていた。ときとして彼らは、廊下や建物の左右に張り出した翼部分を互いに分け合っていた。内科をある種が支配し、婦人科は別の種といった具合に。

衛生対策が、この問題をさらに悪化させた。殺虫剤を用いた駆除は生き残ったアリを小さなグループに分かれさせることになり、それらの多くが再び新しい巣をつくった。微生物学調査を行うため、数体がサンパウロの大学病院へ送られたが、そこで得られた結果は明らかだった。アリは実際に、病院感染病原菌の媒介者だったのだ。(*14)

**●1997年5月**

いまや、昆虫は現代文明の神経系統であるコンピュータまで脅かすようになった。イエヒメアリは人間のお供として世界中に広がり、ついにコンピュータの内部にほぼ理想的ともいえる生活圏を発見した。送電ケーブルの甘い防腐ゼリーが餌となり、チップとボードからなる角の多い内部の生活は暖も防御も同時に与えてくれる。その結果が、システムダウンと電気火災である。最近、リオデジャネイロで専門家が会合を開き、その対策について話し合った。しかし、イエヒメアリを遠ざけておくことのできる方法はまだ見つかっていない。(*13)

# 8 自然のヘルパー

移入してきた生物体が定住先で問題となるのは、それぞれがもつ特有の敵が相変らず生まれ故郷にとどまったままだからである。原産地の生態系では、植物も動物も、通常、自分たちを餌とする敵や寄生虫、病原体に取り巻かれざるを得なく、それが大量増殖を阻み、また比較的早い時期に制御することを可能にしている。

遠く離れた土地では、そのように生態系に馴染んだ特有のコントロールメカニズムに欠けることになる。国産の動物群は、大抵の場合侵入者があっても造作なく片づけてしまうが、ときにはその新しい植物や動物種を餌や宿主として受け入れるまでに非常に長い時間がかかる場合もある。動物も、明らかにたいへん人間的に(あるいは、私たちが動物的に)振る舞うのだ。つまり、知らないものは食べない。トスジハムシ(1)のように、事情によっては数年してからやっとその土地の食物網に統合されるような場合は、しばしば何に対しても恐がったりすることがなくなる。

略奪しながらあちこちを徘徊する外来動植物を相手にするときに好んでよく使われる方法は、それらの原産地や別の土地で敵役となりうるものを探し出し、これも同様に帰化させる方法である。自然のヘルパーのほとんどは節足動物で、肉食ダニやサシガメ(2)、コウチ

(1)ハムシ科のコウチュウ。第一次世界大戦後、北アメリカからヨーロッパへ移入。成虫や幼虫がジャガイモ栽培に大きな被害を与えた。

(2)カメムシ科サシガメ科および近縁の昆虫の総称。多くは他の昆虫を捕らえて吸血するが、人を刺す衛生害虫もある。

**●テキサス、1995年**

テキサス、オースティン大学のラリー・ギルバート(3)は、今、アメリカ合衆国に移入してきたカミアリ(4)の一種 Solenopsis invicta(5)を、ブラジルから輸入した寄生バエに攻撃させようとしている。このハエは、宿主となるアリの脳に卵を産みつける。原産地の南アメリカでは、カミアリは餌を探しに行かずに、身を隠すほどこのハエを恐がっているらしい。ただし、ブラジルのハエが、アメリカ産のアリに関心を示すかどうかはまだ確認されていない。

ユウなどが挙げられるが、とりわけて多いのが種々の寄生バエ、そしてヒメバチのような、そのほとんどがごく小さなスズメバチの種である。その際には、害虫とその敵対者はできるだけ当事者内だけで事を処理し、その土地の生態系に影響を与えるようなことがあってはならない。

典型的な例は、警告を発している農業および林業に見られる。収穫を脅かす虫や、牧草地や畑に生い茂る雑草、樹梢(じゅしょう)を隙間だらけにしてしまうチョウのイモムシなど、生物を使った害虫駆除の標的となる生物体というのは、植物を保護するため、さまざまな手段を使って駆除されている生物体と同じである。研究や政治の緩慢な流れを変転させられるのは、経済的な強い圧力だけだ。植物防護薬に比べるとやさしい生物を用いた害虫駆除、つまり生物的防除(6)は、大抵の場合、ほかの方法が失敗したり、従来の駆除法が不可能だったり、あ

(3) Larry Gilbert。オースティン、テキサス大学の生物学部総合生物科長。
(4) 欧米では「ファイヤーアント」と呼ばれる。原産地はアメリカ合衆国南部から中米にかけてだが、現在では全世界に分布。噛まれると非常に痛い。

るいは費用がかかりすぎてとても払えるものではないということでもなければ活発に取り入れられることはない。

生物的防除は、農業用化学製品で汚染された世界に自然な作用を持ち込んでくれるかすかな希望である。同時にそれは、外来の動物種が、昔も今も意図的に輸入され続けている重要な理由の一つでもある。生物的防除のおかげで、私たちの生活からは幾つかの問題が軽減されることとなった。しかし残念ながら、自然の生物群集はいつも単純でコンスタントな規則通りに機能するわけではないし、もう一つ残念なことには、人間の道楽といったようなものも存在する。そんな中で、コントロールできない次元にまで拡大されてしまった問題は少なくない。

生物的防除という方法を試みるきっかけをつくるのは、ほとんどの場合、いつのまにか侵入してきた動植物だ。大抵が、その地域になかった輸入有用植物について外から入り込んできた害虫である。その地域にいなかった種は、こうして連鎖のように少なくとも一種ずつ必ず増えていくのだ。このような進行の仕方が原則であるとすれば、それでなくともほとんど通観することのできない生物体の輸入数は、少なくとも倍に膨れ上がることになる。イギリスの生物学者であるマーク・ウイリアムソン(7)のような侵入過程の専門家は、彼らが抱く懐疑の念を隠し立てしない。

「薬品によるコントロールは、環境に大きな損失を与えうる。これらの損失の幾つかは長

(5) トフシアリ属。北米に侵入し、分布を拡大。農業害虫・衛星害虫として有名。噛まれると非常に激しい痛みを覚える。毒性。

(6) 有害動植物に対して、化学薬物でなく同じ動植物を用いて予防や駆除を行う方法。

く尾を引くかもしれない。しかし、生物的防除処理による損失においては、それが永久に続くことはほぼまちがいない。野外へ放っても、ほとんどは本当のコントロール機能を実行することができないままだ」(*1)

このような数々の危険が存在するにもかかわらず、自然の生態系に棲む害虫を攻撃できる方法が唯一生物的防除しか残らない場合は数多い。しかし、餌の特有性という点においては見解が分かれる。餌の対象となる生物は多種多様だ。その中の何種を餌として受け入れてかまわないものだろうか。これが人間の子どもであるなら、母親たちは絶望に追い込まれているところである。生物的防除を唯一実用的にしてくれるのはそんな生物、つまり求められているのは特別食べ物にうるさい生物なのだ。そもそも、ある生物を生物的防除素材として登用すべきかどうかという考慮に関しては、寄生虫がもっぱら自分の宿主となる種だけを襲うとき、あるいは虫が一つの獲物だけに狙いを定めて大量に消滅させるときにのみその可能性が生まれる。加えてそれは、未来においてもそのままであり続けることが保障されていなければならない。というわけで、外来の有用生物を野外へ放つときには必ず総括的な試験を行うことが前提となる。そしてそれは、多大な時間と費用を要する。

雑草の生物的防除の女性専門家であるニュージーランドのポーライン・サイアレット(8)は、自身の取る処置を以下のように説明している。(*2)

(7) Mark Williamson。イギリスの侵入生物の専門家。ヨーク大学の生物学教授。著書に“Biological Invasions”など。

(8) Pauline Syrett。ニュージーランドのランドケア・リサーチ研究所に勤める。雑草の生物的防除の専門家。

「誰かが新しい問題植物をもってきて、それを生物的防除で駆除したいと言ったとき、私たちがまず最初にすることは費用の保証です。自分が何に手を出そうとし、それにはどのくらいの費用がかかり、どれくらい時間がかかるかということについてよく分かっていなければなりません。それから、このコントロールでどこまで達成できるかという、その人が見込んでいる規模も現実的なものでなければなりません。その上で私たちは、この問題を引き起こしている雑草がそもそも標的生物として適当であるかどうかを検討します。たとえば、もっと簡単で安価な駆除方法が別にあれば、私たちが提供している方法は適当な方法ではないということになります。その植物が十分に広がっていないと、生物を使った処置が発展していってもその成果は得られません。また、近縁の種が当該地域にあまりいない方が私たちの作業は軽減さ

**●インド、1993年2月**

11年前、生物的防除用としてインドへ連れてこられたメキシコのコウチュウ（Zygogramma bicoloratia）は、インド政府がついに非常ブレーキをかけなければならなくなったほど、国内の植物界に対して限りのない食欲を示した。有用と推定されたこのコウチュウは、当分の間畑に連れ込んではならない。この話の始まりは、すでに数年前にさかのぼる。1950年代、インドはアメリカ合衆国の穀物と一緒にある雑草の種（Parthenium hysterophorus）も輸入してしまい、その後、この雑草はインドの農民の間に大問題を引き起こした。ところが、救済者として連れてこられたコウチュウもいまや正体を現し、実は無害なベジタリアンを装った補食者であることが明らかとなっている。(＊3)

れます。次の処置は、適当な生物的防除素材を探すことです。原産地の分布地域では、その植物にどんな天敵がいたのでしょう。ヨーロッパの植物種の場合、それに付随する昆虫界は非常によく知られているので、当該文献の研究発表を読めばおおよそのことが分かります。それがヒマラヤや中国から来ているとなると、私たちの仕事は明らかにもっと増えることになります。

次に行われなければならないのが、現地でのさらなる調査です。野外へ出て、その植物を食べるものが何か、どんな種がこの植物にもっとも大きな損害を与えることができるかを観察します。ある植物を食べるヨーロッパの昆虫のうち、どれがニュージーランドでもっとも効果のある種となるかということを事前に決めるのは非常に困難です。そこには、さまざまな要素が働いているからです。

種のリストを集めたら、今度は綿密な試験を始めます。そのような調査は、できればそれぞれの原産国で行います。ですから、検査されるべきニュージーランド産の植物は、現地の私たちのパートナーの所へ送られることになります。昆虫には、さまざまな種類の植物が餌用として提供されなければなりません。私たちは良い結果を早く出してくれる、非常に完成度の高い試験方法を開発しました。その昆虫が安全であり、ほかの植物種に被害を与えないことがこれらの調査で分かれば、それはニュージーランドへ輸入されて検疫を行うことになります。その前には、動物と一緒に入り込んでくる可能性のある病気の検査をしなければなりません。また、こちらの当局から輸入の許可をもらうには、さらに幾つかの調査が必要です。それには、一般の人々が関係してくることもあります。たとえば、カルーナ（Calluna vulgaris）[9]というヨーロッパのヒースを駆除したい場合、この植物は良質の蜜を供給してくれるので、養蜂家はそれに反対するかもしれないなどという場合です。これらすべてが一通り終了すると、昆虫は大量に養殖され野外に放たれます。その後、この動物が野外で定着したかどうか、そして雑草植物にどのような影響を与えているかを検査しなければなりません。

以上が、簡単に説明した全行程です」

生物的防除は、根気のない人には向かない。ここでポーライン・サイアレットが説明しているのは、何年もの時間を要し、目に見えない落とし穴で満たされ、何百万ニュージーランド・ドルの費用がかかり、国内外の学者が多数携わっている駆除方法である。急がば回れ。帰化した昆虫が定着するまでに通常は八年ぐらいかかり、それが実際望んでいたコントロール機能を果たすかどうかが分かるまでには二〇年を必要とする。大抵の場合は、一種の昆虫を帰化させるだけでは不十分であり、生い茂る植物や貪欲な害虫には二、三種を組み合わせて襲いかからせるケースがほとんどである。北アメリカ東部では、九種以上の寄生虫と二種の捕食種が、ヨーロッパの恐ろしいマイマイガ（Lymantria dispar）[10]

(9) ツツジ科カルナ属。耐寒性で欧米では庭木に使用。葉が赤や黄色に染まる。
(10) ドクガ科のガ。羽を開いたときの長さは、オス約5cm、メス約8cm。幼虫は口から糸を吐き、ぶら下がって移動しながら多くの植物の葉を食う。日本では法定の森林害虫。世界各地に分布。

の退治を試みている。[＊4]スズメバチ、ハエ、コウチュウなどがヨーロッパから徐々に連れてこられたが、それらがタッグを組んでかかっても成果はわずかだ。林業においても、マイマイガの幼虫はさらに毎年何千万ドルという被害を出している。[＊5]

生物的防除が、害虫を完全に根絶することは稀だ。そもそもコントロール下に置くことができたとしても、狩るものと追われるものは常に親密な相互関係の中にある。もっともうまくいった場合には、限度内に害虫を抑え、また新しい大量繁殖を防いで、数年してからバランスが取れるようになる。この長期間にわたる効果には、災いと幸運という要素が同時に潜んでいる。この方法がたいへん魅力的なのはまさに生物的防除の持続性ゆえであるが、そこには特別重大な危険もまた隠れているのだ。すべての動物ヘルパーには一つの共通点がある。いったん野外に定着してしまえば、個体群が自ら崩壊しないかぎり、二度ともとの状態に戻すことができないということだ。すべてが実験室で試験された通りに運ばなかったとしても、私たちはその結果現れた影響とともに生きていかなければならないのである。それも、通常は永遠に。

「ニュージーランドにおけるフェレット[11]やオコジョ[12]やイイズナ[13]の帰化は、何の被害もともなうことなく進んでいる」

ドイツで生物的防除の基本書となっているもっとも重要な本[＊6]を書いたヨスト・フランツ[14]

**●トーゴ共和国、1992年６月**

国の南部に、南アメリカ原産のエンマムシ(15)が４万匹放たれた。それらは、1980年代初めに南アメリカからの食糧救援物資と一緒に国の中に入り込み、アフリカの多くの国々で収穫されているトウモロコシの大部分を壊滅状態にしているコウチュウであるナガシンクイムシの一種（Prostephanus　iruncatus）をガツガツと食べてくれるはずだった。

化学駆除は、被害に遭っている小農家にはひどく費用がかかりすぎるため、国際協力という形で別の方法が模索された。今、南アメリカから連れてこられたエンマムシはナガシンクイムシよりも少し大きいだけだが、原産国ではこのコウチュウの数をうまく制御している。輸入された捕食昆虫の餌はこの種だけであると思われ、生態的な影響は出ないものと予想されている。ただ、100%完全な保証はできないらしい。このプロジェクトを責任をもって進めているドイツ技術協力協会(16)は、この件に関してはほかにまったく選択の余地がなかったと強調している(＊7)。

(11) ヨーロッパケナガイタチを飼育したもので、オスは頭胴長40cm ほど、メスはやや小さい。最初はネズミ駆除用だったが、現在では白色または薄い黄色の毛色の品種を毛皮用に飼育している。

(12) イタチ科の哺乳類。頭胴長約20cm、尾長10cm。メスはもっと小さい。ヨーロッパ、北米、アジア北部、日本の本州中部以北に分布。

(13) イタチ科の哺乳類。頭胴長18cm、尾長1.5cm ほど。北半球の北部に広く分布。日本では北海道と本州北部に生息。

(14) Jost Franz。ドイツ人。著書に “Biologische Schädlingsbekämpfung”

(15) Teretriosoma nigrescens。エンマムシ科の肉食昆虫。成虫で２、３mm。

(16) Die bundesdeutsche Gesellschaft für Technische Zusammenarbeit　1975年、提携国家の住民の生活環境改善を支援し、生活に必要な天然資源を保護することを目的に設立。全世界122ヶ国で活動。

とアロイスィウス・クリーグ[17]のこの引用文を聞いても、ニュージーランド人はただ怪しげに首を振るだけだろう。ヨーロッパのこの小さな肉食獣の帰化は、現地では生物的防除における最悪の失敗例だと見なされているのだ。これらのイタチの親類は、カイウサギの狩り手としてニュージーランドへ連れてこられたが、まもなくすると、今度は自分自身が激怒した人間たちに追われる身となった。なぜなら、鳥が減少している主な原因はこれらのイタチ類にあるとされたからだ。適用されていた保護対象の身分も一九三六年には取り消されて、その後の輸入は強力に制限された。

肉食哺乳動物を輸入しても、一般的に期待していた結果は出ない。逆にイタチ、マングース、キツネ、ネコは一番抵抗なく帰化する、これといった特色のない捕食者だ。彼らは、確かにカイウサギやネズミ、ドブネズミを食べてくれた。だが、まさしくこれらの齧歯類こそ、肉食獣をあしらうことに関しては非常に長い経験を積んでいる動物だった。ネコはネズミを食らうという単純な関係がヨーロッパで通用しているからといって、同じことがニュージーランドやハワイにも適用されるかといえば必ずしもそうではない。激しく抵抗するドブネズミやすばしこいネズミにひどく手こずるよりは、故郷の無邪気な動物群のそばにとどまっていた方が、このヘルパーだと勘違いされた動物たちにとってはずっと楽だったのだ。

これらの帰化のほとんどは、すでに遠い昔の話である。にもかかわらず学者たちは、今

(17) Aloysius Krieg。ドイツ人。著書に“Biologische Schädlingsbekämpfung”

もこのような間違った決定がもたらした、生物的防除に付着する悪いイメージと戦わなければならない。ポーライン・サイアレットは、イタチに関しての質問に腹立たし気に反応した。そういうことを耳にするのはこれが初めてではないのだ。彼女は言う。

「このことに関しては、断固として反論をしなければなりません。イタチの輸入を一種の生物的防除の事故のように処理してしまうのは、まったくのまちがいです。当時誰もが、もちろん政治家もどんな影響が起こるかということを知っていました。イタチのような動物を輸入したら国産の鳥類界を破壊してしまう、と言っていた人々は大勢いたのです。一八九六年のある記事をお見せしましょうか。学者たちが、そのような輸入の影響について警告している記事です。でも、当時は農民ロビイストが非常に強く、彼らはまたカイウサギが引き起こした被害に困惑していたので、ほかのことは気にとめなかったのです。彼らは意志を貫きました。それがまちがいだったのです。でもこれは、無知から起こったまちがいではなかったのです(*8)」

ほかの失敗例としては、カリブの多くの島々、ハワイ、モーリシャス、そしてフィジー諸島へのインドマングース(18)の輸入が挙げられる。帰化にとり憑かれていたニュージーランド人でさえ、この肉食の小さな雑食獣を国内に持ち込もうとは思わなかった。ジャマイカ

(18) マングース科の食肉類。体長38〜45cm。尾長は35cm 以上。コブラを食い殺すことで有名。

では、この輸入は島やそこに棲む生物群集が甘受せざるを得なくなった、まさにグロテスクな帰化の連鎖の最後の一輪となった。

一八七二年、最終的に怒りを爆発させたのはW・バンクロフト・エスピュート[19]だった。「この浮浪の徒をすべて消し去ってくれるかもしれない」という望みを胸に、彼は自国にインドマングースを放たせた。それらは、彼のサトウキビ畑で渦巻いている混乱を何とか片づけてくれるはずだった。混乱の主はドブネズミ。一八世紀、すでにそれらは、サトウキビ畑の中において最悪の動物となっていた。一七八九年には、ジャマイカの全サトウキビ収穫高の四分の一を破壊した。イギリスのフェレットの帰化が試みられ、この小さな肉食獣の戦闘力を失わせる寄生バエでも失敗した後、一七六二年、キューバから輸入されたアリの一種で、成長期のドブネズミも食べることで知られるヤマアリ属フォルミカ・オムニヴォラ[20]（Formica omnivora）が試された。しかし、「オムニヴォラ」という名前からも推測できるように[21]、このアリはドブネズミの赤ちゃん以外にも多くのものを食べ、まもなく自らが害虫となった。そして、次の肉食獣を連れてこなくてはならなくなった。今度は、アリを食べる動物の番だった。指名にあずかったのはBufo marinus[22]という学名の、毒をもつオオヒキガエルだ。しかし、また失敗。そして、エスピュート大臣の意向で、ドブネズミ、アリ、ヒキガエルが引き起こした騒ぎにマングースが終止符を打つこととなった。当初はまったく機能しているように見えた。ドブネズミの数は減少した。エスピュート

(19) Bancroft Espeut。当時、ジャマイカの大臣。ポートアントニオに鉄道を敷く。
(20) 18世紀後半、カリブ海の小アンチル諸島の中のバルバドスやグレナダに大被害をもたらす。
(21) オムニは「全」を意味する。

大臣は、一八八二年、つまりマングースを輸入して一〇年経った後にも、まだ非常に楽観的なコメントをロンドン動物学会の雑誌の中で発表している。

「これまでの輸入や順化の中で、ジャマイカや西インド諸島のマングースほど有用に利用された動物種がほかにも存在するかということについては非常に疑わしいかぎりだ」

しかし、それから数年経つと、様子はすっかり変わっていた。ドブネズミはマングースが木に登れないことを学び、彼らから逃れる術を見つけた。突然、マングースは、「これまでこの島に入ってきた中で最悪のペスト」(23)(*9)となった。

一九一八年、トリニダード島で一八〇頭以上のマングースの胃の中身を検査したところ、そこに存在する動物界の多彩な断面図が現れた。研究者たちの推測によると、一匹のマングースは、三ヵ月の間に二六匹のドブネズミを飲み込んでいた。だが、それだけにとどまらず、イナゴ五〇〇匹に鳥一四羽、トカゲを一七匹、ヘビを一八匹、そしてオオヒキガエルを含むカエルなどを三〇匹も飲み込んでいた。農夫の役にはあまり立たず、国産の動物界には真正面から幅広い問題を引き起こす無差別攻撃だった。その結果、数種は絶滅した。そして、マングースの犠牲者は昆虫を食べる動物にかなり片寄っていたので、害虫が大量に増殖することとなった。ヘルパーだと勘違いされていた動物を取り入れては有害動物の絶滅を試みるという繰り返しは、最終的には何一つの利益をもたらすこともなく、新しい問題をつくって、縮小した国産の動物界を跡に残していった。(*10)

(22)ヒキガエル科。体長80〜150mm。主に低地の池、水田などに生息。中南米原産。
(23)ニュージーランドの人々は侵食、害虫、雑草を指して「ペスト」と言う。

肉食鳥も人間のヘルパーとして関与することになったが、ここでも問題を引き起こしているのはドブネズミだった。人間によって持ち込まれた齧歯類（げっし）の宿命的な役割はもう十分にご存じだろう――ゆえに、それらの罪の記録を詳細に並べるのはやめておいた――が、それらをコントロールしようと肉食獣を帰化させると、その破滅的な影響、とくに島に棲む鳥に対する影響はさらにまた悪化した。

タスマニア海に浮かぶロードハウ島は注目すべき鳥界を所有しているが、その鳥の警戒心のなさは多くの航海者が唖然とするほどだった。これらの鳥が人なつっこいおかげで、船上の生活に是非とも必要な新鮮な肉がいともたやすく手に入った。狩りはごく簡単だった。ほんの数人からなる狩猟グループが短時間で十分な数の鳥を仕留めることができた。それは貯蔵されて、船の乗組員の何日間分もの食料となった。一握りの人々がロードハウ島に居を構えると、まもなくネコ、イヌ、ハツカネズミ、ヤギ、ブタがその後を追ってきた。世界中で何百回も見られた、かつては自然そのものだった島の動物群の典型的な没落が始まった。

それでも、島に棲む鳥の最悪の敵ドブネズミは、一九一八年までこの島に到達することがなかった。ロードハウ島には港が一つもなく、船は遠くの外洋に停泊していたので、このやっかい者とはかかわらずに済んでいたのだ。齧歯類の上陸が初めて可能となったのは、蒸気船マカンボ号(24)が岸辺のドックに載せられてからのことである。ロードハウ島にドブネ

(24) 1907年から1935年まで、オーストラリアから太平洋の島々へ貨物を運んだ。

ズミがうごめき、鳥界がわずかな数を残して縮小していくまでにはそれほど長い時間を必要としなかった。

ドブネズミの災禍をどうすることもできずにいた住民たちは、援助を求めた。一九二二年から一九三〇年までの間に、種の異なるフクロウおよそ一〇〇羽を放ち、それによって悪夢が終わることを祈った。だが、放たれた三種のうち生き延びたのは一種のみで、好んで獲ったのもドブネズミではなく、彼らが追ったのは鳥だった。(*11)

ある動物を帰化させたときには、害と益のどちらがより多くもたらされたかをはっきりと確認できないことが多く、通常は「……でもあり……でもある」という結果となる。アメリカのオオヒキガエルは、ジャマイカのエスピュート大臣の農園だけに放たれたわけではないが、このカエルは一体どのように評価されるべきなのだろう。オオヒキガエルは、今日、地上でもっとも広く分布している脊椎動物に属している。(*12) このヒキガエルは、害虫の抹殺者として世界の多くの地域で非常に重宝されているかと思えば、たとえばオーストラリアのクイーンズランドのような所では、その名前を口にしただけで人々の顔には魔法をかけたかのようにはっきりと不快のしるしが現れたりもする。(*13)

第二次世界大戦の直前、ミクロネシアもまたドブネズミにひどく苦しんでいた。このときの救助は、日本から大きなオオトカゲの姿をしてやって来た。この件での難点はただ一

オオヒキガエル

**●ドイツ、1978年**

たった5cmしかない中央アメリカのカダヤシ[25]（Gambusia affinis）は、蚊をコントロールするために世界の21の国々、とりわけヨーロッパへと輸入された[＊14]。だが、ライン上流域への定着試験は1978年に失敗している。ドイツでは、この種は水が温かい所で散発的にしか生き延びることができなかったのだ[＊15]。この小さなカダヤシはマラリア蚊の幼虫を著しく減少させたため、世界の多くの地域で大変重宝がられている。しかし一方で、オーストラリアの研究者は、この魚は帰化されたすべての魚の中で最も害となるものだと言う[＊16]。それらは国産の稚魚をガツガツと食べ、卵を横領してしまうのだ。攻撃的な小さなカダヤシは、自分よりかなり大きな魚種に対しても少しも躊躇することはない。それらのヒレをガリガリとかじって、真菌類[26]に感染しやすくさせてしまう。これに感染すると、魚は体が弱ったり、時には死に至ったりする。

(25) カダヤシ科の淡水産の硬骨魚。北米の原産。蚊の幼虫を食べることでの名。
(26) 狭義の菌類のうち、変形菌を除いたものの総称。体は菌糸状または単細胞。有性的にも無性的にも繁殖。

つ。マングローブオオトカゲ(27)(Varanus indicus)は、昼間に行動する動物だったのだ。オオトカゲは夜行性のドブネズミを見つけることができず、仕方なく別の獲物を探すこととなった。そして、彼らが発見したのは人間が飼う食用の鳥類だった。

さて、ここでオオヒキガエルの登場だ。ミクロネシアの人々は、オオヒキガエルを輸入すれば一石二鳥だと思った。このヒキガエルはココナッツ畑の昆虫を食べ、自らはオオトカゲのおいしい餌となってくれるはずだった。そうすれば、オオトカゲのニワトリに対する食欲は衰えるという考えだ。

残念ながら、結果はまったく思惑を外れた。オオトカゲはヒキガエルを食べるには食べたが、その毒にあたって死んでしまった。その数の多さは、ココナッツ畑を破壊してしまう大きなタイワンカブトムシのコントロールに対してオオトカゲがどれだけ重要な役割を演じていたか、またどれほど多くのヤシガニを食べていたかを、今になってようやく分からせてくれたほどだった。このカニはこのカニでまた、日本人が第二次世界大戦の間に食料として持ち込んできたアフリカマイマイを撲滅してくれていた。洞察力のある人には、生態系の梁(はり)がガラガラと恐ろしく崩れ落ちるのが聞こえていたにちがいない。

この先がどうなったかについては、クリストファー・レヴァー(28)が叙述している。

「オオトカゲが死ぬと、カエルの数はあっという間に増えた。それらは家畜のブタや

(27) ニューギニア、オーストラリア北部原産。マングローブが生える水辺に生息。体長1.5mになることもある。何でも食べ、一度に数個の卵を産む。

(28) Christopher Lever。イギリスの博物学者。侵入種のスペシャリスト。著書多数。アフリカの野生生物の保護を目的とする団体「Tusk Trust」の会長。

ネコ、イヌに食べられたが、食べた動物はヒキガエルが分泌する毒にあたって死んでしまった。結果として――ネコやイヌが制御していた――ドブネズミが増え、マイマイはイヌやネコの屍骸を食べ始めた」[*17]

さらに地元の人々がその屍骸を発見し、その上を這い回るマイマイを動物の死の原因だと思い込んだ。ばかげた興行である。もっともよい方法だと思って連れてこられた生き物は、演出をした人間の手にはもはや負えなくなってしまったのだ。

これらの例の中で、起こりうる影響について前もって何らかの調査がされたものは一つとしてない。あったとしても、その結果は無視された。重大な責任をもつ生物的防除の専門家が、今日、これらの過去の罪についてあまり尋ねられたくないのも当然だろう。実際には、何の学術的調査も付随して行われなかったこれらの性急な活動主義と、今日実施されている方法の間には共通点はほとんどない。だが、ミクロネシアで起こったような出来事は、害虫コントロールに生物的防除を使用するのであれば、できるかぎり慎重に慎重を重ねなければならないと警告を発している。

# 9 絶滅

「カカポ(1)は、まちがった時代に生きている鳥だ。緑がかった茶色の顔は丸くて大きい。それはいかにも明るくて無邪気で、だから何も知らないように見え、思わずギュッと抱きしめて『また、何もかも良くなるさ』と言ってやりたくなる。たぶん、そんなことはないと分かっているのに」

ダグラス・アダムス(2)&マーク・カーウォーディン(3)(*1)

ダグ・メンデ(4)は、ニュージーランドのマウントブルース国立ワイルドライフセンターで入場者の管理を担当している。決してやさしい仕事ではない。つい先日から、彼の主唱(しゅしょう)によって訪問客の手に一枚のメモが握らされるようになった。そのメモは、目にしたり、鳴き声を聞いたりした鳥に印をつけるようになっている。どちらかというと、鳴き声を聞く方が簡単かもしれない。緑が生い茂った囲いの中では、実際に鳥の姿に出会うチャンスはわずかである。動物の生活環境はできるだけ自然でなくてはならない。なぜなら、ここ

(1) ニュージーランドに生息する飛べない夜行性の古代鳥。フクロウオウムともいう。また、世界で最も重いオウムで、3.5kg にもなる。
(2) Douglas Adams (1952〜) イギリスの SF 作家。『銀河のヒッチハイク・ガイド』が有名。

で生きる動物には増殖してもらわなくてはならないからだ。

何一つ動かない鳥籠の前で、とてもイギリス人っぽい年配の夫人が、慰めるように小さな孫の肩に腕を回している。彼女は、鬱憤を晴らせそうな人がやって来るのをひたすら待っていたのだった。そして、「垣で囲まれた植物のほかにここで見れるものはないの」と、咎めるように私たちに聞く。

ダグ・メンデは承知済みだ。いつものように国立ワイルドライフセンターの見ものを一つ一つ挙げ、女の子の頭をやさしく撫でると、大きな籠の中で餌をもらいながら大声で鳴いている拾われっ子のジャック、トゥイ(5)を指差す。動物園を期待してここに来るのは見当違いだ。ニュージーランドの国立ワイルドライフセンターは、絶滅していく鳥の種を保護する所である。

彼はその後続いて細い小道を通り、森を出て私（筆者）を野外へ連れ出す。遠くを見やると、寒々とした円錐形の山の頂が二つ三つ青空の中に突き出ている。私たちは、金網製の籠がズラッと並んだ砂利道に入る。ここは、一般公開はされていない。中に棲む鳥があまりにも稀少すぎるのだ。入場客たちには、モダンなインフォメーションセンターに立ち寄ってこの施設の意義や目的を理解してもらい、鳥籠が並ぶ森の道を通り、キウイやトゥアタラ(6)のいる夜行性動物の建物を訪ね、続いてカフェテリアの売り上げを伸ばしてもらいたいと願っている。だが、今、私がいるこちら側には入場客は入れない。どの籠も、大き

(3) Mark Carwardine（1959～）イギリスの動物学者・作家・写真家・ブロードキャスター。旅行や野生生物などに関する著書多数。

(4) Doug Mende。博物学者。ニュージーランドのバイオテクノロジー協会でマーケティングおよび開発を担当。

さは平均的な居間くらいだ。その周りをグルリと取り囲む頑丈な金網は、高さ三メートルの鋼管に固定され、コンクリートの台の上に置かれている。その手前、草花のまったく生えていない地面は砂利で覆われ、囲いの底辺部には小さな木箱が一定間隔でピッタリと設置されている。ドブネズミやイタチの種を殺す罠だ。金網の中には草が生い茂り、藪が密生している。

ガサゴソと音がする。茶色の小さなカモが四羽、草の中で地面をつっつき回っていた。一羽がそばへ寄ってきて頭を傾ける。恐れる様子はまったくなく、自分の縄張りをヨチヨチと活発に歩き回りながら、好奇心旺盛に金網の向こうからこちらを何度も覗き込む。私は、カメラのリリーズにほとんど手をかけることができない。何となく、私の想像していた彼らと違うのだ。哀しげに頭をうつむけ、時折「ピイピイ」と訴えるような鳴き声を上げている想像の中の彼らと……。今、私たちの目の前で草の中をヨチヨチ歩いているのは、世界でもっとも珍しいカモである。野外の自然の中で、この鳥にお目にかかったことのある人はごくわずかしかいない。

そこの金網の後ろにいる四羽の若い鳥は、国立ワイルドライフセンターが行っている飼育プログラムの非常に喜ばしい成果であり、キャンベルアイランドカモ(7)の全個体数のほぼ一〇分の一を成す。捕らわれの身で初めて子孫を残したキャンベルアイランドカモのつがい、ドナルドとデイズィーが一緒になってくれるまでに、学者たちは六年という長い年月

(5)鳴き声が美しい、物まね上手といわれるニュージーランド固有の鳥。
(6)2億2,000万年前に誕生した、恐竜の末裔といわれるオオトカゲの仲間。現在およそ10万匹がニュージーランドに生息している。体長約25cm、体重約500g。
(7)ニュージーランドのキャンベル島に棲む固有種のカモ。絶滅寸前。

を待たなければならなかった。今では、研究者も飼育のこつを心得たようだ。今年は、数組のつがいが抱卵（ほうらん）している。一三羽のヒナが孵化したことによって、キャンベルアイランドカモの全個体群は、驚くなかれ二〇パーセントも増加した。

絶滅というものは非常に抽象的な現象だ。大抵がどこか別の場所で起こっていて、それを見ることができるのは無感情な数字の集団や統計の中だけである。一つしかない動物種や植物種の取り返しのつかない消失、これが本当に意味するところをこれほど強く感じられる場所はここ以外にはまずないだろう。絶滅とは、個体の死とはまったく比べ物にならないほど大変なことなのだ。

私はこの小さなカモからほとんど離れることができず、頼りなさと同時に憤りを感じる。ダグラス・アダムスが「カカポ」のことを書いたように、できることなら彼らを撫でて勇気づけてやりたい。「未来の自然はこんなふうなんだよ」と。柵に囲まれ、監禁され、壁と囲いに守られてしか生きられず、外界の敵対する勢力からかくまわれて……。

## 一　グアムの静かな森

国産種の絶滅は外来生物の移入によってのみ引き起こされるとはいえないが、それがもっとも重大でもっとも決定的な影響であることは確かである。世界各地に見られる脊椎動物の絶滅の場合を見ると、その一番の原因は、過去数世紀の間にわたって移入されてきた肉食獣であった。現在では、人間によるほかの活動、つまり自然生活圏の急激な破壊やその強力な過剰利用の方だ、今日まだ存在しているが絶滅が非常に危惧されている種には大きな脅威となっている。鳥や魚の絶滅危惧種においては、それでもやはり、相変わらずそのほぼ三〇パーセントが主に移入肉食獣のために命を落とし続けている。(＊2)

生活圏の破壊、狩猟、移入肉食獣あるいは天敵、そして、ますます集中化する人間による土地利用。ほとんどの場合、これらのプロセスは同時にスタートする。ニュージーランドにはいなかった人間やネコやドブネズミやイタチがそれぞれ略奪行為を開始したときには、同時に森も伐採され、火が放たれ、今まで見たことのなかった新しい植物が育ち、農業や工業も新しい有害物質を次から次へとドンドン吐き出し始めていた。要するに、この実験はとくにうまく順序立てて行われたわけではないのだ。このような混沌とした状態の中で、どうやって原因が究明できようか？

明らかな関連を見極めたり、どこに原因があるかが明白になったりすることは珍しい。ニュージーランドの数千キロメートル北方、太平洋に浮かぶグアム島ではスペクタクルな例が演じられた。遠く離れたこの熱帯のパラダイスで起こった出来事は、それに気づいた専門家たちが徐々にはっきりしてくる背景を受け入れられるようになるまで何年もかかったほど非凡な例だった。アメリカ人ジャーナリストのマーク・ジャフェ(8)は、不屈の自然保

(8) Mark Jaffe。グアムに生息するブラウンツリースネークについての書“And No Birds Sing”の著者。

護者数人が行った戦いを綿密に調査し、魅惑的な本として書き下ろしている。(*3)

グアム島は、日本とパプアニューギニアの中間に位置する、縦に長く伸びた火山群島マリアナ諸島の本島である。マリアナ諸島は一五二〇年ごろにマゼラン(9)によって発見され、スペインの植民地として合併された後、一八九八年にアメリカ合衆国に属することとなった。以来、第二次世界大戦中に日本人が奏でた短い間奏曲を除けば、この諸島はアメリカ合衆国の最西端にある哨所（しょうしょ）を成している。長さ四五キロ、内翻足（ないほんそく）(10)のミニ・イタリアといった形のグアムは、アメリカ軍にとって戦略的に非常に重要な島だった。ここは原子爆弾を搭載した二〇機のB52爆撃機の基地であり、西太平洋でもっとも重要な原子兵器の一時保管地であり、日本人との間に行われた残虐な戦闘の舞台であり、そして世界でもっとも軍事化された島の一つだった。それが故に、そこに生きる鳥に関心をもつ者など一人もいなかった。ある日、鳥が次から次へと消えてしまうまでは……。

「西半球の住人たちが、グアム産の動植物界に大きな関心を見せたことは一度もなかった」と、マーク・ジャフェは言う。

「皆、もともとそこに何がいたのかを研究するより、グアムに新しい植物や動物を加えて増やすことにより大きな関心をもっているようだった」(*4)

きちんと選り分けられた生物のサンプルケースは、すでにスペイン人の荷物の中にも入っていた。彼らはシカやウシ、スイギュウ、ブタを持ち込んだ。もちろん、グアムにはド

（9）（1480頃～1521）ポルトガル生まれの探検家。1519年、南米マゼラン海峡を発見、これを通過して太平洋に出てフィリピン諸島に達したが、原住民に殺害された。

（10）足首関節の異常のため、足が内反位に固定され、足の内側縁が挙上し足底が内方に向かっている状態。

ブネズミやネズミ、野生化したイヌやネコ、ハト、そして必須のイエスズメや別の外来鳥五種もいる。また、激しい航空輸送は、これまでいなかった数種の蚊を島へ連れてきた。肉食マイマイ（カタツムリ）、ヤモリ、植物数種、そして少なくとも一四種の外来魚も輸入された。グアムが、手つかずの純潔な熱帯の島であるとはとても言えるような状態ではなかった。しかし、この島の鳥界にまつわる哀しい話は、輸入されたこれらの種のどれとも関係がない。大きな影響を与えている軍の存在やそれと関連して起こる深刻な自然の変化すらも、国産の鳥には手出しできずにいた。

「グアム水棲動物野生生物資源部」（DAWR）[11]では、もう何年も前から動植物界の研究を行っていた。主に、野生のブタやシカ、ハトの数を数え、狩猟を監督し、特定の道路や小道に沿って毎年鳥の数を数えていた。この調査は、一九七四年、島の南半分全域で中止された。理由は驚くほど簡単だ。数えるべきものがいなくなったのだ。つまり、あらゆる鳥が消滅していたのである。数年後には、北半分でも生存数が減少した。姿を消したのは、大きな鳥、小さな鳥、洞窟で孵化する鳥、地上で孵化する鳥、昆虫を餌とする鳥、種子を餌とする鳥、飛行可能な鳥および不可能な鳥など、とにかく森に棲む鳥の全種だった。コウモリも、二種があまり見かけられなくなっていた。彼らとともに多くのトカゲも消え、ドブネズミの数さえ減っていた。グアムでは、何か不気味なことが起こっていた。今日に至るまで、起こったことのない何かが。

(11) Guam Division of Aquatic and Wildlife Resources：DAWR。主に、グアム近海や沖合いの漁業調査を行う。

この太平洋の島には、もともと海に棲む鳥が数種と地方種数種を含む一二の国産陸棲鳥が棲んでいた。(*5) その中の一一種は、伐採を免れた森の中に好んで棲んだ。そのうち、今でもまだ二種が残っている。グアムクイナ(12)とズアカショウビンのグアム亜種(13)である。グアムクイナは、最後まで生き残った数羽が小さな隣島であるロタ島に避難場所を見つけた。ズアカショウビンの方は、もう捕らわれの身という形でしか残っていない。

ジューリ・サヴィッジ(14)が一九七九年にグアムにやって来たとき、自然科学の知識ではこの不可思議な鳥の死の原因についてはほとんど何も分からないに等しかった。言うに値するほどの森林鳥がいたのは、島の最北端の近づきにくい熱帯雨林地域である、高い岩壁で遮られたリティディアン・ポイント（地名）だけだった。わずか二年後、すべての国産森林鳥を観察できるのはグアムの中ではここだけとなっていた。DAWRの生物学者マイク・ウィーラーの講演でグアムのこの問題について知ったとき、ジューリ・サヴィッジは、この問題に取り組むことが自分の人生に大きな影響を与えることになろうとは思ってもみなかった。ちょうど学位論文のテーマを探しているところだったので、この情報はまさに最高のプレゼントとなった。努力した甲斐もあって、彼女はこの仕事を得ることができた。

最初のうちは、ほとんどの人が化学殺虫剤(15)が原因ではないかと考えていた。一九七五年、現地に住むベトナム難民の間にデング熱が突然発生したとき、アメリカ軍の飛行機は数年にわたってDDT(16)を、そしてのちにはそれに加えてマラチオン(17)を撒いた。一九七〇年代は、

(12) クイナの一種。多色で背丈は約30cm。飛ぶことができない。マリナ諸島の固有種で最後まで残ったクイナ。野生ではもう存在しない。

(13) グアムズアカショウビン。中型のカワセミ。背丈は約20cm。マリナ諸島に別の亜種が存在するが、グアム亜種は絶滅したと見なされている。

どの軍の施設においても、ジャングルの中へ分け入るためにまだ化学殺虫剤を使用していた。しかし、採集した土の分析や数多くの生物体の調査において、化学殺虫剤中毒の手がかりとなるものはまったく見つからなかった。テストされた鳥から発見された毒の濃度も、危険とするにはほど遠かった。つまり、グアムには化学殺虫剤問題は存在しなかったのだ。

中毒でないのであれば、悪疫、流行病に違いない。ハワイでは、どこからか入り込んできた鳥のマラリアが数年前から大問題となっている。この現象を説明するモデルはほかにもあったが、もっと上の方、つまりお金の蛇口が開け閉めされるところで重視されなかったため、流行病ではないかという意見が決定的な威力をもっていつまでも根強く残り、鳥が死んでいった真の原因究明を長期にわたって阻むこととなった。思い違いにすぎない鳥の悪疫が存在することを証明するために、大変な努力が何年も続けられた。

これが、一九八二年にジューリ・サヴィッジがグアムで着手した仕事の実際の中味だった。残っている鳥の数が恐ろしいほど縮小し続ける中、彼女はほかの専門家と一緒に流行病についての大規模な研究を行った。それは、劇的な時間との競争だった。彼らは鳥を捕まえ、採血し、排出物を採集し、疑わしい病原菌のスライドを何千とチェックしたが、何の成果も得られなかった。つまり、グアムには鳥の病気は存在しなかったのだ。だが、それでも鳥は消えていた。

ジューリ・サヴィッジは、まったく別の疑惑をイメージした。グアムに来た当初、彼女

(14) Julie　Savidge。アメリカの鳥類病理学者。ネブラスカ大学リンカーン校の林学・魚業・野生生物学部准教授。

(15) 蚊によって媒介されるウイルス性の熱帯伝染病の一つ。死亡することは稀。

はさまざまな仮定をつくり上げていたが、今度はそれを一つずつ取り除いていくことにした。中毒や病気が原因ではないとなると、後に残る可能性は三つしかない。つまり、生活圏の損失か、過度の狩猟か、肉食獣だ。

狩猟は、その原因としては問題外だと思われた。なぜなら、アメリカ軍が所有する広大な土地では、すでに狩猟は大幅に制限されていたにもかかわらず、鳥はそこでも死んでいたからである。その理由が何であるかは分からなかったが、この鳥の死の原因となるものは、アメリカ軍の規則やその厳しいコントロールにもひるむことはなかったのだ。

鳥の死とビオトープ破壊の間に存在しうる関係を何とか引き出そうと、ジューリ・サヴィッジは数年にわたる鳥の生存数調査の結果と、現在および過去の森林地域の分布を比較してみた。結果は明らかだった。生存地域の損失と鳥の減少の間には、何の相関関係もなさそうだった。グアムでは、これまでの数年間で多くの森林が伐採されていた。生活圏は縮小したが、無傷に見えるジャングルが島の至る所にまだ残っていた。にもかかわらず、ほとんどの森林地域には一羽の鳥も生きてはいなかった。

最後に残ったのが、未確認の肉食獣の存在だった。だが、数年かかる流行病のテストが終了しないかぎり、死に至る鳥の病気が存在する可能性もまだ捨てきれなかった。

それでは、いったいどんな肉食獣が存在していたのだろう。移入してきたドブネズミやネコ、イヌが問題になりうることはほかの多くの島々の例から分かっていたが、完全な根

(16) (Dichloro Diphenyl Trichloroethane) 有機塩素系の殺虫剤の一つ。現在、我が国では環境汚染防止のため使用禁止。

(17) 有機リン剤の農薬。水生生物に対して毒性が非常に強い。

絶、つまり地面で孵化する鳥からもっとも高い樹梢の住人まで、ありとあらゆる鳥の消滅が観察された所はどこにもなかった。一メートルまで成長するオオトカゲは、グアムで最大の肉食獣だ。鋭い歯をもち、鳥の卵を食べることが知られていたが、やはり無関係に思えた。このトカゲは、国産の鳥界と親密に調和しながらもう何千年も前からグアムに棲んでいる。さまざまな調査は、ジューリ・サヴィッジの考えが正しかったことを証明した。五四匹のオオトカゲの胃から発見された食べ物の中で、鳥とその卵が占める割合はわずか四パーセントにすぎなかった。(*6)

これをもって、犯人の可能性を秘めるグアムの肉食獣の数は大幅に減少した。残るは、第二次世界大戦の終わりごろになって初めて島へやって来た、フィリピンラットスネーク(18)と分類される爬虫類だけだった。それはおそらく、戦後グアムで一時保管されていた、軍の所有物が入っていた無数の箱のどれかから這い出てきたのだろうと思われた。(*7)しかし、あの冷静な断食行者の仲間であるヘビに、このような大量虐殺が行えるのだろうか。ヘビが、とりわけ鳥を食べることについては疑問の余地はなかったが、このような嫌疑に十分な根拠があることを証明してくれるような例は今までに一つもなかった。

グアムにやって来てすぐのころ、ジューリ・サヴィッジは彼女の肉食獣説を裏付けるためのテストをすでに始めていた。中に、餌としてウズラの卵を置いたダミーの巣をあちこちに隠し置いた。チェックに出掛けると、わざと置いたその卵が実際に幾つも壊されてい

(18) Elaphe　erythura。ナミヘビ科。体長約1.2m。フィリピンやセレベス島（東インド諸島）に広がる。

るのを見つけた。これは、どうやらドブネズミの仕業らしい。しかし、比較の目的で同様に餌を隠し置いたグアムより小さい隣のロタ島では、さらに多くの卵が壊されていた。そして、ロタ島では鳥が消滅していくという現象は見られなかった。となると、肉食獣説もまたあまり有望な説とは言えなくなった。

ジューリ・サヴィッジは、惑うことなく仕事を続けた。委託元である連邦野生生物局(19)（FWS）が病原菌の追究にこだわっていたので、彼女はますます珍しくなっていく鳥を捕らえては一羽ずつ除外していく作業を続けた。しかしそのかたわら、彼女独自のやり方でも調査を続けた。田舎の方へ出掛けていって自作農や農業労働者の話を聞き、古い新聞や記録を精査して、何かこれまでに見逃されていた手がかりがないかどうかを探し続けた。ローカル新聞に次のようなアンケートを載せ、記入して送り返してくれるよう読者にも頼んだ。

- あなたの村で、最後に国産の鳥が目撃されたのはいつでしたか？
- 病気やドブネズミ、ヘビなどの問題がありましたか？
- 養鶏者の方々で、肉食獣、たとえばニワトリを盗むネコやイヌなどに困らされたことがありますか？

三五二人が回答してくれた。(*8) 自作農や養鶏者から、大損害があったという苦情が相次い

(19) Federal Wildlife Service。魚類か野生生物、植物などの保護を目的とするアメリカの機関。

だ。二年間努力したが、ニワトリ一羽飼育できなかったという人もいた。その代わり、彼は農場の至る所でヘビを捕まえた。それは、八ヵ月間で四三匹にも及んだ。[*9] ヘビはどこにでもいると見え、金網の小さな目を通ってニワトリの籠の中へ入り込んできた。籠の口で腹いっぱい食べたため、小さな網の目を通り抜けられなくなり、ときどき帰り道に立ち往生しているヘビもいた。そのほかにも突然停電することが多く、一九八二年だけでも六五件に上っていたが、それらはすべて大陸を横断する電線の上へ這い上り、そこで生きながらにしてグリルされたヘビたちが原因だった。うまく姿を隠した夜行性のヘビは、一般に想像されていたよりもはるかに数多く存在していると思われた。

グアムの鳥を消滅させているのは、やはりあのフィリピンラットスネークなのだろうか。ジューリ・サヴィッジは、そうは思わなかった。そして、原因とされていたヘビがまちがっていたことを発見した。それはラットスネークではなく、ブラウンツリースネーク[20] (Boiga irregularis) だったのだ。原産地はフィリピンではなく、ニューギニアや北オーストラリア、ソロモン諸島などの南太平洋の多島海だ。だが、これらの地ではこのヘビはむしろ目立たず、生活圏を一〇種以上のほかのヘビと分け合っており、加えてもっとも重要なことに、ブラウンツリースネークが存在するにもかかわらずそこでは至る所に豊かな鳥界が栄えていた。どうして、グアムでだけ何もかもほかと違っているのだろう。

一種類のヘビがグアムの鳥を死なせているのかもしれないという考えは、それでもやは

(20) ニューギニアのインドネシア東部、ソロモン諸島などが原産のナミヘビ。体長約1.40m。生後３年で生殖可能。

り非常にエキゾチックな考えだった。ブラウンツリースネークは、あまり知られていないヘビだった。二二〇〇種という、現存するあらゆるヘビの三分の二以上を包括するナミヘビ科（Colubridae）の中の最大の「属」に属するヘビである。

「ブラウンツリースネークは、たくさんいるほかのヘビと何ら変わるところはなかった」(*10)

ヘビというのは、殺人者というよりはむしろ何も食べなくても何週間も生きていくことのできる禁欲主義者だ。つまり、これほど大胆な仮説をジューリ・サヴィッジが世に出すためには、バラバラになってしまったグアムの生態系の中でブラウンツリースネークが演じている役割をはっきりと引き出せる証拠や否定し難い事実が必要だった。だが、どうすればそんなことを証明できるのだろう？　このヘビが獲物を襲うのは夜だったし、それらは稀にしか見つけることができないほどうまくカモフラージュされていたのだ。

ジューリ・サヴィッジの同僚の一人が、その間、数年かけて集められた鳥のデータを詳細に調査していた。彼は、監視区域で年に平均二種が消えており、その際にもっとも脅かされているのは小さな鳥であるらしいということを発見した。この途中経過によって、彼らにはいかに時間が足りないかが明白となった。すべてがこのままの調子で進めば、グアム最後の森林鳥がその命を落とすまでにはあと五年の猶予しかなかった。

ジューリ・サヴィッジはこのような状況下にいたが、少なくとも精神的な部分では彼女の夫が支えてくれるようになった。彼女と同じ生物学者のトム・サイバートも、燃え盛る侵入問題に力を注ごうとグアムへやって来ていたのである。船のバラスト水に混じってこの島へやって来たアジアの雑草（Chromolaena odorata）[21]はどんどん広がって、国産のシダや草に覆いかぶさっていた。トリニダード島では、同じ移入植物を小さな黄色のチョウを使って駆除することに成功しており、トム・サイバートはこのチョウをグアムへ放って侵入植物への影響を調査するつもりでいたのだった。

ジューリ・サヴィッジは、次第に木の上に棲むヘビに没頭し始めた。メンバーと一緒に木の上へ登って高い幹の中をほじくり回し、ついにヘビを捕まえる方法を発見した。ヘビの長さや直径を測り、オスとメスの数を数え、解剖して胃の中身を調べた。ほかのいろいろなものと一緒に鳥も発見された。しかし、これが彼女が探していた証拠なのだろうか。ダミーの巣を使った実験を繰り返すにあたって、今回はライトテーブル[22]を使用したカメラを設置してみた。

「いい写真が何枚か撮れたわ」と、彼女はジャーナリストのマーク・ジャフェに言った。

「カニやドブネズミやオオトカゲの写真よ」(*11)

だが、残念ながらヘビは写っていなかった。

一九八四年の一〇月、グアム全島で最後に残った避難場所、リティディアン・ポイントの森に棲む鳥種の数は半減した。ジューリ・サヴィッジは、大胆な手段を取る決心をした。ニューヨーク自然歴史博物館[23]で毎年行われるアメリカ鳥類学会の集まりにおいて、「グア

(21) アジアの雑草。熱帯地域によく見られる。排水のよい土地を好み、やぶを形成する。乾燥すると野火事を起こしやすい。

(22) フィルムなどの透明物を置いて検査する、中から光が照らされている箱。

ムにおける鳥類減少の原因」と題した講演を行ったのだ。

彼女は死に至る流行病の原因となり得る何か、つまり寄生虫やウイルス、あるいはバクテリアが鳥の体内に存在することを証明しようとして、これまで徒労に終わった経過を紹介した。その後、ブラウンツリースネークの分布を記録した地図を会場の人々に見せた。苦心惨憺（さんたん）して、彼女はこのヘビに関するすべての歴史的データを集めていた。一九五〇年代の当初、グアムへのヘビの出現は、文字通りどのような接触であれローカル新聞に載せられるほどセンセーショナルな出来事だった。南西にある軍の土地に始まり、一歩ずつヘビは島全体へと広がっていった。ジューリ・サヴィッジは、一・六キロメートルという年間平均分布速度を算出していた。続いて、彼女はグアムの森林鳥の後退を示す同じ地図を見せた。この一組の地図は、二枚とも著しく一致していた。

「ヘビの広がりと鳥の後退は、島の上で、タンゴのパートナーのように動いていた」(*12)

胃の中身の調査は、ヘビが疑いなく定期的に鳥やその卵を食べていることを証明していたが、果たしてこれは、この爬虫類が鳥を消滅させている唯一の張本人だ、という証拠になり得るのだろうか。

ジューリ・サヴィッジは、失敗を覚悟の上でこの場に臨んだ。そして、恐れた通りの結末となった。聴衆のほとんどは彼女の説に懐疑的で、それを信用しようとはしなかった。ブロンクス動物園(24)のドン・ブルニング(25)は、ジューリ・サヴィッジの説は「あまり意味をな

(23) アメリカ、アフリカ、アジアなどに生息する哺乳動物や海洋生物、鉱物などを展示。恐竜の化石もある。

(24) ニューヨークのブロンクスにある、世界で２番目の規模を誇る動物園。

(25) Don Brunning。ブロンクス動物園所属の生態学者。

さないものだ」と述べた。とくに厳しい批判家として正体を現したのが、自他ともに認める太平洋鳥界の専門家であるダグラス・プラット[26]だった。これより五年前、彼は状況を把握しようと自らグアムを訪れ、そのときの印象をある記事の中で公表していた。プラットはジューリ・サヴィッジのヘビ説をまったく認めず、会場内の聴衆席から彼女を攻撃した。「私は何度もグアムを訪れているけれども、ブラウンツリースネークなど一匹も見たことがありません。たった一種類のヘビにそのようなことができるとは、私にはとても信じられませんがね」

のちに、彼はこう書いている。

「このヘビ説には、どうしようもない論理的な過ちが無数に満ちあふれている」

ジューリ・サヴィッジはこの一文を切り抜き、自分の事務机の上にぶら下げた。[*13]これらが、しっかりした証拠と言えないことは彼女自身が一番よく知っていた。なぜなら、答えよりも疑問の方が多かったからである。しかし、ニューヨークの講演の失敗は彼女をより刺激した。彼女は、最後までグアムに残る鳥たちのために歯を食いしばって闘った。そんな彼女との共同作業は必ずしも楽ではなかった。それは、彼女のキャリア、つまり優秀な学位論文の仕上げにもかかわる問題だったのだから。

(26) Douglas Pratt。アメリカの鳥類学者・芸術家・写真家。ルイジアナ州立大学自然科学博物館研究会員。

彼女は、さまざまなタイプの罠を時間をかけて実験した。その前に彼女は、ある確実な捕獲方法でしか検査確認できない予測を幾つか立てていた。次から次へと失敗が続き、ヘビに噛まれ、それでもなおやめようとはしなかった。夜には、ヘビの夢を見るようになった。このことについて、彼女の夫が話している。

「一度こんなことがありました。彼女は目を覚ますと、寝室をウロウロと歩き回りながら両手で壁の上を触るのです。私は尋ねました。『ジューリ、何をやってるの？』すると、彼女は答えました。『壁にいるこのヘビを捕まえなきゃいけないのよ』」(*14)

転機を導いたのは、フィラデルフィアにある動物園の爬虫類スペシャリスト、ジョン・グローヴス(27)だった。懐疑家としてやって来た彼だが、グアムを去るときには「ヘビ説」の熱心な擁弁者となっていた。彼は、ジューリ・サヴィッジがより効率的なヘビ用の罠をつくるのを手伝い、夜は夜で毎晩グアムの森林を歩き回った。そこで彼が見たものは、最初のころに感じていた戸惑いを吹き飛ばすものだった。ヘビの密度は異常に高かった。ヘビが飲み込むことができたあらゆるもの、とくに鳥が減少を続けているのもうなずけるほどだった。

ついに、罠が機能するようになった。結果は明白だった。成功率は、多くの連続テストにおいてすぐに一〇〇パーセントに達した。餌として使われたウズラには気の毒なほどに。試験記録は一本調子だった。

(27) John Groves。アメリカ人。世界各地のカメを研究。著書多数。

「ヘビ捕獲。鳥消滅、ヘビ捕獲。鳥消滅、ヘビ。鳥がヘビに殺される。鳥消滅、ヘビ。鳥消滅。ヘビ。ヘビ捕獲。鳥消滅、ヘビ」(*15)

その後にグアムへやって来たのが、熱帯に棲むヘビの野外調査では長年の経験をもつ生物学者トム・フリッツ(28)だった。彼は、個体群の大きさをかなりの信頼度で特定することに成功した。その結果には息を呑んだ。グアムの森林には一平方マイルにつき一万二〇〇〇匹の夜行性ナミヘビが棲むという、世界最高のヘビ集中率を示していたのである。グアムの森の中を散歩すれば、およそ一〇歩ごとに一匹のブラウンツリースネークに出合っているはずだった。にもかかわらず、最近までそれに気づいた人はほとんどいなかった。

一九八七年、ジューリ・サヴィッジがグアムでの仕事をまとめた記事を著名雑誌の〈エコロジー〉に載せたとき(*16)、リティディアン・ポイントでは最後の鳥個体群が消滅していた。グアムの森の緑葉ぶきの屋根にわずかな活気を運んでくるのは、もはやカラス数種と洞窟の中で孵化するツバメ一種だけだった。

ヘビの侵入と、それが生態系に引き起こした超大規模の災害には、次の三つの要素が都合よく働いていた。

❶ブラウンツリースネークの餌となる動物は幅広い上に、このヘビには天敵がいない。
❷構造が比較的簡単な樹梢は、樹木に棲むヘビにとって最高に狩りがしやすい。
❸ひょっとしたらこれは、島の上空を規則的に吹き払って、うっそうとした植物の成

(28) Thomas Fritts。アメリカ人分類学者および両生類・爬虫類生態学者。移入種や島の生態学を主に研究。

長を阻んでいる台風の影響かもしれないが、グアムの鳥の密度が比較的低いこと。

ジューリ・サヴィッジは〈エコロジー〉の中にこう書いている。

「総括すると、一〇種の国産森林鳥の減少原因、加えてグアムに棲むほかの種の鳥の減少原因は、移入してきたヘビ、ブラウンツリースネークによる狩りであるというこの推測はこれらのデータにより十分うなずけるところであろう。これは、一爬虫類が鳥群の強力な減少と関連づけられた初めてのケースであるが、この例により、生態条件が好適であれば絶滅はいかに急速に引き起こされうるかということが証明されている」[*17]

地表でも巧妙に獲物を襲う肉食獣であることが発覚し、実際、誤解を招く名前をもつブラウンツリースネークは、のちに自然保護者たちが推定したところによると合計三〇万匹もの鳥を殺していた。同様に二種のコウモリも消え、齧歯（げっし）類個体群はほとんど崩壊し、トカゲも数種が同じような状態にあった[*18]。このヘビが若いトカゲを食べていたせいで、島最大の肉食獣であるオオトカゲの数さえ減少していた。このオオトカゲがまだ絶滅していないことについては、それらが単に非常に長生きだからにすぎないと懸念されている。個体群がこのままどんどん年を取っていけば、グアムのオオトカゲが置かれている立場は怪しくなってくるかもしれない。

五年後の一九九二年、現地のグアム水棲動物野生生物資源部（DAWR）の二人の生物学者とともにトーマス・フリッツは、ブラウンツリースネークの原産地について初めて詳細に説明した記事を発表した。(*19) このナミヘビの学名である「ボイガ・イレグラリス（Boiga irregularis）」のイレグラリスという名は、非凡な行動というよりは、どちらかというと色彩学的、形態学的に見たときの風変わりな多様性からきている。フリッツと彼の仕事仲間が博物館に収められたさまざまな土地のヘビとグアムのヘビを比較してみたとき、グアムのヘビはアドミラルティ諸島（パプアニューギニア領）のものと大きく一致していることが分かった。この諸島は、ニューギニアの近く、マリアナ諸島の約一五〇〇キロメートル南に位置している。グアムとアドミラルティ諸島の間には、戦後、激しい貨物機の往来があった。ここから、この災いは始まったのだった。

しかし、トム・フリッツと彼の仕事仲間の調査から得られたもっとも重要な成果の一つは、ブラウンツリースネークは鳥がいなくても生きてゆけるし、それもほとんど不自由のないレベルであるという認識だった。それらは、主に数え切れないほどのヤモリやトカゲを食べて生きており、中でもグアムに輸入されている二種をとくに多く食べる。グアムはこの先も、ブラウンツリースネークを養い続けてゆくことだろう。

グアムにおける鳥の死は、移入肉食獣の分布と一地方にしか見られない動物群の抹消が詳細に記録された、あるいは部分的に再現することができた珍しい例の一つである。ほとんどの場合、学者は、その動力学や経過について明言できないまま、このような出来事が最終的にもたらす憂える結果を前にして立ちすくんでいる、[*20] とジューリ・サヴィッジは研究論文の中で嘆いている。周りで起こる死を無力に傍観しなければならないことが特別気分の良いことかどうかは、また別問題だ。グアムの謎は解けたが、有望な対抗策を取るには間に合わなかった。グアムの森林鳥、そしてほかの多くの動物も彼らとともに永遠に消えてしまったのである。

グアムの住民に対しては、ブラウンツリースネークはまた別の奇襲を準備していた。赤ちゃんを襲い始めたのだ。一九八九年八月、生後一〇ヵ月になる息子スカイラーの甲高い叫び声に危険を察知したアーニストとイヴォン・マトソンが子ども部屋へ駆けつけると、彼らの赤ん坊は一メートル半もあるナミヘビと戦っているところだった。彼の左手は一面ヘビの歯形で覆い尽くされ、その毒でジトジトとぬれていた。この爬虫類は、赤ん坊の手を飲み込もうとしたのだった。[*21]

運の良いことに、ナミヘビの毒は人間にはそれほど危険ではない。しかし、幼児にとっては、ましてや何度も何度も噛まれたとなると命にもかかわりかねない。「死亡」という悲しい例はこれまでには記録されていないが、噛まれたり襲われたりした幼児の報告は増加している。ヘビに噛まれた事件は、一九八九年から一九九一年までの間に九四件も記録されているのだ。人間の犠牲者はほとんどが就寝中に襲われており、その中の半分以上は五歳未満の子どもである。さまざまな間接証拠から、ヘビは防衛のつもりで噛んでいるのではないという結論に至っている。つまり、獲物にするつもりだったということだ。(＊22)

島では、この爬虫類の餌がだんだん乏しくなっていた。捕らえたヘビを標本として製作するときに、顕著な餌不足が確認された。ニワトリ、ハト、肥えたドブネズミ、そして人間が存在する町の中には群を抜いて大きなヘビがいた。三メートルの大きさまで成長できたのは町の中だけだった。絶対に間違うことのない化学的なオリエンテイーリング感覚に誘導されて、ヘビは確実に赤ん坊を探し出した。両親のベッドで、父親と母親の間にはさまれて寝ていたのに襲われた子どもすらいた。夫婦が目を覚ましたとき、大きな茶色のヘビが子どもの指をしきりに噛み回っていた。

このような事件は頻繁は起こったわけではなかったが、病院はそれに対応できるだけの準備を始めた。一組の夫婦が数ヵ所にわたってヘビに噛まれた子どもを病院に連れてくると、医者たちは、到着したばかりの完全に動揺している彼らを安心させるためにまず言う。

「この赤ちゃんの腕は、それほどひどくはないですよ」

治しようがないのでは、と思われるほどかなりひどい例もあったらしい。そのときは、挽肉のようにかみ砕かれていたという。(＊23)

このヘビの話は、これでもまだ終わらない。以前のジョン・グローブスと同じようにトーマス・フリッツも夜毎さまよい歩き、至る所でブラウンツリースネークの姿を見つけた。それらは空港の近くにもいた。再びグアムを去るとき、彼はひどく動揺していた。つまり、樹木に棲むこのヘビが南太平洋からグアムまでの一五〇〇キロを乗り越えてきたというとなら、太平洋のほかの島々にも定着できないことはないはずだ、と考えたのである。

事実、ナミヘビの旅行癖は治ってはいないようだ。輸送手段としては、とくに飛行機を好んでいる。それこそ、テキサスの軍人家族の洗濯機の中にまで入り込んだヘビもいる。帰還者の家財道具の中に隠れると、この爬虫類はそこで九ヵ月間を耐え抜いた。(＊24) 暗い箱の中に潜伏した夜行性のナミヘビは、今では沖縄にまでたどり着いている。マーシャル諸島やグアムの隣の島サイパン、そしてハワイにも上陸した。これらの島では、一九八一年から一九九一年までの間に、各地の空港で六匹のヘビが見つかっている。(＊25) こうなると不安は大きい。

一九九二年五月二四日、金曜日。ハワイの議員ダニエル・アカカ(29)がアメリカ下院のマイクの前に進み出る。

「合衆国は、深刻でありながらほとんど注目されていない、そして天文学的な費用のかかる侵略を受けています。その軍隊は大きく、何百万をも数え、戦線は東海岸からテキサスとカリフォルニアの境界線にまで達し、さらに私の故郷ハワイにまで進んでいます。そし

(29) Daniel Akaka。1990年よりハワイ知事を務める。民主党員。国立公園分科委員会の幹部。

て、私はこの戦争に負けるような気がするのです。

ここで私が問題としているのは、外から入ってくる有害動植物による永続的な侵略です。大統領、今日、私はある法律を提出いたします。これは、もっとも危険でもっとも費用のかかる外来の疫病からハワイを守ろうという法律です。第二次世界大戦後にまたたく間にグアムに定着したブラウンツリースネークは、ハワイの衛生管理や環境にとって深刻な脅威となっています。私はこのブラウンツリースネークを、『ペスト』と呼ぶことに戸惑いさえ感じます。こういう呼び方をしますと、このヘビはハエや蚊と同じようなものだという、間違った印象を呼び起こしてしまうからです」(＊26)

グアムでの出来事が、ほかの太平洋の島々で繰り返されるのはもう時間の問題だろう。夜行性のナミヘビはさらに広がり、アメリカ政府は対策を取らざるを得なくなった。このヘビの駆除費用として、クリントン大統領（当時）は一五〇〇万ドルを認めた。しかし、その駆除のためにどんな方法が取られるのかは今もまだ不明だ。

## 二　粘液動物の戦闘

マリアナ諸島を離れて太平洋を南東へ進み、フィジーやサモアを抜け、赤道を通りすぎてヨーロッパからインドへの旅に相応する航海を終えると、小さな、あるいはちっぽけな島々が離れ離れに散らばっている群島に遭遇する。その真ん中に、ソシエテ諸島がタヒチとその首都パペーテを中心に横たわっている。ここから、マオリ族の先祖は「アオテアロア（白い雲のなびく国）」と呼ばれたニュージーランドに向かう旅を始めた。そして、ここがもう一つの侵入ドラマの舞台である。しかし、侵入を受けたのはまったく異なる生物群、ほかの動物に比べると人間からはほんのわずかしか同情を寄せてもらえない動物だったので、センセーショナルな騒動が巻き起こったのは専門家の間だけにかぎられた。世界各地のさまざまな種が葬られる、猛烈な勢いで広がっている墓場があるとすれば、それらはその中に新しく立てられた小さな十字架のほんの数本にすぎなかった。この島で起こり、太平洋に浮かぶほかの多くの島々においてもひょっとしたら起こるかもしれないこの出来事は、粘液動物の戦闘と称しても何ら差し支えはないだろう。

あまりにもノロイ動きしかできないにもかかわらず、人間の助けを得て、途方もない距離に橋を架けることに成功したマイマイがいる。アフリカマイマイ(30)（Achatina fulica）は、もともとマダガスカルや東アフリカの沿岸地域に生きていた。世界最大のこのマイマイの殻の長さは一〇センチメートルにも及び、人間が料理する鍋の具としても十分な身をしている。

早くも一八〇三年、アフリカマイマイはある高貴な動機からレユニオン島（モーリシャス共和国）の知事によって太平洋圏に持ち込まれた。もちろん、かわいい恋人がこれから

(30) アフリカマイマイ科のカタツムリ。アフリカ原産だが、東南アジアから南西諸島・小笠原や南洋諸島などに広がり、各地で農作物に大きな被害を与えている。

もマイマイスープを楽しめるようにという目的のためだ。[*27] 簡単に採れる食べ物として、アフリカマイマイはやがてアジアのほぼ全土に広がり、ハワイやカリフォルニアにも到達した。とくに、その身を重宝したのは日本人だった。彼らは、長期滞在する所であればどこへでもアフリカマイマイを持っていった。

移入してきた巨大マイマイは、時代をともに生きた人々に対して、非常に恩知らずな生物であることが判明した。それらはなかんずく、自分たちの新しいホストが愛情を込めて手入れしている農園や庭園で栄養をとった。至る所でやっかいものとなっていたが、日本人が引き揚げていき、マイマイが献立に載らなくなった所ではとくに被害が大きかった。この大食の軟体動物の増殖を抑えるため、多くの土地で一匹当たりいくらという賞金が出された。人間の住宅の中に押し入ってくるほどマイマイが大量発生した島もかなりあった。モーレア島（タヒチ島の西）では、たった一軒の家の壁に張り付いたアフリカマイマイが二杯の手押し車にいっぱい捕れたこともあった。[*28]

いろいろ考えた末、モーレア島とパオパオ島では、最終的に非常に特異な思いつきが実践に移されることになった。一九七七年三月一六日、同類を好んで食べ

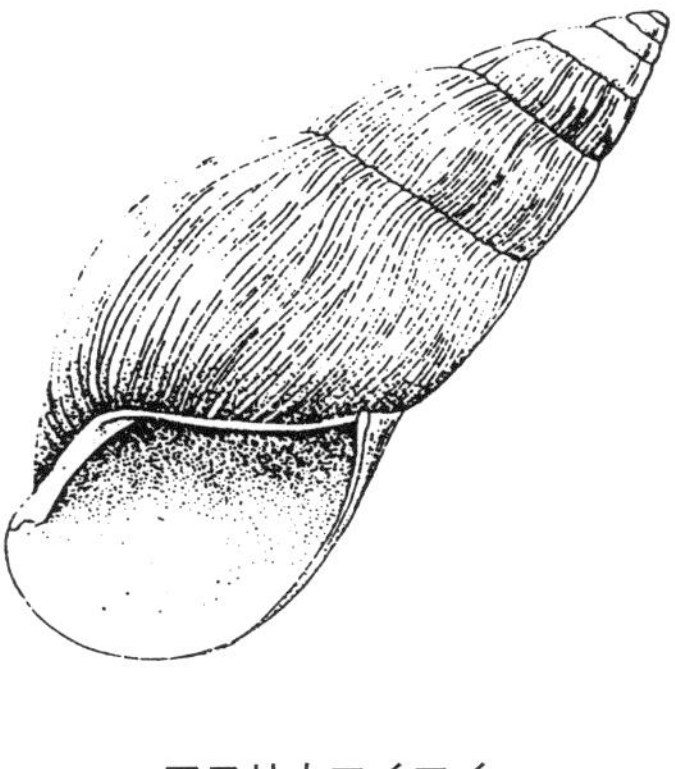

アフリカマイマイ

るアメリカの肉食マイマイ、ヤマヒタチオビガイ(31)がM・ナルディ氏のオレンジ農場に放たれたのである。当局から明文化された承認が下りると、この悪疫はついに生物的防除の典型的な例をもって対処されることになる。毒を用いず、環境に悪影響を及ぼさない、だがイギリスの侵入生物学者マーク・ウイリアムソンに言わせると、「非常に愚かな」決定だった。(*29)それは、生物的防除に期待される崇高な希望への信用が永続的に失墜してしまうほど壊滅的となる展開を誘発した。

肉食マイマイはこれらの土地にすぐに棲み慣れ、一年に一・二キロメートルの速さで島々に広がっていった。だがその際、実際にアフリカマイマイを減少させていたのがヤマヒタチオビガイだったのかどうかは疑わしいところである。この害虫の個体群は一九七〇年代の終わりから減少してはいたものの、それはこの肉食マイマイがどこにも見当たらない所でもやはり同じだったからだ。

アフリカマイマイの代わりに、ヘルパーと勘違いされたこのヤマヒタチオビガイの犠牲になっていたのは、まったく別のマイマイ、いわゆるポリネシアマイマイ(32)だった。このマイマイは、進化生物学者の間では、ガラパゴス諸島のダーウィンフィンチ(33)と同じくらい著名なマイマイである。

ポリネシアマイマイ属は太平洋の多くの火山島に広がっているが、ソシエテ諸島ほど多種多様な形をしたマイマイのいる所はほかになく、すべてひっくるめると六五もの種がつ

(31) 肉食性の陸産貝類。フロリダ産。アフリカマイマイを退治するために南太平洋の島々に放たれた。

(32) 小型の陸産貝類。10mm～20mm。100以上の種や亜種がある。

くり出されている。その中の多くは、一つの島、あるいはたった一つの谷にしか棲まない種だ。一九二〇年代以降、それらは進化生物学および遺伝学の総括的な研究の対象となっていた。ヘンリー・エドワード・クランプトン(34)は、このポリネシアマイマイに彼の一生のうち五〇年を捧げ、二〇万匹のマイマイを非常に綿密に測定して総括的で特殊な研究書を発表していた。著名なハーヴァード大学の生物学者であるスティーヴン・ジェイ・グールド(35)は、ポリネシアマイマイに関する歴史に残る研究は「進化生物学の歴史の中でももっとも重要な研究」(*30)に属する、と述べている。

進化のバネとなるのは、果たしてダーウィンの淘汰だけなのだろうか。つまり、偶然にできたさまざまなヴァリエーションからもっとも適応した動物が選択されるのか、それともこのほかに進化的変化を生じさせる外的および内的原因となるものがあるのだろうか。マイマイの殻の色や形に見られる多様なヴァリエーションは、結局のところ、まったく適応プロセスの結果においてできたものではないのだろうか。このことに関しては、自然はひょっとしたら一人空想にふけっているだけなのかもしれない。それぞれの地域個体群がそれぞれのやり方で……。

ソシエテ諸島のポリネシアマイマイは、進化生物学におけるこれらの基本的な問いに対して理想的な野外研究室を供給してくれていた。だがいまや、それらはアメリカからやって来た肉食マイマイの手軽な餌となってしまったのだった。

(33) ガラパゴス諸島に生息する、今も進化を続けているといわれる鳥。ダーウィンが「進化論」に目覚めるきっかけとなった。

(34) Henry Edward Crampton。自然科学者。「属」の変異・分布・進化を研究。

四匹のポリネシアマイマイを一匹のヤマヒタチオビガイと一緒に閉じ込めると、ヤマヒタチオビガイの祝宴は二四時間後には終了してしまう。[*31] ヤマヒタチオビガイが地歩を固めた場所に残るのは、空になったポリネシアマイマイの殻ばかりだった。

一九八三年、ブライアン・クラーク[36]、ジェイムス・マリとマイケル・ジョンソンの三人が、雑誌〈パシフィック・サイエンス〉の記事の中で警報を鳴らした。[*32] ポリネシアマイマイの総括的な研究によってその名を成したイギリス人、アメリカ人、オーストラリア人から成る国際トリオの学者たちは、ヤマヒタチオビガイが彼らの研究対象となっている生物の学術的な価値に何の敬意も払うことなく、それらを次から次へと食べてしまうのをやるせなく傍観するしかなかった。モーレア島に棲む地方種のポリネシアマイマイ七種のうち一種はすでに絶滅、ほかのマイマイも撃退されてしまって珍種となっている。肉食マイマイが広がる方向や速度、および研究対象となっているマイマイの正確な分布地域は分かっていたので、一九八四年、学者たちは残っているどのマイマイにいつ最終的な臨終の鐘が鳴らされるかを予告した。それによると、肉食マイマイの輸入からわずか一〇年後、遅くとも一九八七年には、モーレア島からはポリネシアマイマイがすべて（ひょっとしたら例外が一匹だけあるかもしれないが）消えてしまうだろう、ということだった。

一九八八年、彼らが「モーレア島におけるポリネシアマイマイの絶滅」という簡潔な表題でもう一つの記事を発表したとき、著者たちの予言は現実となった。

(35) Stephen Jay Gould（1941〜）生物学者。ハーヴァード大学の地質学教授。著書に『ダーウィン以来』（浦本・寺田訳、早川書房、1995年）など。

(36) Bryan Clarke。ノッティンガム大学教授。カタツムリを研究。

「モーレア島のポリネシアマイマイは消滅してしまったのだ」(＊33)

この事実に対し、彼らは取り立てて大きな満足を覚えたわけではないのだろう。「自分の主張が正しいと認められるのを嫌う場合もあるものだ」と、スティーヴン・ジェイ・グールドはため息をついた。(＊34) 生物的防除プランに対する準備があまりにも悪いとそれがいかに破壊的な効果を広げうることになるか、学者たちはそれを「遺伝学にとっての悲劇」とか「切なる警告」などと呼んだ。(＊35)

モーレア島のマイマイの絶滅が決定的となった一九八八年、アメリカの肉食マイマイは、大きいものより小さめのマイマイを好むことが実験によってようやく明らかとなった。(＊36) アフリカマイマイは、ヤマヒタチオビガイにしてみたら太りすぎた大男だったのだ。輸入された肉食マイマイに隠れていた潜在危難(きなん)は、簡単な実験で適時に証明できたはずだ。むやみやたらな活動主義は、責任者たちに簡単な予防手段を取ることすら怠らせてしまったのだ。にもかかわらず、ヤマヒタチオビガイを適切な生物的防除素材として推薦している学者は今でもまだ数人おり、ほかの多くの学者を驚愕させている。(＊37) モーレア島の悲劇は、この数十年前に別の場所、別の配役ですでに一度上演されているのだから、ますますもってこれらすべては理解しがたいことである。スティーヴン・ジェイ・グールドは、まだ若かったころにバミューダ諸島で経験したことを以下のように描写している。(＊38)

「嫌われ恐れられる動物が棲む私個人のパンテオン（神殿）の中には、フロリダ出身の『キラーマイマイ』とも『とも食いマイマイ』とも呼ばれるヤマヒタチオビガイよりも高い地位を占める被造物はいない。研究を始めたころ、私はその大部分をPoecilozonitesというバミューダ諸島に棲む注目すべきマイマイの調査で過ごした。しかし、庭から逃げ出し、農業害虫として島中に広がった食用輸入マイマイであるOtalaをコントロールするため、一九五八年にヤマヒタチオビガイが持ち込まれた。私にはそもそもヤマヒタチオビガイがOtalaを試してみたとは思えないのだが、それらは何と、国産のPoecilozonitesを根絶してしまった。普段はこの島で何千と見つけることができたのに、一九七三年に戻ったときには、もはや一匹として生きたマイマイを見つけることができなかった」

この肉食マイマイは、今ではタヒチ、セイシェル、モーリシャス、バハマなどほかの多くの島々にも棲みついており、そこのマイマイ群の将来が懸念されている。マリアナ諸島やグアム、サイパンに棲むポリネシアマイマイも同様に脅かされており、総括すると一〇〇をはるかに超えるマイマイ種が潜在的な絶滅候補として見なされている。

マイマイの絶滅に関して、とくにひどく心配されているのがハワイだ。そこには、ポリネシアマイマイと近縁の、非常に豊富な種類をもつハワイマイマイ類の群れが棲んでいる。

地方種であるこの科の体系構成はまったく解明されていないが、研究者はおよそ一〇〇の異なった種が存在すると見ている。どの山の頂にも、どこの谷にも、それぞれ特有のハワイマイマイが棲んでいる。肉食マイマイのさらなる分布を阻む効果的な方法がすぐに見つからなければ、この多様性もまもなく過去のものとなってしまうだろう。

これらすべての種の存続に唯一希望を与えてくれる方法は、いわゆる「ケプティヴ・ブリーディング（captive breeding）プログラム」(原注1)、つまり飼育下（あるいは、捕獲下）の繁殖しかない(＊39)。ポリネシアマイマイが生き延びることができるのは、食肉生物のいないミニ・パラダイス、つまりガラスに囲まれた所だけだ。そこは、極端な特色が際立つ、保護された自然といえよう。

## 三　諸島

これまで紹介してきたこれらの例が、それぞれ諸島で起こっているのは偶然でも何でもない。ほかの世界から密閉され、ヘビや四つ足の肉食獣に煩わされることもなく、生物の特種行程はこの地で静かに展開していったのである。鳥であれ昆虫であれ、あるいはマイマイであれ植物であれ、諸島に生きる種のリストは長くて印象的だ。しかし、その対をなす島の絶滅生物のリストもまた長く、そしてこれからますます長くなろうとしている。諸

（原注1）捕獲し、飼育下で繁殖させる方法。

島の動物群は世界に広がる種の多様性の中のエキゾチックな花形であるが、それらは非常に繊細でもある。

一九六七年にロバート・マッカーサー(37)とエドワード・O・ウィルソン(38)が発表した作品は、今世紀の生物学においてもっとも頻繁に引用される書籍の一つとなっている。(*40) 彼らは、生物学者の間でずっと以前から重んじられていた研究学科である「島の生物地理学」(原注2)に新しい理論的基礎を築いた。

この二人のアメリカ人学者の見解は、もともとは大洋島について述べられたものであるが、今日ではもっと広いエリアにおいて適用されている。土地はますます孤立した小さな断片へと分割され、大陸上にも無数の「島」が発生した。それは集中耕作されている農業用ステップの真ん中にある森の島であり、牧草地に囲まれた原始林の残りであり、干拓された草地の中の小さく縮小した湿地帯である。いずれの場合も、自然に密着したかぎられた広さの生活圏というのは性質の異なるビオトープで取り巻かれているのだ。周りを囲む耕地が森に棲む多くの生物体に与える効果は、大洋をなす大量の水が本当の島に棲む種に与える効果と同じである。そこは光や気温、湿度状況がまったく異なる定着不可能な地域であり、そこに棲んでいるのはほかの生物群集である。生物は自分の島に閉じ込められ、その島が小さければ小さいほど、そこで長く生き延びるチャンスも少なくなる。

マッカーサーとウィルソンの研究が今日の自然保護にとって大変重要なものとなったき

(37) Robert MacArthur（1930～1972）カナダの生態学者、生物地理学者。

(38) Edward O. Wilson（1929～）アメリカのアリ専門家、分類学者、生物地理学者。1970年代後半に「社会生物学」を提唱。ハーヴァード大学の比較動物学教授。

っかけは、それ自体としては平凡な発見にすぎなかった。島の面積が大きくなればなるほど種の数は増えるという、いわゆる面積効果である。それによると、島に存在する種の数は大陸の同じ広さの土地に棲む種よりも少ない。この関係は一次的ではなく、広さ一〇〇〇平方キロメートルの大洋島に平均五〇種の鳥が棲んでいるとすると、一万平方キロメートルの大きさの島に棲むのは約一〇〇種となる。つまり、二倍の動植物種が生きていくためには、島の面積は一〇倍大きくなければならないのである。

エドワード・O・ウィルソンは、この面積効果を以下のように説明している。

「ある大陸の海岸前に、一列に並ぶ諸島が新しく発生したとする。陸からの距離はどれも同じだが、大きさはさまざまだ。大陸から離れている距離は同じなので、その移入率――毎年新しく入ってくる種の数――はほぼ等しい。それに対し、絶滅率は大き目の島の方がゆるやかに上昇していく。これは表面積が大きくなればそれだけ空間も増え、空間が増えればさらにまた各種の個体群が大きくなり、最終的に個体群が大きければ大きいほど種の生き残りの可能性も大きくなるためである。もともと裕福な家の方が、完全に破産する可能性は低いものだ」(*41)

重要な影響を与える二番目の要素は、一番近い大陸、あるいは別の大きな島との距離（距

**（原注２）**「島の生物地理学」は、最近ドイツ語で出版されたアメリカ人ジャーナリストであるディヴィッド・クオメン（David Quammen）（Quammen 1996）の記念すべき作品『ドードーの歌（The Song of the Dodo）』（鈴木主悦訳、河出書房新社、1997年）のテーマである。

離効果）である。大陸では、原野に立つ一つの木立から一番近くにあるもっと大きな森林地域への距離に相当する。島が孤立していればいるほど、そこに棲む生物体の数は小さくなる。同じ大きさの島では進行する絶滅プロセスは相似しているが、島が大陸から離れていればいるほど移入してくる生物体の数は低下する。そして、そこにずっと定着している生物体の一群は、いつまでも膨らまし続ける風船の膜のように薄くなる。絶滅率が同じで移入してくる数が少ないと、結果として種の数は小さくなる。

古い島では、移入してくる数と絶滅していく数のバランスがとれており、種の数は一定である。しかし、たとえばニュージーランドがゴンドワナ原始大陸(原注3)というより大きな断片から離れたように、大陸から一片が遊離していくとき、島という出帆してゆくボートには通常ものすごい数の生物が詰め込まれている。利用できる表面積に比べて、ともに旅していく生物体――それは全大陸に存在する生物群集であるが――の数があまりにも多くなりすぎることがある。その結果、その島の面積や大陸までの距離に依存する、ある一定の均衡が得られるまで移入と絶滅が繰り返される。つまり、猛烈な絶滅プロセスが生じるのである。しかし、移入してくる生物は後を絶たない。つまり、バランスがとれるようになった後には新しい種がやって来て古い種が絶滅していくので、種の構造は絶えず変化する。いわゆる、「ターンオーバー」(原注4)が生じるというわけだ。

この共同研究を公表した五年後に、ロバート・マッカーサーは癌で亡くなっている。だ

**（原注３）**地球中期に存在した巨大な南大陸。とりわけ、南極大陸、オーストラリア、アフリカ、および南アメリカを包括していた。

**（原注４）**種の総計は恒常であるが、種の構成に変化が生じること。

が、エドワード・O・ウィルソンと当時の彼の教え子で博士論文を執筆中だったダン・スィンバーロフ(39)がこの生物地理学における島説を現実に実験したときには、マッカーサーもまだ一緒に作業をしていた。彼らの予測は、手元にあったたくさんのデータを使って試験され、全体としては勇気づけられる結果が出た。しかし、文献から種の数や島の広さを調べ上げて作業するのと、バランス形成のプロセスを実物の中で観察するのはまた別の話である。そのためには、ある実験を行う必要があった。それは、一九六〇年代半ばにフロリダで行われた。汚ない作業は、博士論文執筆中のダン・スィンバーロフの役目だった。

長い探索の末、ウィルソンとスィンバーロフは、フロリダ・キーズ（マイアミ南方にある群島）で何万と見られるような小さなマングローブの島を四つ選んだ。塩分に強いマングローブは浅瀬に根を張り、孤立して立つ一本一本の木から一〇〇ヘクタールの大きな森まで、うっそうと茂るコンパクトな木立の島を形成する。試験の対象となった島の直径はわずか一五メートル。一つの島は、別の大きい島から二メートルとごくわずかな距離しか離れていなかったが、それでもアリにしてみると一〇〇〇匹分の鎖に相当する。これを人間一〇〇〇人分に換算すると一・六キロメートルになる。ほかの三つの小さな島はもっと離れており、最前哨の島は浅瀬から五三三メートル外側に位置していた(*42)。

このような小さな島には独自の哺乳動物や鳥の個体群こそいないが、小動物界は豊かである。ここでのもくろみは、それをできるだけ綿密に把握した後に根こそぎ除去し、引き

(39) Dan Simberloff。テネシー大学の生態学教授。生態学・進化生物学を研究。

続き再定着プロセスを追うことだった。仮説が主張するように、出発状況と最終状況は等しくなるだろうか。エドワード・O・ウィルソンは説明する。(*43)

「私たちは作業にとりかかった。どの島でも、ドロドロのぬかるみから木の枝の上まで這い回った。葉や木の皮の表面を一ミリごとに詳しく観察し、ひびや裂け目があればすべて探りを入れ、写真を撮り、サンプルを集めた」

　ぬかるみには、とくに悩まされた。ズブズブと沈んではまり込んでしまう。ダン・スィンバーロフは着想の豊かさを発揮して、ぬかるみで使える履き物を開発した。彼はかんじきのような穴のたくさん開いた合板の平たい履き物をつくった。「しかし、これだと動けないのだ」と、ウィルソンは思い出す。(*44)

「私は、それを冗談で『スィンバーロフズ』と名づけた。この『スィンバーロフズじゃ、僕たちはどこにも行けないだろうね』などと言ったものだ。しかしダンは、ベストを尽くそうとしてくれた」

　島の動物群を分析することにより、この説で仮定した距離効果の正当性が実証された。種の多様性は、海岸のすぐ前に伸びている島でもっとも高く、外に遠く離れているマングローブ島がもっとも低かった。

　さて、これからあまり気の進まない実験が始まる。この実験は、普段は建物の中に潜む有害小動物を処理しているマイアミの害虫駆除会社「ナショナル・エクスターミネイター」

に委託された。フロリダ・キーズでのこの仕事は、ここの会社の人がこれまでに請け負った中でもっとも変わったものだったに違いない。彼らは、ゴムを塗った黒いプラスチックホイルでマングローブ島をクリスト(40)風に包み、コウチュウやアリやほかの小動物を殺すメチル臭化ガスの煙をポンプで中へ吹き込んだ。ガスにさらす時間は、マングローブ島が害を受けないように計算された。プラスチックホイルが再び取り除かれるや否や、フロリダ・キーズには動物のいない小さな島が突然四つできていた。ここから再定着プロセスの始まりだ。(*45)

毒殺を監督したのは確かにダン・スィンバーロフだったが、それにしても彼はここから一人で実験を続けなければならなくなった。なぜならば、ウィルソンがハーヴァード大学教授という職務に専心しなければならなくなり、現場にはたまにしか来ることができなくなったからだ。灼熱の太陽の下で蚊にもてなされながら、スィンバーロフは新しい生物群集が建て直されるのに遅れをとらないように努力した。四つの小さな島で、何時間もマングローブ島の茂みをあちこちよじ登った。新しく入ってきた動物種は一つ残らず記録され、属を確かめられなければならない。初期の個体群は非常に小さく、またプロセスはできるだけスムーズに経過しなければならなかったので、ダン・スィンバーロフは移入してきた動物をそこで拾い集めるにとどめ、後から研究室で湯気の立つコーヒーや冷たいビールを事務机の上に乗せながらのんびりと仕事をするというわけにはいかなかった。動物たちは

(40) Christo　Javacheff。ブルガリア生まれのアメリカ人芸術家。1983年、フロリダ前の11の島をラッピング。1991年には茨城県で1,340本の青い傘を設置。

その場ですぐ属を確かめられ、できるだけ傷をつけずにまた放たれなければならなかった。新参者のほとんどが簡単に傷ついてしまうほど小さいことを思うと、決して簡単なことではない。また、野外における属の確認という作業は、動物に関する正確な知識を前提かつ必要条件としていた。

実験は、これまでのダン・スィンバーロフのあらゆる努力に報いてくれる結果となった。動物たちは、あっという間に再び不毛のマングローブ島を占有した。種の数はどんどん増えた後に減少し、わずか一年後には比較的一定した数値に達した。この数値は、動物群を毒殺する前の種の存在数と等しかった。スィンバーロフは、距離効果もまた立派に実証されたと判断した。海岸からの距離が広がるほど、種の数の水準は低くなる一方だ。二人の研究者が一年後に再び現状調査を行ったとき、消滅していたり新しくやって来た種はもちろん幾つかいたが、状況はほとんど変化していなかった。移入と絶滅の間には均衡が訪れて種の数は安定したが、動物種の絶え間ない移入の流れは生物群集内で永遠に続く交替、つまり種のターンオーバーを招いた。ダン・スィンバーロフは博士号を取得し、自然科学は奇抜な実験をした分一つ豊かになり、そして「島の生物地理学」のバランス説は大切な試験に合格したのだった。(*46)

地方種にとって、諸島は真の孵化場である。その個体群は、ほかと比較すると小ぢんま

(原注５) 相互に交配が可能な、同種個体の集まりのもつ遺伝子の総量。遺伝子プール。それぞれの個体がもつ遺伝子を、種ごとに固有のひとまとまりとして考える。

りしている。わずか数百の動植物しかいない場合もある。それに相応して、小さいのがその遺伝子の総計、いわゆるジーン・プールだ。(原注5)加えて、それらはほとんどの場合、かなり前にほんの数える程度の生物がポッリポッリと定着してきた結果である。極端な場合をいえば、受胎したメスがたった一匹、あるいは胚胎した種子がたった一粒定着した結果なのだ。進化生物学者はそれを「創始者効果（Founder effect）」と呼ぶ。持ち主とともに島へやって来た遺伝子の淘汰は偶然に支配されているのであって、何らかのメカニズムが働いているわけではない。ここには、チャンスと同時に災いも潜んでいる。

突然変異は、大陸上の巨大な動植物の集積の中よりも、小さな個体群に断然生じやすい。その結果、テンポが非常に早められた進化が起こる。さらに、新しく定着する島には空席の生態ニッチ(41)がたくさんある。幾つもの小さな部分個体群がそれぞれ孤立して発展する可能性のある群島を全体でとらえてみると、繁殖が比較的早く制限されて、さまざまな種の形成プロセスがまさに氾濫し出すこともありうる。

大陸個体群のもっと大きなジーン・プールは、通常、新しい発展に対してブレーキとして働くが、異なった状況下では、それは生物体に与えられた、生き残りに対するもっとも重要な保障ともなる。気候変化から流行病まで、ジーン・プールはさまざまな危機状況に備えて至当（しとう）な遺伝子の応答を準備しているのだ。常に動物群全体に広がっているわけではないが、プールの中には遺伝子の変態が無数に集結している。言ってみれば、それらは環

(41) 生態的地位。種ないし個体群の、自然における位置を示す生態学的概念。生息場所や生物的環境、食うか食われるかの関係などにおいて生物の占めうる場所や役割のこと。

境条件が変化すると突然活動し始め、新しい進化の道を開いてくれる、いつでも召還可能な対案構想なのだ。それに比べると、小さな個体群しかもたない諸島の種は頼りない。リアクション方法を保管する遺伝子の兵器庫にはかぎりがあるのだ。個体数が少なくなればなるほど、重大な環境変化があったときのサバイバルチャンスも少なくなる。数百あるいは数千しかいない個体群の中では、たった一匹の動物を襲った偶然の死が、優秀な遺伝子コンビネーションの取り返しのつかない損失を意味することもある。進化生物学者は、これを「遺伝子浮動現象（Genetic drift）」と呼ぶ。

ということは、最適な条件の下では、進化の木から小さな新しい芽が無数に発芽しても、生活条件が変化すれば、そこから成長した枝はすべてまたたく間に枯死してしまうこともありうるのだ。だが、これはごく自然なプロセスである。人間はこのような実験を作為無作為に何度も繰り返し、残念ながら予想しえた結果をあまりにも頻繁に招いてしまった。エドワード・O・ウィルソンの創作語である「狩猟」、「肉食獣」、「病気」、そして「生活圏の破壊」という生態黙示録の四人の騎士の一人が、いつか、それまで手つかずだったパラダイス島の存在に気づいて根絶活動を始めるのだ。その結果が、たとえばウォリン・B・キングが作成した島に棲む鳥種の絶滅年表といったような統計である。(*47)

ウィルソンのいう生態黙示録の四人の騎士の後ろに隠れているのは、私たちの古くからの知り合いだ。なぜなら、それらはその地域にいない生き物の姿をして駆け足でやって来

（原注6）２種、あるいは二つの動物群の間で交互に影響しながら起こる進化。たとえば、肉食獣と獲物、受粉動物と顕花植物など。

ることがたびたびなのだから。「狩猟」についてはもう十分説明してきた。一九世紀の順化でもっとも注目されていたのは、狩猟の対象となりうる野生動物だった。「肉食獣」という語句がさしているのは、もちろん移入してきた肉食獣である。それらの爪や牙にかかって命を失った鳥は、島で絶滅した鳥の七〇パーセントに及ぶ。とくに多くの犠牲を出しているのがドブネズミで、その後大きく水を開けて野生化したネコ、イヌ、マングース、ブタ、イタチ類やサルが続く。そして、島に棲む鳥のうち今日絶滅が危惧されている種のほぼ半分にとっては、「肉食獣」はこれからも最大の脅威であり続ける。(*48)

ドブネズミやネコ、あるいはイタチがこれほど破滅的な影響を及ぼすというのに、ヨーロッパにはそもそもどうしてまだ鳥が存在するのだろう。肉食獣たちは、ここでは根絶活動にもっと多くの時間を費やせたはずだ。その答えは共進化(原注6)である。肉食獣と獲物が互いに関与し合っていれば、通常は獲物が絶滅することはない。両者とも一緒に共存していくことを学び、互いの進化の経過にそれぞれ決定的な影響を及ぼし合ってきたのだ。

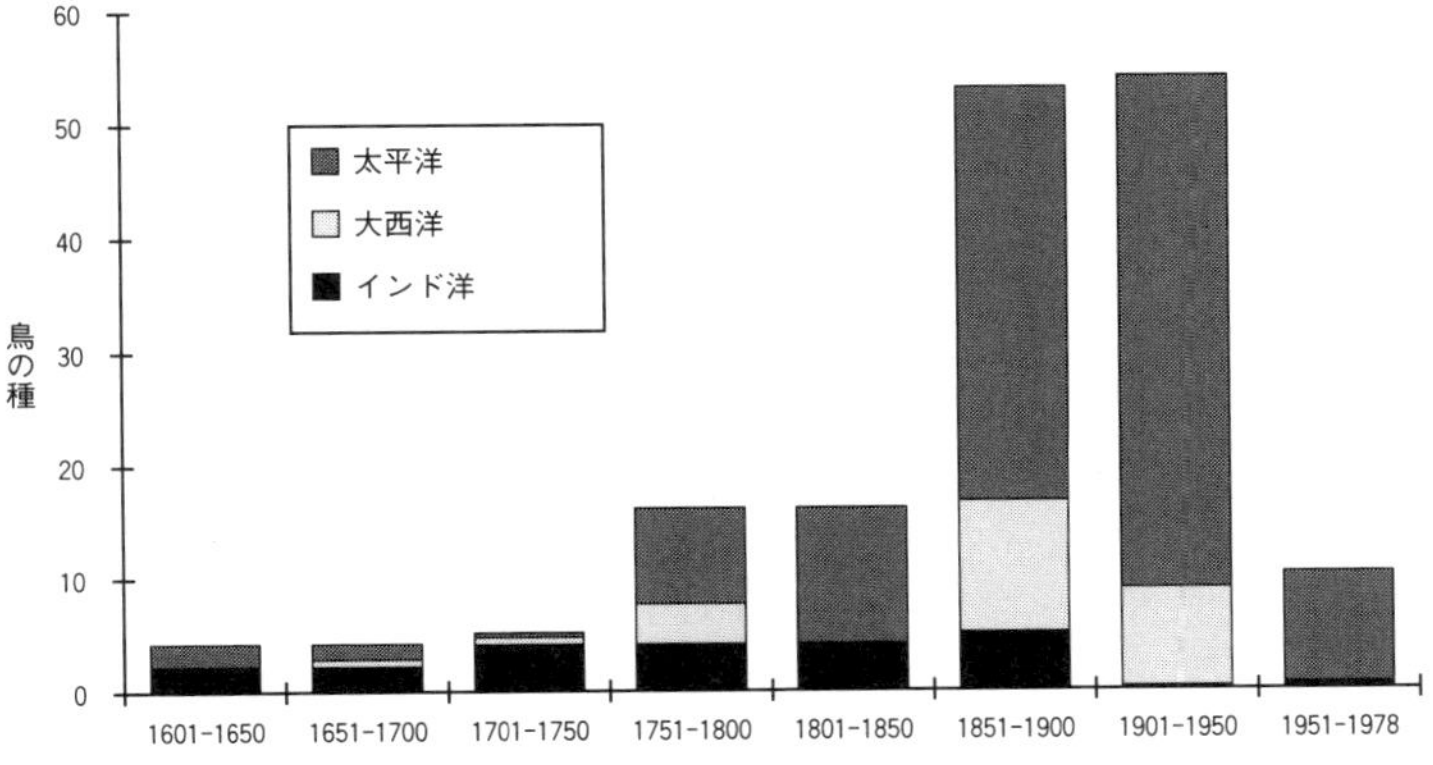


島に棲む鳥の絶滅年表（King 1985）

肉食獣ができるだけ効率よく獲物を捕らえる能力というのは、淘汰の際には獲物が追跡を逃れるためにもち合わせる能力と同等に大事な要素となる。それぞれが、もう一方の生存能力を実証するべき物差しとなっているのである。諸島に多く見られる飛行不可能な鳥は、肉食獣に襲われる心配がないときには、動物がまったく異なった発展の仕方もできることを示す良い例だといえよう。

ハワイの節足動物には、アリに対する防御戦略は必要なかった。ハワイにアリはいなかったのだから。今日では、世界でもっとも孤立した群島にまで四〇種以上のアリが侵入してきているが、その中のほとんどは前世紀になって初めてやって来たものである。

ホノルルにあるハワイ大学の二人の研究者は、国産動物群がこれらの侵略者に対してかなり無防備であることをクモを例にとって証明している。実験室の中で、国産と外来のクモをそれぞれ二種の移入してきた「放浪」アリと対決させたところ、ハワイのクモは死に、外来のクモが生き残るという驚くべき結果となった(*49)。後者は、ハワイのクモがまったく発達させたことがなかった、あるいは再び喪失してしまった防御戦略を自在に使うことができた。つまり、厚いキチン質(42)の甲殻に覆われ、さらにアリに襲われた場合は、足を脱ぎ捨てることもできるのである（自切）。そして、攻撃者がピクピク動く足に気をとられている間に、犠牲者は残った足を引きずりながらひそかに逃げるというわけだ。厚い甲殻と自切というこの二つは、苦境に陥らないかぎりはほとんどその甲斐もない、エネルギーを激

(42) 節足動物、菌類、その他の外皮や細胞壁を形成する含窒素多糖類。弱酸やアルカリに侵されにくく、強酸に溶ける。

しく消耗するだけの特性である。このような浪費を有意義な投資へと様変わりさせるのは、肉食獣との共存だけだ。

ウィルソンの黙示録に登場する「狩猟」と「肉食獣」以外の、第三の騎士である「病気」もまたここで扱われているテーマにふさわしい。通常病気は、真菌類やバクテリア、ウイルスやほかの寄生物などの生物によって引き起こされる。いずこからか入り込んでくることに関しては、病原菌にしてもヨーロッパハツカネズミやヨコエビ属とまったく変わりはないが、ほとんどの場合、それは宿主と一緒にやって来る。現代病であるニレの死から甲殻類のペストまで、あるいははしかから鳥のマラリアまで、多くの流行病は細菌侵入の結果からもたらされた。それらは動植物とまったく同じように人間も苦しめているが、その複雑性はそれだけで一冊の本が必要となるくらいなので、ここではこのテーマについては触れないことにする。

生活圏の破壊という総括的な概念の背後にも、外来動植物の影響が同様に潜んでいることがある。島に存在する自然の植物界を破壊してしまうヤギ、カイウサギ、ヒツジ、あるいは土着の生態系に入り込んでそこの植物を押しのけてしまう外来の植物もまた、その土地を支配する生活条件を永続的に変化させているのだ。とくに、植物を再び取り除くのはほぼ不可能なので、それはほとんど解決の見込みのない問題にもなりかねない。[*50]

この地球上で諸島が占める表面積は大陸のそれよりもずっと少ないが、そこでは、この四〇〇〇年の間に大陸の約三倍もの動植物種が絶滅している。今日まだ生きている、だが非常に危惧されている種をとってみても、島に棲む種は異常に多い。この四〇〇〇年の間に消え去ったすべての軟体動物（とくにマイマイ）の八〇パーセントは諸島に生きていた。絶滅してしまった哺乳動物の五九パーセントと、絶滅してしまったあらゆる鳥種の九〇パーセント以上にも同じことがいえる。(*51)

鳥の絶滅率は、一九七八年には三・六年ごとにおよそ一種と査定されていた。今では、二〇〇〇年までに一年に一種になると恐れられている。今日絶滅が危惧されている種の多くは、明日には絶滅しているかもしれないのだ。比較してみてほしい。その昔、氷河期の査定絶滅率は八三・三年に一種だった。だから、エドワード・O・ウィルソンにしてみると、あれこれ言っている暇はない。

「私達は、明らかに地球の歴史上最大といえる絶滅段階の真っただ中にいるのである(*52)」

# 10 生態系の変化

一九九七年、ウェリントン、ニュージーランド
「藪を守れ、生姜を断ち切れ（SAVE OUR BUSH, GIVE GINGER A PUSH!）」
生姜種の庭園植物としての利用に反対するポスターの標題

個々の動植物種が大量に増殖するという現象は、何らかの不自然な干渉に対する生態系の典型的なリアクションである。このような生態システムは、交互に依存する複雑なネットワークだ。自然科学の理解力は、完璧といえるにはまだほど遠い。生態系の研究は、森林や珊瑚礁といった生態系全体が消滅する恐れが出てきてやっと始まったにすぎない。

妨害が生じると、生態系は調整の役目を果たす均衡運動をもってそれに反応する。森林や湖の食物関連図は、何時間にもわたって観察してもまだ解くことのできないもつれた縄の構造に似ている。個々の縄が切れるとシステム全体に震えが走るが、安全ひもがたくさ

んあるのである程度はもちこたえることができる。クモの巣と同じで、何本か糸が切れてもほとんどの場合まだかなりよいコンディションを維持している。それからまたさらにひもが引きちぎられると、その構造は動き出し、それはある程度安定した新しいポジションに落ち着くまで続く。キール（ドイツ北部）出身の生態学者でかつてのシュレスヴィヒ・ホルシュタイン州の環境大臣であるベルント・ハイデマン(1)は、このような影響をストッキングなどの伝線と比較している。その発生や正確な経過について、そしてそれがいつ停止するかということを前もって予告するのは非常に難しい。

新しい植物や新しい動物の出現は、いつの場合も、その生態系が保っていた相互関係に変化が起こったことを意味している。それらが食べる餌、消費する栄養物、占領する場所は、以前はもっぱらほかの種が利用していたものか、あるいはまったく利用されていなかったものだ。つまり、ケーキはより小さな一切れに分けざるを得ないということである。それでも、生態カタストロフィー(2)が起こることはほとんどない。要するに、ケーキはかなり大きいのだ。しかし、多くの場合、その影響はとても喜ばしいとはいえないものである。襲われたシステムを土台から変えてしまう変事の連鎖が動き出すのは、動物あるいは植物群の絶滅などのように極端な場合だけとはかぎらない。動物や植物は、何もそのとき直接相手を殺す必要はない。生態系全体がかかわってくるようなプロセスに少し手出しをするだけでもさまざまな影響が広がるのだ。

(1) Berndt Heydemann。生態学者。キール大学の動物学教授。生態系、エコテクノロジーの研究を指導。

(2) カタストロフィーとは、自然界に起こる不連続な現象を扱う数学理論のこと。ここでは、生態系に起こる大災害を意味する。

## 一　伝線

スポーツフィッシャーから高い評価を得ているサケの一種は、アミ科の肉食甲殻類Mysis relicta[3]を食べるとすばらしく成長する。このことがカナダで発見されると、人々はこの甲殻類をおよそ一〇〇の湖や河川に定着させた。一九八一年、それは西アメリカでもっとも大きな湖の一つであるモンタナのフラットヘッド湖に到達した。しかし、そこに棲むサケは新参者を避けて慣れた食事をし続けた。その結果、餌用だったこの甲殻類はサケのライバルとなった。

貪欲なエビが新しくやって来ると土着のミジンコはどんどん希少なものとなり、それと同時にサケの栄光もまもなく失われていった。人気の高いこの魚の生存数は、かつての五〇〇分の一にまで減少してしまったのである。しかし、生態系組織内の伝線はまだまだとどまるところを知らない。一九八五年までに釣り人たちは年間一〇万匹以上のサケを水中から引き揚げていたが、一九八八年と一九八九年には一匹も釣れなくなってしまった。この地域一帯の大きな観光アトラクションとなっていた無数に群がっていたミサゴ[4]も、ほかにもっとよい狩猟地を探し求めて去っていった。ほかの多くの鳥やハイイログマ、コヨーテ、ミンク、カワウソなどもめったに顔を出さなくなった。年間に約五万人を数えていた観光客は、一九八九年には一〇〇〇人に減少してしまった。ちっぽけな甲殻類の放流がこ

（3）アミ科。カナダのブリティッシュ・コロンビア州の湖などに棲む。魚の餌として利用。

（4）タカ目ミサゴ科の鳥。大きさはほぼトビに同じ。海浜に棲み、海上を飛翔し、急降下して魚類を捕らえる。北半球に広く分布し、日本にも繁殖。

れほど大きな影響を及ぼしうるとは、一九八〇年代の初めには誰一人として予言することはできなかったであろう。(*1)

先にも述べたように、太平洋に浮かぶ島グアムでは、極端な出来事が起こった。森林に棲む鳥がほとんどすべて消えてしまったのだ。そう、食べられてしまったのである。実は、この話にはまだ紹介されていない第二部がある。グアムの森のように、一つの生態系からこれほど多くの主役が奪われてしまったとき、その影響は愛らしい鳥のさえずりが聞こえなくなっただけではすまないはずだ。鳥と一緒に多くのトカゲや齧歯類、コウモリの姿も消えてしまったのだから。

最近の大韓航空機グアム墜落事件（一九九七年八月）で、ヨーロッパの多くの人々は初めてこの島の存在に気づいたが、そのとき、この島

**●ニューイングランド、アメリカ合衆国**

ヨーロッパのタマキビガイの一種（Littorina littorea）(5)は、ほかの巻貝のように殻が巻いていないので、ほとんどの人から二枚貝だと思われている。この巻貝は、大勢集まって磯の石の上に座っている。満潮になると、そこら中を動き回って岩の上に張りついている海草のじゅうたんを食い尽くす。引き潮のときには、乾ききってしまわないよう海底にしっかりと吸いつく。人間の手を借りてアメリカの海岸にやって来ると、そこでもカタツムリ式にゆっくりと、だが休むことなく岩に張りつく海草じゅうたんを食い尽くし始めた。そして、それと共にニューイングランドの海岸が有する特色を変化させていった。以前はドロドロの水たまりだったり、ヌルヌルした石ばかりだった所には、いまやむき出しの岩が水中からそびえ立っている。小動物や海藻の生活圏はすべて消滅し、彼らに代わってそこには新しい生物が棲みついている。(*2)

は常に「トロピカルパラダイス」だと称されていた。それが、日没に揺れる数本のヤシの木の枝以上のものを意味しているのならば、この表現はまったく的外れである。ブラウンツリースネークの侵入によって、トロピカルパラダイスはクモ恐怖症の人にはたまらない静かな地獄へと様変わりをしているのだ。

ナミヘビの獲物の多く、つまり鳥たちは昆虫を食べて生きていた。敵を失った昆虫はものすごい数に膨れ上がった。それを喜ぶ唯一の生き物がクモだった。いまや、これらのクモが余分な昆虫をすくいとっていた。丸々と肥ったクモでも嫌がらずに食べる鳥やゲッコーがいなくなって、押し黙ったグアムの森ではキラキラと輝くクモの巣がもつれるばかりである。「今でもクモには悩まされている」と言うのは、アメリカ人のヘビ専門家のトーマス・フリッツだ。(*3)

グアムでは、昆虫の増加についても、クモの増加についても、学術的な記録はされていない。そして、多くの場合においてそうであるように、問題が起こる前の比較可能なデーターはまったく収集されていない。もっともなように聞こえるが、これはすべて後から説明がつくようにつくられたモデルなのだ。クモが増えたり、枝から枝へと張り巡らされた大きな巣が長く保たれるようになったのは、本当に森を飛行中に巣を突き破っていた鳥がいなくなってしまったからなのだろうか。

意外とこの問いはそれほど間違っていない。円網(えんもう)をつくるクモの多くは、白い絹でき

（5）ヨーロッパやアメリカの北東部の岩の多い海岸に棲む。ヨーロッパでは食用とされる。

た螺旋状かX(エックス)の形をした芸術的な形成物で自らの巣を飾っている。ほとんどが巣の真ん中に収まっているこの構造を、学者たちは「スタビリメンタ（Stabilimenta）」と名づけた。

グアム大学の生物学者アレクサンダー・カー(6)は、グアムのクモの巣には、このスタビリメンタがほかの生活圏に比べてずっと少ないという印象を受けていた。彼は、二年間という時間をかけてArgiope appensa(7)という大きなクモがつくった一一九五の円網を調査した。比較データを集めるため、グアムだけではなくヘビのいない隣の島、ロタやサイパン、ティニアンの島々もさまよい歩いた。彼がクモの巣を探したおかげで、実際驚くべき事実が明らかとなった。ロタ、サイパン、ティニアンではすべての巣の約半分に絹のスタビリメンタがあったのに対し、グアムのそれはせいぜい一六パーセントにしか満たず、これまでに世界で行われたArgiope種の円網調査の中ではかけ離れて低い値を示していたのである(*4)。

絹製作のために、クモは非常に多くのエネルギーを消耗する。使用済みの巣を食べてリサイクルをするほど、この原料は彼らにとって価値あるものだ。絹のスタビリメンタの機能については専門家たちの間で多くの議論がされているが、実験で証明されているのは、提議されているさまざまな解釈の中でもたった二つしかない。スタビリメンタは紫外線を反射して獲物となる昆虫を巣へおびき寄せると同時に、鳥が巣を突き破らないための警告のしるしとしても働いているというものである。研究の結果、鳥は飛行の際、可能であればクモの巣を避けることが確認されている。というわけで、目立ちやすい象形文字のよう

（6）Alexander Kerr。現在、エール大学の生態学部および進化生物学部教授。
（7）円網をつくる熱帯産のクモ。庭などによく見られる。

な白い絹の飾りがついた巣は、スタビリメンタがない捕獲網よりも長持ちすることが証明されているのである。(*5) 高層ビルや煙突についているランプと同様、ジャングルの航空交通における一種の信号灯というわけだ。

しかし、鳥がいないのであれば、クモは巣を突き破られるのを防ごうとエネルギーを激しく消耗する意味がなくなる。アレクサンダー・カーの仮説にはまだ厳密な証拠が欠けているが、肉食獣不在の島に棲む鳥が飛行能力を失ったのとまったく同様、円網をつくるクモの警告灯も、鳥がいなくなってどうやらエネルギー節約政策の犠牲となったようだ。

伝線はまだ続く。森林鳥の絶滅は植物界にどのような影響を与えるのだろうか。多くの植物は、コウモリや鳥がその実や種を食べ、遠く離れた所まで運んでいったことによって広がってきた。森林内の種の構成は、鳥がいなくなっておそらく変化するだろう。その最初の徴候はもうすでに認められている。おそらく、ひょっとしたら、もしかして……グアムでの出来事は、生物の相互関係に関する知識がいかに重要であるかを示している。構造が一度妨害を受けたり崩壊してしまったりすれば、そこで受けるのは過去の怠慢の報いだ。生態系の反応を理解したいと思ったとき、以前は重要でないと思われていた、そして今日ではもう集めることのできなくなってしまったデータが足りないことに突然気づくのだ。手元に残るのは、推測、類推、そして証拠のない主張でしかない。

## 二　甘露の森で

ニュージーランド、ネルソンレイク国立公園[8]に横たわるロトイティ湖。保護課に勤務する公園警備隊員の一人であるリンズィーが、一つのグループを北岸のノトファグス(Nothofagus)の森へ案内していく。半ズボンに警備員のユニフォームといういでたちの三〇代半ばの好青年は、男盛りのころのマイケル・ケイン[9]みたいだ。大きなナンキョクブナ[10]の木の下で、彼は数種のブナの木など、この森に育つ主な樹木について説明する。

「みなさんがもし一九七〇年代にここを歩いていたら、ヤドリギ、それもニュージーランドのヤドリギがたくさん生えているのをご覧になれたんですけどね。あちこちの木からぶら下がっていたんですよ。残念ながら、今ではもう存在しません。フクロギツネ[11]による害がひどかったせいです。フクロギツネは、ヤドリギをすべて食い尽くしてしまったのです。実は、ここにはラタ[12]の木があったんですが、それもクスクス[13]の大好物だったために今はなくなってしまいました」

ニュージーランドの環境保全局(DoC)[原注1]のある職員が、オーストラリアのフクロギツネのことを毛皮に入ったチェーンソーだと言い表したことがある。フクロギツネがよりによ

（8）ニュージーランド南島のニュージーランドサザンアルプス北端にある、広さ10万 ha の国立公園。1956年に設立。ロトイティ湖とトロロア湖を囲む。

（9）Michael　Caine。イギリスの俳優。映画『ハンナとその姉妹』で、1986年にアカデミー助演男優賞を受賞。

って人々のお気に入りである赤い花を咲かせるラタを破滅させてしまうことを、ニュージーランドの人々は不快に思っているのだ。今では、フクロギツネは全国に広がっている。推定棲息数六〇〇〇万匹という有袋動物の一匹一匹が、たった一晩に三〇〇グラムの葉や花、つぼみ、果実を食べ、全部合わせると毎晩毎夜コンテナ船がいっぱいになるほどだ。排出物を分析した際、学者たちはサンプルのほぼ半分に植物だけでなく大きな昆虫やカタツムリの残骸も含まれていることを発見した。一九九一年以来、鳥の巣が日夜ビデオカメラで監視されているおかげで、以前は完全な草食動物だと思われていたフクロギツネが、さらに鳥やその卵、ヒナまで食べることも分かっている(＊6)。

いつのころか、最初のスズメバチが森へやって来た。それまで、歴史は普通の図式通りに展開してきた。輸入された動物種が国産の動植物群を食べる、というものだ。だが、ヨーロッパから移入してきたスズメバチ二種は、森の生物群集をこれまでとまったく異なるやり方で侵害した。それは、生物の相互関係がいかに複雑でありうるか、そして表面は安定しているように見えるシステムがいかに傷つきやすいかを証明している。

晩夏のアンズケーキにまとわりつく私たちの古い知り合い、Vespula germanica(14)とキオビクロスズメバチ(15)は、一九四四年にニュージーランドに到達した。当時、ハミルトンの空港で受胎した女王スズメバチが数匹軍需用の箱から這い出した。そこは地上の楽園だった。ニュージーランド南島ほど、高密度にヨーロッパのスズメバチが群がっている所は世界の

(10) オーストラリアのタスマニア島に温帯熱帯雨林が存在する。南極で化石が発見されており、現在は南アメリカとオーストラリアに自生。

(11) 有袋目クスクス科。夜行性で木の上に棲む。

**●ニュージーランド、1997年**

フクロギツネによる被害や生産欠損は、毎年4,000万から6,000万ニュージーランド・ドルに及ぶ。[原注2] それを駆除するための費用として、また別に年間4,800万ニュージーランド・ドルが必要とされている。さらに800万ニュージーランド・ドルが、フクロギツネの影響や生活様式、駆除方法の研究に費やされる。

フクロギツネはまた、農場のウシやシカを襲う家畜の病気、いわゆる「ウシの肺炎」の主な媒介でもある。ニュージーランドのクスクスの個体群の23%は、「ウシの肺炎」に感染している。

ニュージーランドの家畜衛生委員会[16]によると、この病気のために肉や乳製品の摂取が制限されることになれば、年間25億ニュージーランド・ドルの被害が発生するかもしれないということである。[*7]

(12) ニュージーランド固有の樹木。ノーザンラタ、サザンラタなどの種があり、高さは25～30m。赤や白の花を咲かせる。

(13) 有袋目クスクス科の哺乳類の総称。大きさはネコぐらいからキツネ大。ニューギニア、オーストラリアなどの森林に生息。樹上性。

(14) 世界中に最も広がっている食肉スズメバチ。ヨーロッパ、アメリカ、南アフリカ、オーストラリア、ニュージーランドなどに分布。働きバチは12～17mm、女王バチは17～20mm。

(15) クロスズメバチ属。体は比較的小さく、一般的に攻撃性は弱い。日本にも生息。

(16) ニュージーランドの「ウシの肺炎」根絶を目的とする団体。様々な農業関係団体や地方政府から成る。

**(原注1)** Department of Conservation。ニュージーランドの自然および歴史的遺産を保護する政府機関。

**(原注2)** 1998年10月現在のニュージーランド・ドルは約0.90マルクに相当。

どこを探してもほかには見当たらない。ところが、ここで彼らがブンブンと群がり集まるのはベーカリーのショーウインドウだけではない。

「この森がどんなに静かか、聞こえますか」と、リンズィーが尋ねる。

「ここは本当に静かです。あのブンブンと鳴る羽音がしていますね。静かにしていると、聞こえてくるのはスズメバチの羽音だけです。……そう……」

リンズィーは当惑している。言葉を探しているのだ。

「本当に……一九七〇年代に入るまで、スズメバチの問題なんてここには全然なかったのに。一九六〇年代半ばにここでスズメバチを見た者なんて一人もいなかったんですよ。こんなに短い間に……信じられないことです。このハチは、マールボロ地帯(17)からこちらへ下りてきたようです。ここのお年寄りたちに聞くと、この森の鳥のコンサートはそれは幻想的だったと言います」

ほかの者はうなずく。リンズィーは、以前ここに棲んでいたが、今は消え去ってしまった鳥の種を数え上げる。

「ここにはサドルバック(18)やワライフクロウ(19)、そして何よりも、私に言わせるならば世界で一番すばらしい鳴き声をもつカカポが棲んでいました。しかし、この三〇年間、南島全域ではもう一羽も目撃されていません。みんな、いなくなってしまいました」

グループのみんなはしょんぼりと沈み込む……環境保全局（DoC）が再度放とうとして

(17) ニュージーランド南島の北端に位置する入江が美しい一帯。

(18) Saddleback。ニュージーランド固有の中型の鳥。２亜種がある。

(19) ワライフクロウ属。ニュージーランド固有の絶滅種。

フクロギツネ

いる鳥についてリンズィーが説明をし始めるまで。彼は、一〇年、一五年後に、ここで再び鳥のコンサートが聞けるようになればと願っている。

ネルソンレイク国立公園の山の傾斜に立つナンキョクブナ属の森は、「ハニージュー・フォーレスト（甘露の森）」と呼ばれている。このメルヘンチックな名前の陰に隠れているのは世俗的な現実だ。そう、植物に寄生している虫のことである。多くの樹木の皮に無数のカイガラムシ[20]（Ultracoelostoma assimile）が巣くっている。それらは木々の給水路に穴を開け、糖分をたくさん含んだ植物液汁を吸い取る。そのメスは、普通の昆虫とは体格をまったく異にする。それはまさに大食・生殖マシーンで、足もなく触角もなく、ほとんど見分けのつかない丸いいぼが木々の皮に付着しているのみだ。そして、一度くっついた場所からはもう離れることができない。

そのメスの後半身からは三、四センチの長さの細い糸が垂れ下がり、その先に小さな滴がぶら下がっている。誰もが欲しがる、砂糖のように甘いハニージューだ。アリに搾取・保護されている中央ヨーロッパのアブラムシのように、これらのメスもものすごいエネルギーを含んだこの液体を休むことなく分泌する。ドイツでシナノキ[21]の下に車を停めたことがある人なら、この現象のことも、夏、そこにどれほどの甘露が滴り落ちるかもよく知っているだろう。

甘い分泌液の一部は樹皮の上へ滴り落ち、そこで真菌類の養分となる。かさぶたのよう

(20) カメムシ目のカタカイガラムシ科・マルカイガラムシ科などの昆虫の総称。
(21) シナノキ科の落葉高木。山地に自生。高さ10m に達する。花は薬用。

なその黒い外殻は、厚い毛糸のセーターのように幹をくるんでいる。それを見れば、寄生虫がついている木はすぐに見分けがつく。よく観察してみると、空中にちっぽけな釣り糸を垂らしているかのように、真菌類で一面に茂る樹皮から無数のカイガラムシの糸が突き出ている。

この真菌類には、たくさんの栄養が含まれている。そこは、真菌類やその養分となる甘露を食べる小動物、あるいは、キノコに覆われた樹皮の中に潜む数多くの隠れ家へ単に避難してきたりする無数の小動物の生活圏だ。そして、これらの昆虫がまた別の動物の餌となる。この森に棲むさまざまな種のゲッコーや鳥は甘露を飲み、真菌類を食べ、それに集まってくる昆虫群をつっつき食べる。

ということは、もしかしてこの樹木寄生虫は、自分の宿主の栄養分を奪い、宿主に害を与えているのではないだろうか。ところが実際には、このシステムに属する部分部分がすべて集まって一つの完璧な総体を形づくっているのである。つまり、こういうことだ。寄生虫が真菌類を繁殖させる。その真菌類は昆虫や鳥をおびき寄せ、排泄物を幹のそばに落とさせる。キノコの一部がはがれて地面に落ちる。円盤のように平らに広がる根で薄い地層に爪をたてて傾斜地に地すべりが起こるのを防いでいる山林の木々は、土壌に生きる生物体の助けを得ながら、自分自身の葉や動物の排泄物やその屍骸、真菌類の断片など、根が吸収することのできる範囲に入り込むすべてのものを活用しているのである。この森に棲む多様な生物体という副産物に恵まれた、自ら我が身を再興するすばらしい循環システムだ。このシステムは、このようにして何千年もの間にわたって機能してきた。そう、スズメバチがやって来るまでは……。

イタチやシカ、ネコ、フクロギツネは、鳥や植物を食べる「だけ」だった。森は静かになり、そして貧しくなっていった。しかし、それらはこの森に流れる生命の動脈にまで行き着くことはなかった。スズメバチがやって来ると、ついにそれが変化した。スズメバチは糖分に対して抑制できない情熱をもつ、非常に効果的に昆虫を追いかける猟兵だ。甘露の森は、スズメバチにこの両方を供給していた。リンズィーは説明する。

「スズメバチは、ひどい年には甘露を全部自分のものにしてしまいます。トゥイやスズドリ(22)やカカ(23)は何も得ることができません。しかし、鳥にはこの糖分が必要です。彼らにとって、それは大切な炭水化物の塊なのです。鳥が冬を迎えるためにはそれが必要なのです」

スズメバチはこの甘露の大部分を消費してしまい、森という組織全体を脅かしている。森がなくなれば、山で地滑りが起こるかもしれない。荒涼として険しいニュージーランドの山岳地では、その危険が非常に高い。森を歩けば至る所で出くわす深い傷跡が、土砂崩れの激しさを証明している(*8)。

環境保全局は今、よそから来た肉食生物のこれらの有害行為を何とか阻もうとしているところだ。広さ八〇〇ヘクタールの地域から、クスクスやイタチ、スズメバチが抹消され

(22) ニュージーランド固有の種。北島での減少が特に著しかったが、最近では都市周辺で見かけることができる。

(23) オウムの一種。ニュージーランド固有種。臆病な鳥で、人けのない所に棲む。

ることになった。この森を快復させなければならないのだ。昨日、かの有名なイギリスの自然フィルム製作者デイヴィッド・アッテンボロー卿[24]が、熱い口調でロトイティ湖自然回復プロジェクトの開始を通告した。リンズィーには分かっている。彼や彼の同僚を待ち受けているものが何であるのかを。

「スズメバチです。これが、私たちにとってもっともコントロールしにくい肉食生物になると思います。小さくて、ものすごく敏捷です。そうですね……これは本当の意味においての挑戦になると思いますよ。最大の問題は、このスズメバチのコントロールです」

## 三　シラカバとニセアカシア

新しくやって来た動植物種は、ここヨーロッパでも定着した場所の生活条件を変化させている。それに気づくのは大抵の場合専門家のみだが、明日やあさっての風景は、新帰化動物や新帰化植物のせいで確かにその外観が異なってしまう。もちろん、大異変という言葉を使うまでには至らない。被害と称するかどうかも見地いかんだ。ヨーロッパの状況は、ニュージーランドやハワイのそれとは遠くかけ離れている。それとも、あちらの人々は敏

(24) David Attenborough。イギリスの博物学者・映画製作者。著書に『植物の私生活』（門田裕一監訳、山と渓谷社、1998年）などがある。

感なのだろうか。この分野の冷静な有識者は、価値判断と科学的分析をきちんと区別するように切に警告しているが。

ここでは、例となりうる多くの動植物の中から、具体的に一七世紀初頭にヨーロッパへやって来た北アメリカの樹木、ニセアカシア(25)（Robinia pseudacacia）を選び出した。長い順応期間を終え、今では新帰化植物性樹木の中でもっとも大きな成功を収めた樹木へと成長している。ベルリン圏では、そこに育つ全樹木種の中で第五位を占め、それを上回るのはノルウェーカエデ(26)、セイヨウカジカエデ(27)、シルバーバーチ(28)（シラカバ）、そしてイギリスナラ(29)のみとなっている。ニセアカシアは町中の休閑地や緑地にも見られるし、森の中でもばったり出くわす。姿が見えないのは湿気の多い地帯、よそ者のいない最後の国産樹木専用の土地のみだ。(*9)

ニセアカシアは非常にやせた土地でも成長し、乾いた場所に茂りやすく深い粘土を好むが、砂や荒石の破片、砂利の中でも問題なく成長する。このような好みをもつことから、ニセアカシアは国産のシルバーバーチ（Betula pendula）のライバルとなっている。

植物が新しい産地に定着するときには、生態学者が「遷移（succession）(原注3)」と呼ぶプロセスが始まる。もともとがむき出しの休閑地といったような場所では、そこを覆う植物は恒常的ではなく、多少安定した中間段階が過ぎるとゆっくりと最終状況へ発展していき、この辺ではほとんど常に森林群が形成される。

(25) ハリエンジュ。マメ科の落葉高木。北アメリカ原産で、高さ15m。公園樹、また砂防・土止めに植栽。材は器具用。

(26)「ヨーロッパカエデ」とも呼ばれる。ヨーロッパ・コーカサス原産。高さ20〜30m。ヨーロッパで街路樹に多く用いられるが、造園用の品種も数多い。

**●チリ、1983年**

帰化したカイウサギが植物界を利用する度合いは、地方種であるデグー(30)という国産の齧歯類よりも明らかに集中的である。チリの研究者たちはいろいろな栽培植物を植え、カイウサギと国産の齧歯類が1年後に何を残したかを調査した。デグーは自分の巣のすぐそばに生えている潅木の苗しかかじっていなかったのに対して、カイウサギの活動半径はもっと広く、デグーよりも多くの苗を枯死させていた。

研究者たちは、中央チリにある独特の植物共同体マトラル(原注4)にあまり消化のよくない潅木の種が次第に入り込んできて、もともと育っていた植物は互いの間隔が広がってバラバラになってしまうと恐れている。(＊10)

(27)葉形が桑に似た、庭樹、公園樹、街路樹などに用いられるカエデ。ヨーロッパ南部や西方アジアに分布。イギリスでは海岸防風林用に植えられている。

(28)シラカバの一種。北半球の温暖な地域から亜北極地域に広がる。成長が早く、高さは25～30m。

(29)ブナ科、ナラ属の落葉樹。ヨーロッパから小アジアの北部に分布。冬が暖かく、湿気の多い気候を好む。高さ30～40m。

(30)Degu。齧歯目、テンジクネズミ亜目、デグー科。ペルーのアンデス地方西部、およびチリ中部に分布。体重180～300gのモルモットに近い種。

(原注3)ある土地の植物群落が、多かれ少なかれ規則的に不可逆的に変っていく現象。例えば、湖がしだいに陸地化したり、休閑地が森林で覆われたりすること。

(原注4)南アメリカの特徴的な一種のブッシュ・サバンナ。

新帰化植物のニセアカシアも、国産のシルバーバーチも、いわゆるパイオニア種だ。一番手として空地に定着し、乾いた草地が支配する植物界から樹木が繁茂する土地への移行を開始する。ほぼ四〇年にわたってほとんど妨害なく遷移が進んだベルリン市内の休閑地では、この両種はもっとも頻繁に見られる樹木種である。そして、主にニセアカシアが林立する林と、主にシラカバが林立する林は同じ土壌に密接して立っている。この二つの樹木種の遷移の進み具合を比較するには、このような状況から進展が始まるのはまさに理想的だ。

植物学者のインゴ・コヴァリクは、そのような比較を五〇ヵ所以上の調査地で行った。(＊11) 一瞥しただけでも格段の差に気づく。シラカバもニセアカシアもだいたい同じくらいの密度で成長する（一ヘクタール当たり約九〇〇本）が、ニセアカシアの樹梢はシラカバに比べてかなり広い平面を覆っている。国産の森林群が、これくらいの密度の林分(31)に達するにはもっと長い時間を要する。

植物界の先々の発展にとって決定的となるのは、木の下での出来事だ。ニセアカシアは樹梢が大きい分、それが落とす陰も大きくなる。その下で成長する植物種は、シラカバ林の中よりも少ない光で間に合わせねばならない。そして、これが種の構成に反映する。

だが、ニセアカシアがもつもう一つの特徴が与える影響はそれよりさらに大きい。この木はマメ科の植物、つまり共生根瘤菌（こんりゅう）の助けを借りて大気中の窒素を活用できる植物で

(31) 樹種・樹齢・生育状態がほぼ一様で、隣接のものとは林相が区別される森林。

ある。ニセアカシアはやせた土地の栄養素を増加させ、そしてニセアカシアのこういった前準備なしではほとんど定着のチャンスをもたなかったであろうイラクサ[32]やニワトコ[33]、クレマチス[34]、ヒイラギナンテン属やスモール・バルサム[35]（ホウセンカ）などの、一部はやはり新帰化植物からなる特徴的な付随植物群を周りに群がらせる。いろいろな樹齢段階で比較してみると、このような発展はニセアカシアの侵入から数年後にはもう始まっていたことが分かる。

ニセアカシアなしではどうなっていたか。これは、シルバーバーチの下に育つ植物を見れば分かる。そこに生えているのは多くの草で、大部分はシラカバ定着以前の遷移段階に生え始めたものだ。栄養分が不足しているので、種の交替は遅々として進まない。

シラカバとニセアカシアは、森林のパイオニアである。何の妨害も受けないまま発展が続けば、それらはいつかもっと高く成長するほかの樹木種に押しのけられてしまうだろう。インゴ・コヴァリクが調査をした土地にも森ができ上がるに違いない。どんな層の雑草が成長しているかを見れば、どの樹木がその土地を引き継ごうとしているかが読み取れる。ここでも、ニセアカシア林が取って進む発展進路は、シラカバ林とはまったく異なることがはっきりしている。

発生する木立の記録には、まずは驚くようなことは何も見当たらない。シラカバ林の中でもっともよく見られる樹木はシラカバだし、ニセアカシア林の中ではニセアカシアだ。

**●ハワイ**

ファイヤーツリーのMyrica faya(36)は、大西洋のアゾレス諸島（ポルトガル領）を原産とするいわゆるヤマモモ属の一種である。ポルトガルからの移民が、19世紀の終わりにハワイへ持ち込んだ。この植物の共生生物は、空中の窒素を利用するフランキア(37)（Frankia）という真菌類である。

地面からの供給に頼らなくてもよいので、ハワイでは火山国立公園に見られる極端に窒素の少ない新しい溶岩流や灰の堆積層に定着した。そこでは似たような植物はこれまで存在せず、ファイヤーツリーはスクスクと育った。その分布を担当しているのは鳥、特に帰化した数種の鳥だ。

ファイヤーツリーは毎年１haにつき18kgの窒素を地面に添加しているが、これはシステム全体を根本から変化させるのに十分な量である。貧弱な土地でしか競走に耐えることのできなかった国産種は、移入してきた種に押されるばかりだ。独特だった植物群落は、まったく新しい展開を始めている(*12)。

(32) イラクサ科の多年草。山野の陰地に自生。高さ数十cm。茎皮から繊維を採取、糸や織物の原料とし、また若芽は食用、美味。

(33) スイカズラ科の落葉大低木。高さ３～６m。茎葉および花は生薬。

(34) キンポウゲ科の鑑賞用つる性多年草。広くはキンポウゲ科センニンソウ属植物で、つる性で世界の温帯に約250種が分布。

(35) ホウセンカの一種。中央アジア原産。

(36) ファイヤーツリーの一種。高さ3.5～4.5m。アゾレス諸島やマディラ、カナリア諸島が原産。

(37) フランキア属の微生物。カバノキ科など、主に樹木に宿る。

自然な若返りの結果である。だが、シラカバ林が長い間まばらなままであるのに対し、ニセアカシアの林には厚い潅木の層が形成される。シラカバ産地に比べると、そこに生育する樹木は一五倍も多く、個々の喬木がほぼ四倍、潅木類だけを見ると六〇倍にもなる。(*13)

高くそびえる多くの喬木の中でその土地をいつか支配するチャンスをもつのは、ニセアカシアより低い間は日陰に耐え、だが結局はニセアカシアを追い越して押しのけることができるほど大きく育つものだけだ。その可能性をもつのは、たとえばオーク、トネリコ、数種のカエデなど、ほんのわずかな樹木種のみである。それらは、シラカバの中よりもニセアカシアの中に多く見られる。ということは、ニセアカシアは自分自身の没落を促進しているのだろうか。自分のいる場所がなくなってしまう森林群に向けて遷移を加速しているのだろうか。この問いに対する確定的な答えはない。

「ベルリンのニセアカシア林では、潅木はこれまでまだニセアカシアの現在数を追い越していないのだ」(*14)

樹木種の個体群動力学を学ぼうと思ったら、辛抱に辛抱が必要だ。一人の研究者の一生では短すぎる。ベルリンの休閑地にあるニセアカシアの森は、四〇年経った今、やっと子どもの年齢を抜け出したばかりだ。しかし、数多くの徴候から、ニセアカシアはそう簡単には消えないだろうと推論されている。たとえ、これから発生する森の中で脇役しか演じられないことになっても、ニセアカシアの高慢なパイオニア気取りはこの先もまだまだ多

**●ニュージーランド、1997年**

ニュージーランドに新しく入ってきた植物には、いわゆる苗床（なえどこ）植物（nursery　plants）として国産の植物界にとって大変有用となるものがある。もっとも、何もせずに放っておいたのではやはり話にならないが。ヨーロッパのハリエニシダ(38)やよく非難の的となるモントレーマツ(39)の育ちがとくに良いのは、ずっと以前に伐採された傾斜の上である。昔そこにあった原始林は、自力では再生できない。この二つの樹木に守られて回復していくのだ。

このような展開を成り行きにまかせておくと、ゆっくりとではあるが高く成長する国産の木々が台頭することも可能である。しかし、そのためには、マツ園を所有する材木会社とはまた違う処置をとる必要があろう。何にしろ、彼らが後に残していくのは、巨大な爪楊枝のような木の幹がゴロゴロと転がる寒々とした耕地だけなのだから。

それでも広大なマツ造林地は、少なくとも国産の森が背負っていた重荷を取り除いてくれた。いまや、この国は残存原始林を伐採しなくとも材木を輸出できるまでになった。残るは、ニュージーランドの国産の森を切り倒しているのは毛皮に入ったチェーンソーだけだ。

(38) 蝶型花冠を有するマメ科の植物。黄色い花をつけ、とげのある観葉植物。ヨーロッパ、北アフリカに分布。

(39) Pinus　radiata。カリフォルニア原産。チリ、オーストラリア、ニュージーランドなどで植林されている。成長が早く、木材や紙の原料に利用。

くの土地で立証することができるだろう。

別の種類の森が育ちやすいのは、その中にニセアカシアが含まれていようがいまいが、ともかく国産のシラカバの後継地よりも、真の意味でニセアカシアが土地を整えてきた場所だろう。シラカバの方は、おそらくブランデンブルクの典型といえるマツ・オーク集合体に進路を開いてやると思われる。それに反してニセアカシアは、以前栄養素が少なかった土地に比較的要求の多い混合闊葉樹（かつようじゅ）の森を発生させることもありうる。(＊15)

ところで、このような発展はベルリンというシティビオトープの特性なのだろうか。それとも、遠い田舎でも同じようなことが起こるのだろうか。コヴァリクがニセアカシアを研究したのは、主に山林学的な理由から植林が行われていたブランデンブルクだった。彼の結論によると、そこでもニセアカシアは「長い目で見れば生態系の発展に影響を与えることになると思われる。ニセアカシアは、ブランデンブルク郊外の自然に密着した土地で今も勢力を伸ばし続けている」(＊16)のだ。

## 四　足りないウジ

ニュージーランドにやって来た多くの侵入植物と同様、「老人のあごひげ(40)（old man's beard)」のキャリアも害のない庭園植物として始まった。白い花を咲かせるそのつるで、

(40) クレマチス。キンポウゲ科のどこにでも生育するツル性多年草。つるは8m以上にも伸び、7月から10月にかけて5cmくらいの白い花を咲かせる。

この植物はアーケードや家々の壁を、勤勉な庭園の持ち主なら誰もが夢見るような素敵な光景に変えてくれた。しかし、そんな庭を「老人のあごひげ」はとっくに抜け出した。いまや、至る所で高々と木々にからみながら空気や光を奪い取り、火を消す毛布のごとく、生い茂る花や葉で樹木を窒息させている。そして最後には、壮観なまでに茂る緑の真ん中から、枯死した木々の骨だけとなった殺伐な姿がそびえ立つのだ。一九八九年および一九九〇年以降、五〇〇万マルク以上が侵略者と成り果てた庭園植物の研究や駆除のために飲み込まれている。(*17)

「老人のあごひげ」は、ドイツでは「ゲマイネ・ヴァルドレーベ（普通のクレマティス）」と呼ばれている。ヨーロッパの一部に国産とする地域があるのみで、ここドイツでは新帰化植物として見なされているが、それでも一六世紀にはもうすでに栽培されていた。この植物は、この辺でもやはり密生するいわゆる苞膜(ほうまく)(41)集合体を形成して、国産のつる植物を閉め出してしまうことがある。(*18) Clematis vitalba という学名をもつこの植物は、ニュージーランドでは今日最悪のペスト植物と見なされている。ほかでは、どんなに貪欲な草食動物も「老人のあごひげ」だけはまったく興味がないと見える。

アメリカ合衆国もまたある攻撃的なつる植物に襲われているが、ここでも無数にいる草食動物は、誰も自分がその担当だとは思っていないようだ。ニュージーランドとアメリカ南部に位置する州の光景は、見まちがえるほどよく似ている。日本産のクズ（Pueraria

(41) シダ類の胞子嚢(のう)群を被う薄膜。

Lobata）は、一九七四年、ある雑誌で「アメリカ南部を食べるつる植物」と名づけられた。ダイズと近縁のクズは、東アジアではもっとも古い繊維作物の一つで、これらから縄や網がつくられる。アメリカへ持ち込まれたのは一八七六年、侵食予防のためだった。今日では生い茂るクズを再びコントロール下に置くため、それに対抗できる生物が必死になって探されている。クズは、電柱を倒し停電を引き起こし、交通標識、橋、駐車してある車や空き家、そして「眠っている酔っ払いにまで（南部の言い伝えによる）」覆い茂っている。(＊19)

ご自分の庭を誇りに思っていらっしゃるあなたは、もしかしたら、今ある恐ろしい疑惑を抱くようになっているかもしれない。誰かが、あなたの愛するエキゾチックな植物をウジだらけにしてしまおうと企んでいる、とひよっとしたら思っていらっしゃるのでは。そんなことになれば、色とりどりの花がなくなって、庭の眺めは疑いなくはるかにつまらないものになってしまうだろう。

そういったウジをここで取り上げることも、私たちが扱うテーマの重要な観点からそれほど外れるわけではない。それとも、お宅のレンギョウ(42)にこの恐ろしい小さな大食マシーンが這っているのを見たことがおありだろうか。どんなケムシや幼虫でもいい、あるいはあなたの可愛い植物をほかの植物同様あちこち食べ尽くし、かじりまわって葉を骨だけにしてしまう、そんな鍛え抜かれた昆虫を見たことがおありだろうか。そう、まさにここが

(42) モクセイ科の落葉低木。中国の原産。古くから鑑賞用に栽培され、高さ約2mぐらいまで成長する。欧米では、これらの園芸品種を多く栽培。

問題なのだ。

もう一度シルバーバーチとニセアカシアに話を戻して、それらの無言の対決が動物に及ぼした影響を見てみよう。同一産地に新帰化植物のニセアカシアが国産のシラカバ以外の森を発生させると、その影響は別の動物界、とりわけ草食動物レベルにも現れる。多くのベジタリアン動物は、極端な場合、たった一種の植物しか食べない専門家だ。その植物がなくなれば、それを食べて生きている動物もまたいなくなる。ニセアカシアの後に続く混合闊葉樹林はシラカバ林から生まれるマツ・オーク林よりも植物種に富んでいるので、その動物界もまた種が豊富であると思われる。

ニセアカシアの後に発生する集合体について思弁（しべん）するのは、ひょっとしたら無意味なことかもしれない。なぜなら、そうなる前に価値あるニセアカシアの木を人間が洋服タンスや棚に加工してしまうのでそんな集合体はどこにも存在しないし、ひょっとしたらどこにも現れないかもしれないからだ。現存の若いニセアカシアの森に関する調査によると、この森に対して発行された動物生活圏としての証明書はまったく悪いものではなさそうだ。インゴ・コヴァリクが調査したベルリンの林の中には、隣のシラカバ林よりも多くのオサムシ科(43)やクモの種がうごめいている。(*20)また、ザールラント（ドイツ南西部の州）では、ニセアカシアが豊富な森にはこの木が少ない森と比べて多くの種の孵化鳥が棲んでいる。(*21)

だが、生物群集の価値について考えるとき、判断基準は種の豊富さ一つにかぎられるわ

(43)比較的大形の甲虫類の総称。体は細長い。大多数の種は飛行不能のため、地域分化が著しく、日本でも40種近くを認める。成虫、幼虫ともに肉食。

けではない。もしそうであるならば、私たちは安心してすべての湿原を枯渇させてしまってもよい。なぜなら、湿原というのは非常に特種な、それゆえ極端に種が貧しい生活圏だからだ。ところが、実際は逆である。ドイツでは、ほとんどすべての湿原が厳しい保護下に置かれている。まさに、そこに棲む植物や動物がそれほど特種だからこそ、多大な費用をかけた灌漑対策でもって多くの湿原が干上がってしまうのを防いでいるのだ。数こそ多くはないが、棲んでいる所はここだけなのだから。どこにでも同じ種が豊富にいるというのも、逆にいえばまた貧弱なのだ。数だけではなく、何よりもすべての「綱」[44]を保護することが自然保護である。

というわけで、問題はどれだけの種が一つの地域に生きているかということだけにかぎらず、何よりもどの種が生きているかということにもかかわってくる。ニセアカシアが定着して長い時間をかけて森に変化していく乾いた砂地の草原は稀少かつ危険にさらされているビオトープであるが、そこに生きるのもそれ相当に稀少かつ危険にさらされた種の共同体である。シラカバの下では、これらの種はまだまだ長く存在することができる。それに引き換え、ニセアカシアの場合はイラクサやニワトコなど広く分布している植物種を自分の下に引き寄せ、さらにまたこれらが広く多く分布している動物種を呼び寄せる。専門家の集まりだった小さな集合体は、万物の種がたくさん集まった大きな共同体へと変身してしまうのだ。

(44) 生物分類上の一階級。「門」の下で「目」の上。哺乳綱、鳥綱、爬虫綱など。

(45) Wolfgang　Kolbe。(1929～2000) 生物学者・昆虫学者。ヴッパータールにあるフールロット (Fuhlrott) 自然博物館の元館長。

ニセアカシアは、たくさん存在する新帰化植物性樹木の中の一つでしかない。昆虫学者のヴォルフガング・コルベ(45)は、ヴッパータールの町（エッセンの南東）の近くにある国有林ブルクホルツで、約三〇年前につくられた四つの営林地を調査した。(*22) 二つはそれぞれ、ブナとドイツトウヒの国産樹木の単一林だった。三つ目の林も単一林だったが、そこに成長していたのは Thuja plicata、つまり北アメリカの西部を原産地とする四〇メートルにも達する高い喬木のアメリカネズコ(46)だった。四つ目の土地はオモリカトウヒ(47)、アメリカネズコ、セコイア(48)、そして外来のトウヒ種からなる外来混合林だった。

昆虫群を調査する際にコルベが採用したのは、とくに地表に棲息する種を記録する方法だった。彼の調査の結果、両方の国産営林には、一平方キロメートル当たり新帰化植物性森林の三倍から四倍の昆虫が存在していた。

外来の植物が新しく故郷となる土地に広がっていくときは、通常、以前国産植物が生育していた場所や国産植物に発育の可能性がなかった場所に分布する。いずれにしても植物界の構成は変化し、それとともに動物への食物供給も変化する。樹梢に巣をつくる鳥や樹皮の中で餌を探す肉食の昆虫にとっては、巣をつくったり餌を探したりするのは国産の木でも外来の木でも構わない。しかし、特定の植物しか食べない草食動物――通常は昆虫であるが――にとってはこの違いは生存にかかわる問題となる。そして、そのような草食動物にはまたそれぞれ特有の肉食動物や寄生虫が依存しており、さらにそれらにまた別の肉

(46) ヒノキ科ネズコ属。アメリカ北西部に産する。良質の内外装材。
(47) トウヒ属。細い柱のような樹冠が特徴。セルビア、ボスニア、モンテネグロなどの南東ヨーロッパ原産。成長が早く、観葉植物として人気があり、ヨーロッパ全域で生育。

食獣や重複寄生体(49)が依存しているのである。

草食昆虫種も含み天敵が存在しないという問題について、これまで私たちは、害となる分布を妨げてくれる生物は外来種の中にはおそらく存在しないという観点からのみ考察してきた。しかし、植物を食べて生きている動物種、いわゆる第一需要者というのは植物の敵であるだけではなく、食物ピラミッドの中で植物より上にランクづけされているものすべての餌でもある。

伝統豊かなオックスフォード大学のイギリス人動物学者であるケネディ(50)とサウスウッド(51)は、自分たちの国に生育する種々の樹木にどれだけの昆虫が生きているかを調査した(＊23)。その結果を見ると、外来と国産の樹木種の間には顕著な違いがある。国産の樹木には、大抵少なくとも一〇〇種の異なる昆虫がおり、オークやシラカバなどは三〇〇種をはるかに超えている。そして、それらの昆虫が選ぶ樹木の種類は数少ない。

それに引き換え、新帰化植物性樹木の動物集合体はまるで死の館にでもいるようだ。そして、イギリスでトチやクルミ、あるいはニセアカシアの下に生きている数少ない昆虫種は、通常、非常に幅広い食物スペクトルをもった動物たちである。

イギリスの昆虫にいえることは、中央ヨーロッパや世界のほかの地域にも当てはまる。外来植物種が広く分布していること、あるいは特定の生活圏がそれらに支配されている規模について考慮してみると、本当の問題が姿を現してくる。そう、至る所に緑が茂り花が

(48) 杉科の針葉樹。北米西岸に自生。巨木で、100m 以上に達する。極めて長寿で、3,000年を超えるものもある。

(49) ある寄生体に寄生する第二の寄生体。

| 外来樹木種 | 関連する昆虫 | 大英帝国での存在年数 |
|---|---|---|
| セイヨウカジカエデ（Acer pseudoplatanus） | 43種 | 650年 |
| トチ（Aesculus hippocastanum） | 9種 | 400年 |
| ヨーロッパグリ（Castanea sativa） | 11種 | 1,900年 |
| クルミ（Juglans regia） | 7種 | 600年 |
| ウバメガシ（Quercus ilex） | 5種 | 400年 |
| ニセアカシア（Robinia pseudacacia） | 2種 | 400年 |

| 国産樹木種 | 関連する昆虫 | 大英帝国での存在年数 |
|---|---|---|
| コブカエデ（Acer campestre） | 51種 | 5,000年 |
| ハンノキ（Alnus glutinosa） | 141種 | 7,500年 |
| シラカバ（Betula、二種） | 334種 | 13,000年 |
| ハシバミ（Corylus avellana） | 106種 | 9,500年 |
| セイヨウサンザシ（Crataegus monogyna） | 209種 | 7,000年 |
| ブナ（Fagus sylvatica） | 98種 | 6,000年 |
| ヨーロッパアカマツ（Pinus sylvestris） | 172種 | 12,000年 |
| リンボク（Prunus spinosa） | 153種 | 8,000年 |
| オーク（Quercus、二種） | 423種 | 9,000年 |
| ヤナギ（Salix、五種） | 450種 | 13,000年 |

(50) Kennedy。著書に“Mechanisms in Insect Olfactin"など。

(51) Southwood。オックスフォード大学の動物学教授。著書に“Ecological Methods”など。

咲いているが、誰もそれを食べることはできないのだ。庭師が小躍りして喜びそうなものは、国産動物という専門家にしてみればサディストがアレンジした大飢饉に等しい。人間は彼らをうっそうとした植物界で取り巻いてやっているが、そのあごは消化できないものを噛むばかりである。一年間に生産される植物バイオマスの中で常に成長し続ける一部分は、そうして完全な袋小路に入り込む。なぜなら、その上に組織されていくはずの食物連鎖が存在できなかったり、あるいは可能だったとしてもひどく貧弱な形でしか存在できないからだ。

ある特有の栄養を摂取するには、ごく少数の植物種に頼るしかない。それほどの選り抜かれた味を開発するなどというのは、たぶん馬鹿らしいことなのではないだろうか（そうだとすると、人間にしてみても大して変わりはなかったり、ほかにどうしようもなかったりすることがほとんどである。一九世紀のアイルランド人が、宿命的なまでにジャガイモに依存していたことを考えてみて欲しい。何億という人間の生き残りは、全体から見れば驚くほど少数の植物種に左右されていること、あるいはほかにいくらでも食べ物はあるのに、多くの人がわざわざマヨネーズをつけたハンバーガーやポテトで栄養を摂りたがるということを考えてみて欲しい）。食物スペクトルは、できるだけ広く選んだ方がもっと理知的ではないかという気がするが、実はそういうふうに専門化するのも生き残るためのもう一つの戦略にすぎない。そして、これはこの戦略に従っている動物種の数に比べると、非常に成功率の高い戦略である。しかし、それはリスクも負っている。それでも運のよいことに、戦略は変化する可能性もあるのだ。

ケネディとサウスウッドは、ある興味深い傾向を確認している。(*24) 樹木の数が多ければ多いほど、そしてそれがその国に長く存在すればするほど、そこに棲む昆虫種の数もまた大きくなるということだ。これには二つの理由がある。一つには、外来有用植物の後を害虫がいつか追ってくるのと同様、新帰化植物性樹木の場合も遅かれ早かれ新帰化動物性の昆虫がまたその後を追ってくるからだ。もう一つには、時間が経つにつれて、こっちの新帰化植物もあっちの新帰化植物もまずくないことに気づく国産の昆虫が増えてくるからである。

レンギョウの上に横たわっている静けさは、つまりは虚為なのだ。そこでも、いつかウジが見つかるかもしれない。

## 五　フルとムコンボジ――ヴィクトリア湖

「侵入は早く、進化は遅い」
マーク・ウィリアムソン(＊25)

地上最大の熱帯湖、東アフリカのヴィクトリア湖で起こった出来事を目の前にすると、これまで語られてきた話のほとんどは色あせてしまう。多くの人は、それを現代最大の大量死滅だという(＊26)。ここでは、私たちが扱うテーマについてあらゆる面から考えることができる。つまり、絶滅、生態系の完璧な変態、誰のあるいは何のせいなのか分からない救いようのないなぞかけ、経済と自然保護間の利害対立、そして最後に、人間も魚も生態系の一部であるという事実について。

ヴィクトリア湖の中や周辺に漂っていた調和を根底からかき乱すのには、たいした手間はかからなかった。バケツを一つもった男が一人いれば十分だった。この男の名はJ・オフラ・アマラス(52)といった(＊27)。

一九六二年五月、ヴィクトリア湖にはもうすでにナイルパーチ(53)（Lates niloticus）がいるからという警告がとりわけ強く発せられたにもかかわらず、植民地のイギリス人公務員たちはウガンダのエンテッベで三五匹のナイルパーチを放流した。一年後、ケニアのキス

(52) 1954年当時のケニア水産局員。ナイルパーチをヴィクトリア湖に放流した。
(53) スズキ目アカメ科の淡水魚。大型の肉食魚で、アフリカの代表的な食用魚。

ムでトゥルカナ湖のナイルパーチ三三九匹がその後を追ったときにも、やはり同じことが言われた。漁師たちは一九六〇年にすでにこの魚を捕らえていたが、それらがどのようにして湖にやって来たのかは長い間分からないままだった。さまざまな思惑に終止符を打ったのは、一九八六年にアマラスからケニアの新聞〈ザ・スタンダード〉へ送られてきた一通の手紙だった。アマラスからの手紙には、ケニア水産局の元局員だった彼が、一九五四年、上司の代理で自らアルバート湖のナイルパーチをヴィクトリア湖に放ったと書かれていた。

三〇年という年月の間に世界最大の熱帯湖は、七万平方キロメートルと、バイエルンほどもある巨大なナイルパーチ養殖貯水池へと変身した。その目的は、魚のバイオマスの分布を言ってみれば転換させることにあった。重さ七〇キロにもなるこの大きな肉食魚は、この湖に棲む小骨の多い小さな魚シクリッド(54)を大量に食べて、それらのちっぽけな体を経済的にもっと利用価値のある自分の魚肉へとつくり変えてくれるはずだった。シクリッドは、無用のトラッシュ・フィッシュ、つまり「ごみ魚」と見なされていた(*28)。実験は成功したが、その影響については今でもはっきりとした予測が立っていない。

シクリッドは、ある人にとってはトラッシュ・フィッシュだが、動物学や科学を研究している人には逆に最高級の貴重魚である。アフリカにある多くの湖同様、ヴィクトリア湖も法外に豊かな魚群で際立っていた。湖には少なくとも三五〇種が存在し、そのうちの三

(54) スズキ目カワスズメ科の淡水魚。アフリカ、マダガスカル、南・中央アメリカの川や湖に生息する熱帯魚。エンゼルフィッシュもこれに含まれる。

〇〇種はシクリッドが占めていた。ハプロクロミス[55]（Haplochromis）という属が進化する中で花火が弾けるように何百もの種へ、言ってみれば種の群れへと分裂したのだ。この種の九九パーセントは、ヴィクトリア湖に棲む地方種である。地元の人々は、それらを「フル（Furu）」と呼んでいる。

個体群が崩壊したのは、フル種の調査・記録を行っている真っ最中だった。巨大な湖では、驚くほどの適応力をもった未知の新種が絶えず見つかっていた。その多さは、時折学者たちが意欲を失うほどだった。この色鮮やかな小さな魚のあふれんばかりの多様性は、長い間ずっと多くの学者から避けられてきた。これまでの怠慢を取り戻そうとしたのが、進化生物学者のティス・ゴールドシュミット[56]を含む、オランダはライデンの国立自然史博物館のワークグループだった。彼らはタンザニア南部のムワンザ湾で調査を行った。一〇年間で一五〇以上の新種が発見された。ティス・ゴールドシュミットは、彼の著書『ダーウィンの箱庭（Darwin's Dreampond）』にこう書いている。

「最初の数年間こそこの調査は熱狂の中で進んでいたが、その後は、毎週毎週特別な発見をすることに感覚がすっかり鋭くなってしまい、むしろ嘆いている始末だった。一度、私はまだ名前のついていない、しかし奇妙に怒りっぽくて楽天的な、紫色のわき腹と真っ黒な顔をしたオスを水の中へ放り戻したことがある。そのとき私は、新種

(55) シクリッドの一種。体長は15～40cm。50属に細分化される。
(56) オランダの生物学者。ヴィクトリア湖のシクリッドの研究で有名。

を発見するような気分ではなかったのだ。この種のサンプルが、もう一度捕らえられることはおそらくないだろう(＊29)」

今でも未知なのは、この紫色のオスの種だけではない。毎日の漁で湖から引き揚げられるハプロクロミス種の多くは、今日までまったく記録されていないのである。

「ライデンの国立自然史博物館では、ヴィクトリア湖のフルでいっぱいの地下室が、もうとっくに消滅してしまったこの魚を入念に分類・記載するために全人生を捧げてもよいという、野心のない忠実な生物学者を待っている」

ヴィクトリア湖のハプロクロミス種の群れは、その対であるマラウイ湖（アフリカ南東海岸のマラウイ共和国）の群れと同様、現在進行中の進化という他に類を見ない生物学実験である。今日では、三〇〇あるフル種全部がただ一つの「門」、つまり、おそらくあるとき湖へ出ていった原始のハプロクロミスに由来していることが分子生物学調査によって証明されている。これもまた、後々まで影響が続く生物学的侵入だったと見られなくもない。

フルは非常に若い種である。若すぎて、遺伝子に大きな違いを形成する時間がなかったほどだ。とくに、同じ食物を摂取するフルの種同士は非常に類似しており、形態学上は見分けるのが大変難しい。唯一手がかりとなるのは、オスの鱗（うろこ）についている色とりどりの模様である。ところが、異なった食性グループ間には際だった差が見られる。それは、とくに頭とえらにあるが、大きさや体の形にも現れている。微妙に調和しながら、フルは湖の全資源を自分たちの間で分配し尽くしていた。驚くほど多様な適応の形がこれを反映している。

いったいどのようにして、たった一つの「門」からこれほど多様な魚が生まれることになったのだろう。これら全種は、どんなふうに共存しているのだろう。それらはそもそも本当に種と呼べるのだろうか、それとも一種あるいは数種のバリエーションでしかないのだろうか。どの魚も無秩序にごちゃ混ぜになって泳いでいるのに、どうしたら新種の発生が起こりえるのだろう。交雑を妨げ、種を分離している特徴というのは、地理的バリアがなくても個体群の間に形成されうるのだろうか。別の言い方をすれば、論争

ヴィクトリア湖のフル（Haplochromis）（＊30）

- 湖の底の有機ごみ（デトリタス）（原注5）を食べる泥はみ屋（最低13種）
- 藻類はぎ取り屋（最低45種）
- 葉切り屋（？）
- 巻き貝壊し屋（最低10種）
- 動物プランクトン食（最低21種）
- 昆虫屋（最低29種）
- エビ取り屋（最低13種）
- 魚捕り屋（最低130種！）
- 子ども殺し屋（最低24種）
- 鱗はぎ取り屋（最低１種）
- 掃除屋（最低２種）

『ダーウィンの箱庭ヴィクトリア湖』（丸　武志訳、草思社、1999年）より

となっている同所性の種の形成は存在するのだろうか、そして存在するとすれば、それはどのような経過をたどるのだろうか。

徹底的に吸い出したり横から体当たりしたりして口の中で孵化させるフルのメスを驚かせ、その子どもを吐き出させてしまう幼魚食い。このような独特な行動は、どんなふうに形成されるのか。うろこを削ろうとしたとき、それぞれ獲物の右腹あるいは左腹だけしか襲えない左に口のある魚と右に口のある魚は、鱗はぎ取り屋の間でどのように共存しているのだろう。

ヴィクトリア湖の水は濁っていて本当の意味で直接観察するのは無理だが、フルの存在は進化や生態に関する基本問題を研究するにはまたとないチャンスだ。いずれにせよ、一九七九年、オランダの学者たちが研究作業に取りかかった当初はみなそう思っていた。しかし、輸入された肉食魚が、どうしたものか進化生物学者の寵児を腹いっぱい食べてしまった。進化メカニズムおよび生態ニッチの区分調査は、時間と気の滅入る衰退記録との競走となった。一九八〇年代半ば、フルの姿が消え始めた。ティス・ゴールドシュミットやほかの学者たちは、当初、このような変化をなかなか受け入れることができなかった。

「私は、フル種がどのように発生、共存するのかという問いに、非常な忍耐をもって専念していた。そして——後から考えてのことだが——種が消滅してしまったことを

（原注５）死んだ有機物。

はっきりと理解するまでに驚くほど長い時間がかかった。最終的にそのことがほのかに分かってくると、私はそれを悲しくは思ったけれども、奇妙なことに興味深いことだとは思わなかった。私は生態学者から世界でもっとも新しい化石を調べる古生物学者へと変身せざるをえなかったが、これは骨の折れるプロセスだった」

ゴールドシュミットの調査地域であるヴィクトリア湖南東のムワンザ湾に、最初のナイルパーチが現れたのは一九七二年ごろのことだった。ナイルパーチは、湖のウガンダやケニア側に定着し、巨大な湖を南へ移動するのに一〇年を要していた。長い間ムワンザでは、成長を終え、体重が一〇キロを超える魚がほんの数匹見られただけだった。一九八四年、初めて四ポンドもないちっぽけな魚が捕らえられた。その後、一九八五年に若い魚が突然大量に現れた。(*31) それからまもなくすると、魚のバイオマスの八〇パーセントはナイルパーチが占めるようになった。変化は、ものすごいテンポでやって来た。

一九八六年、ティス・ゴールドシュミットは二年の予定でオランダへ帰った。そして、日常の調査は彼の同僚が引き継いだ。ムワンザ湾のフルにとって、それは運命の二年となる。一九八八年にタンザニアへ帰ってきたとき、ゴールドシュミットは湖も、そして人生の数年を過ごした一帯もほとんど再認することができなかった。

「駅前広場には、丸く曲げられた枝と草でできた入れ物にナイルパーチがきれいに包まれていっぱい並んでいた。それらのボールは、もう何千年も前からこんな風につくられていたかのように、ごく当たり前に並んでいた。だが、私はこれまでそんなものを見たことがなかった」

しかし、ここでは大きくておいしい魚が一つ増えたというだけでなく、それよりはるかに重要なことが起こっていた。帰化生物に関する生物学には、専門家たちの間で「YCCJOT（You cannot change just one thing：ひとつのものだけを変えることはできない）原則」と呼ばれている一つの規則がある。つまり、何もかもすべてが互いに関連しあっているのだ。(＊32)

ゴールドシュミットは、至る所で根本的な変化を示す徴候を発見した。すさまじかったのは、数年前には見られなかった、いまや湖上で踊っている何百メートルもの高さの巨大な蚊柱(かばしら)だけではなかった。研究所の中庭のランプの下には虫が塊になって集まり、トカゲやキノボリトカゲを何十匹とおびき寄せていた。

「この湖は壊れている、それが私が最初に思ったことだった。以前の生態系なら、これらの蚊の大多数は一匹の魚の腹に収まっていたのだ」

頭上を飛び去っていくカワセミは、ナイルパーチがずっと遠くの北の方にしかいなかった数年前のように、もうくちばしの中にフルをくわえてはいなかった。その代わりにこの色鮮やかな鳥がくわえていたのは、一種の淡水イワシ、銀色に光る細長いダガア[57]（Dagaa）だった。以前は、ほとんど見られなかった魚だ。

だが、オランダの動物学者に最大のショックが訪れるのはまだこれからである。以前からもう何百回も見ていたように、彼はわずか二年の中断の後に、トロール網が水をしたたらせながら漁船「サンガラ号」の船上に垂れ下がるのを再び見つけ、急いでそれに近づいた。だが、今回は様子がまったく違う。網はこぶのようにポコリと飛びだし、以前のように丸い鐘形になっていなかった。しかも、以前に比べると魚の量はずっと少ない。

「オランダの家でこの漁の写真を見ていたら、これがヴィクトリア湖の写真だとは信じられなかっただろう。大小のナイルパーチが、茶色のクルマエビの厚くて柔らかい[58]ベッドの上に置かれている。あちこちで銀色のダガアが光り、ナイルテラピアも数匹見える。これがすべてだ。ハイギョ[59]もオオナマズもエレファントノーズ[60]も、一匹のフルさえいない。生態系は、恐ろしいほど貧困化してしまった。多種多様の魚の集合体は、（中略）一〇年の間にこんなにみすぼらしい廃虚へと変わり果ててしまったのだ」

(57) タンザニア、ケニア、ウガンダ原産。イワシに似た深い水域に棲む小魚。アフリカでは食用魚とされている。

(58) スズキ目カワスズメ科の雑食性淡水魚。アフリカ大陸およびナイル川流域原産。日本でも養殖されている。

一九八七年から一九八八年にかけて、湖の沖合では全フル種のうち九三パーセントが消えていた。湾内の浅瀬などのように、ナイルパーチが稀にしか迷い込んでこないようなエリアにかぎっては状況はまだいくらかましなようだった。ムフンザ湾では、一二三種のハプロクロミス種のうち合計八〇種が失われた。七〇パーセントの種が消滅したのである。学者たちは、湖の濁った水の中で起こった出来事を一つ一つ組み立てていった。中心点および主要点となっていたのは、大きなナイルパーチの爆発的な増加だった。それらは、肉食のフルをほぼ全部食い尽くして、その立場を奪取していた。次に巻き貝壊し屋および昆虫屋の番となり、最後に泥はみ屋、エビ取り屋、そのほかすべてのフルに順番が回ってきた。ハイギョ（Protopterus）や、以前のフルの狩り手だったオオナマズ（Bagrus および Clarias）も同様に消え去った。

生態学的な意味において、種類の豊富なシクリッドの代用となるものは、これまでほとんど現れていない。昔、何千という魚の餌となっていた蚊は、いまやほとんど何の妨害もされることなく成長している。巻貝を食べる生き物がいなくなったので、以前より軟体動物の数が増えているようだが、それを確かめようとした人はまだ一人もいない。(＊33) 湖底に生きていた多くのフル種によって始末されていた沈下したデトリタス（有機ごみ）は、今は大部分が処理されぬまま横たわって朽ちている。深さがたった七〇メートルしかないこの湖は、周辺で行われている農業によって流れ入ってくる栄養素で過剰肥料となっている。

(59) ハイギョ目の硬骨魚の総称。体長約１m。現存するのは、オーストラリア産、アフリカ産、南アメリカ産の３属のみ。

(60) モルミリ目モルミリド科の弱発電魚。体長20～30cm で顎がゾウの鼻のように長く伸びている。コンゴなどに生息。

うっそうとした海藻の花がますます頻繁に現れるようになったが、よりによって今は、そのくずを処理できるものがほとんどいない。

死んだ有機物体であるデトリタスは分解し、酸素を消費した。そして、酸素をほとんど含まない水が増えていった。ときに、それはヴィクトリア湖全体の五〇パーセントから七〇パーセントを占めるまでになった。以前の湖では、五〇メートルの深さでも魚が活発な生活を営んでいた。今日では、ナイルパーチまでもがときとして湾内へ引きこもってしまい、空っぽの巨大な湖水面が文字通り水の砂漠として後に残るのみである。自動潜水ボートから撮った写真を見ると、湖底が魚の屍骸やほかの死んだ動物で広く覆われているのが分かる。[*34] 湾や入り江では、ときどき湖底から無酸素の泡がピチャピチャと上がってきては、魚やクルマエビを死に追いやっている。これまでには見られなかった現象だ。

ヴィクトリア湖の新しい環境をうまく利用している生物は、ナイルパーチを除くと三種にかぎられる。国産のダガア（Rastrineobola argentea）は沖にいた多くの動物プランクトン食のフルが消滅した後、そのポジションを引き継いだ。この小さな魚は、今ではナイルパーチとともにケニアの漁獲量の九七パーセントを占めている。一九六〇年代と一九七〇年代の初めには五パーセントにも満たなかったというのに。漁師たちは、今ではダガア漁に焦点を合わせている。ダガアは実用的な錠剤形に圧縮されて動物の飼料として加工されている。

エビ取り屋や泥はみ屋といったフルがいなくなり、茶色のクルマエビ(Caridina nilotica)(61)もまた繁栄を享受している。以前は、漁師たちが網の中に見つけるクルマエビなど三、四匹しかいなかったものが、一九八〇年代の終わりには突然何千匹になっていた。クルマエビは付随的に生じるデトリタスを活用する唯一の生物だが、湖に広がりゆく無酸素地域では、それらもやはり生き延びることができない。

ティス・ゴールドシュミットがクルマエビの行く末を知ったのは、捕らえたナイルパーチを「サンガラ号」の上で切開したときだった。餌としていたフルが不足しているというのにどうしてナイルパーチブームがいまだに崩壊せずにいるのかという、どうしても知りたかった問いの答えがこのとき明らかになった。ナイルパーチが目下餌としていたのは、クルマエビとダガアだった。ナイルパーチは、常時もっとも多く存在する獲物に向かっていく日和見主義の肉食魚だったのだ。そして彼らは、ほかに何も見つからなければ、自分の子どもまでも大量抹殺するカニバルでもあった。ナイルパーチは非常に多産だ。たった一匹のメスが一生殖サイクルに産み落とす卵は一六〇〇万個を数える。(*35)そういった状況下では、何千という稚魚が親の口の中に入ってしまっても何ら問題はない。カニバリズムは、肉食獣の間に広く行きわたった、苦しい時期を乗り越えるための策略だ。

湖の浅瀬域にはスイレンや別の移入植物、たとえば人々が恐れるホテイアオイ(62)(Eichhornia crassipes)が広がっている。オランダの研究者は、この植物の侵入もまたフ

(61) 南アフリカ固有のクルマエビ。熱帯の淡水に生息。

(62) ミズアオイ科の多年生植物。熱帯アメリカ原産。高さ30cm。池・沼などの水面に浮く。キンギョ鉢などに入れ鑑賞用とする。

ルが不在のせいかもしれないという。[*36] 底を掘り返すシクリッドが、それらの植物の成長を長い間妨げていた、あるいは遅らせていたというのだ。ホテイアオイは浮流する厚いじゅうたんを形成するが、その下の水中には生命が入り込める可能性はほとんどない。一九九〇年代になって初めて大量発生するに至ったこの植物の侵入は、未来においては大問題になるだろうと多くの専門家は見ている。

ヴィクトリア湖の三〇〇種のフルのうち二〇〇種は、今日「商業的な意味」において絶滅している。ようやく今整ってきたばかりのフル漁業は、実質的な開始を前にすでに終わってしまったのだ。この魚が本当に絶滅してしまったのかどうかを確認するのはほとんど不可能である。小さな残存個体群を形成した亡命者たちがいることも考えられるので、希望の光はまだほのかにだが輝いている。

残ったものは変化し始める。枝別れし、これまでより多くの子孫をつくり、より危険の少ないビオトープの中へと待避する。一九七〇年代終わりの **Haplochromis piceatus**[63] 種のメスは平均六・三センチメートルあったが、一九八五年に測ったときには四・九センチメートルしかなかった。それらは、何よりスリムになっていた。オランダの進化生物学者たちは、それによって泳ぐ速さや機敏性が高められ、ナイルパーチの威嚇に対する命をかけた改革がこの魚の中で行われていると見ている。[*37] つまり、逃走生活への適応というわけだ。

(63) シクリッド、ハプロクロミス種の一種。

これらすべての革命的変化からは、最終的には少なくとも進化生物学者がその価値をうまく利用できるようなものも生じている。一九九一年、ムワンザ湾で引かれた網に、四種に分類される八四匹の泥はみ屋のフルがかかった。この地域はそれより以前、何年にもわたって集中的に研究されていたが、オランダの専門家たちに見覚えのある魚はその中には一匹もいなかった。

可能性は四つ。①それらは、湖の別の地域から新しくやって来た未知の種である、②あるいは、以前はごく珍しくてこれまで捕らえられることがなかったが、新しい状況になって増殖したフルなのかもしれない、また、③既知の種が新しい衣服をまとって現れたということも考えられる。(＊38) もっとも関心を引くのは、次の四つ目の解釈の仕方である。④この未知のシクリッドは、これまで厳格に分けられていた種が交配した雑種かもしれないというのだ。このような現象は、ガラパゴス諸島のダーウィンフィンチでも知られている。一九八二年および一九八三年の強力なエルニーニョなど、アトリ科の鳥の個体群を哀れな数にまで縮小させてしまった極端な気候条件の下では、種を分けていたバリアが突然崩壊し、普段はすぐに淘汰されていた雑種が新たな出発の保証人になることが証明されている。(＊39)

以上が、ハプロクロミス研究者の叙述である。この説は、その道の専門家全員から支持されているとはとても言い難いものだ。

引き揚げられた網の中の変化を見て、シクリッドのエキスパートたちは思慮を失ってしまったのだろうか。あるいは、救いようのない怒りのために生物学的な専門知識を忘れてしまったのだろうか。ヴィクトリア湖がもう何十年も前から絶望的に過剰漁獲されていたことや、集中的な農業が多量の栄養素で湖に過重の負担をかけていたこと、砂糖精製工場や製紙工場、各大都市が未浄水の排水を湖へ流し込んでいたこと、そして、ナイルパーチがたいした問題ではなかったころからすでに大き目のハプロクロミス属のシクリッドが消えていたことなどを認めようとせずに、なぜ彼らはすべてをナイルパーチのせいにしたのだろう。

今日のヴィクトリア湖が、三〇年前のヴィクトリア湖とはほとんど共通点をもたないことに対して本気で反駁できる人は一人もいない。生物群集は根本的に変化した。だが、その責任を負うのは果たしてナイルパーチだけなのだろうか。それとも、貧しいアフリカの三国に突然流れ込んできた恵みのドルに目がくらみ、繁栄する漁業のことしか眼中になく、自分たちの大切な魚に対する批判には常に激しく抵抗する利得者や漁業関係者のせいなのだろうか。

ヴィクトリア湖で起こった出来事は、現地に住む人々を顧慮することなくして適切に評価することはできない。ウガンダ、ケニア、タンザニアで、直接・間接的にヴィクトリア湖に依存している人々は三〇〇〇万人に及ぶ。そのほとんどが農業を営んでおり、漁業に従事する人も少なくない。(*40)

ヴィクトリア湖の今日の商業漁業は、ナイルパーチとイワシほどの大きさのダガア、そしてとくに土地の人々に非常に好まれているテラピア(64)の三種のみに頼っている。湖の生態構造は極端に単純となり、多くの命綱が切られてしまっている。多様性に代わるのは、今日では多量性である。それは、金庫をジャラジャラと鳴らしてくれている。タンザニアでは、ナイルパーチすなわち「ムコンボジ」（現地語）は救済者だ。

一九八〇年代のナイルパーチの爆発的な分布から推測されるように、世界最大の熱帯湖の変化は一晩で起きたものではない。輸入された巨大魚が定着したときには、ヴィクトリア湖の伝統的な食用魚の漁獲高はすでに以前の一五パーセントにまで減少していた。何十年も続いた、無計画な超過漁獲の結果だ。(*41)

土着の漁師は、伝統器具として長い間ヤリやかご、やなを使用していた。それらは亜麻製の網に替えられ、のちには合成繊維の近代的な網に替わり、その目はどんどん細かくなっていった。そして、船外機を使うことによって遠く離れた湾にも行けるようになった。水揚げは技術が進歩するたびに、そしてまた増え続ける住民の前に減少する一方だった。少なくとも稚魚だけは保護し、また経済的な発展を持続させるために使用する網の目を規定しようと努力されたが、三隣国間の政治紛争のためにそれも失敗に終わった。(*42)西側支配の模範国ケニアと社会主義のタンザニア、イディ・アミン(65)が支配していたウガンダは、自国のことばかりを考えて共同処置を決定することができなかった。ずっと以前から、ヴィ

(64) カワスズメ科ティラピア属淡水産硬骨魚の総称、またその一種。原産地はアフリカ。食用として世界各地に移殖。全長約30〜50cm。日本でも養殖されている。
(65) 1971年に軍で暴動を起こし、権力の座に就く。それ以降、2.5万〜25万人がテロ政権の犠牲になったと推測されている。1979年に政権が打倒され、海外へ逃避。

クトリア湖では「どんなマネージメント方法を推奨してもほとんど全部無視されてきた」と、漁業専門家は非難する。[＊43]

伝統的な食用魚の現在数が縮小してしまったことから、一九五〇年代に四種の外来魚種が放流された。それらは、のちに現れるナイルパーチと同じ湖に由来していた。とくに、ナイルテラピア（Oreochromis niloticus）は、非常に重宝されていた国産のテラピア種を犠牲にしてうまく定着した。その上、とくに大き目の魚食フルの捕獲を目的としたトロール網漁業を組織する試みが、国際援助を得て初めて開始されることになった。ちなみに、一九七〇年代の漁獲量のほとんどはそれに頼っている。だが、魚の捕獲は大き目の種がだんだん稀少になってしまうほど集中して行われた。それでも、一九七〇年代に入るまでは、産業目的の漁業が話に上ることはなかった。ヴィクトリア湖の漁業は、湖のすぐそばに住む人々を対象とするローカル的意味合いしかもたなかったのである。[＊44]

伝統的漁業の衰退には、超過漁獲と平行してもう一つ別の出来事も寄与していた。ウフル雨だ。[＊45]一九六一年から一九六四年まで続いた異常に激しい豪雨は、時期的に、東アフリカの国々の独立達成と同時に発生したことからこの名がついた。大量の水は、ヴィクトリア湖を増水させた。湖は七万五〇〇〇平方キロメートルまで膨張し、岸辺の植物はほとんど壊滅状態に陥った。スイレンやパピルス湿原は消滅し、それとともに多くの魚種の産卵場も消えた。大量の植物の死滅は、成長しつつある農業とともに強力な超過肥料や酸素減少を引き起こした。そして、ナイルパーチすなわちムコンボジがやって来たのだ。

　数年もしないうちに、打撃を受けた湖の生態系の指導者は、ナイルパーチに引き継がれることになった。漁師の収益は増えるばかりだった。一九八〇年から一九九〇年の間に年間漁獲量は五倍の五〇万トンに増加し、その六〇パーセントを巨大なナイルパーチが占めた。同様に帰化したナイルテラピアと小さなダガアのほかは、どの魚種にしても実質的にはまったく意味をもたなかった。

　漁船の数や、その上で作業をする人間の数は倍以上に増加した。漁師の数がどんどん増えても、一ボート当たりの年間収益額は増え続けた。それはまるで地上の楽園だった。いくら捕っても魚は増えるばかりで、湖の周辺は新興都市の空気で満ちていた。断末魔の時代は終わった。ムコンボジ、そう、救済者がやって来たのだ。

　とくに、ウガンダとケニアでは、切り身加工工場や燻製工場がまたたく間に幾つも出現した。道路や飛行場ができ、輸送業が定着し、眠たげな小さな村は地方商業の中心地となった。専門家は、二六万以上の新しい職場が発生したと推定する。ナイルパーチによる経済が養う人々の数は、一九七〇年代の漁業のほぼ三倍にもなる。新鮮な魚は即ヨーロッパへ空輸され、冷凍された切り身はオーストラリアやアメリカ合衆国、そして極東にまで運ばれていく。一九八九年には、捕獲された魚の代価は堂々たる九〇〇〇万USドルに達した。このまま発展が続けば、一〇〇〇年代が終わるころには、国民経済の利益は一〇億U

Sドル以上になっているだろう。(*46)

しかし、この発展はこのまま続くのだろうか。このような新しいシステムは、まもなく過熱して虚脱状態に陥らざるをえなくないだろうか。気になる徴候は幾つかある。大勢の過激な自然保護者は、ナイルパーチを再び湖から取り除くべきだと要求しているが、このような要求は、これまで叙述してきた変化を思えば新しい幸福を享受している人々を嘲弄しているようなものだ。彼らは、自らのこの悲観的な予告が現実となるために、このような崩壊を言ってみれば望んでいるのだ、と多くの人々から批判されるのも無理はない。(*47)

それでもやはり、批判的な疑問も許されて然るべきだ。なぜなら、社会経済的および生態的に見た場合、この結末が明らかにしているのは、ポスト・ナイルパーチ時代のヴィクトリア湖においても、輝くもの必ずしも金ならずということにほかならないからだ。それも、何百という国産魚種の消滅に関係なく。この変化は、食物連鎖のトップを孤独に走るナイルパーチの影響のせいにできるのか、あるいはどちらかというと悪化している富栄養状態のせいなのか、ここではこの論争に決着をつけることはできない。この論議はおそらく宗教戦争のようになってしまうだろう。なぜなら、本当に決定的となる論拠はどちらの説の中にも認められないからだ。革命的な変化を引き起こしたのがこの両方ではなぜいけないのか。このような場合ほとんど常にそうであるように、ここでも、そんな発展の可能性があることなどまだ誰も考えもしないころに収集されているべき決定的なデータが欠けていることから、この論争が解明されることはほとんどありえないと思われる。

ミシガン州立大学のアフリカン・スタディセンターで行われたある研究では、ヴィクトリア湖周辺に住む人々の変化についてもう少し詳細に観察されている。(*48) 漁業統計やドルだけをもとにしたときの幸福感一色に彩られたイメージは、ここでは少しどんよりと暗く濁り始める。

これらの変化は、多くの素朴な人々には運命というボートの上へ一緒に飛び乗るチャンスを与えぬまま、彼らのわきをザワザワと通り過ぎていった。ナイルパーチの捕獲に必要な設備は、彼らには高価すぎる代物だった。したがって、漁船を所有しているのはほとんどが外国人で、得られた利益はナイロビあるいは外国にまで流れていく。加えて、網から始まってエンジン、燃料、新しく建設された工場で使用する機械まで、必要な材料や器具のほとんどは高い金を払って輸入しなければならない。真の勝者は、国内外の産業中心地に座っていた。

伝統的な家族構造や労働構造は崩壊していく。その昔、そこに住む兄弟や息子、甥から成っていた漁船のメンバーは、今ではいろいろな所からの寄せ集めとなっている。全国から集まった男たちは、長い間、自分の家族から引き離されてしまうこともしばしばだ。以前、捕った魚を市場で売りさばいていた女たちは、今では運がよければ新しい工場で働いている。単調なベルトコンベヤー作業が、村の社会生活と結びついていた簡素な魚の加工と入れ替わった。あらゆる場所に不信感が漂う。高価な設備や捕獲物を狙って、以前より頻繁に盗難事件が起こるようになった。漁師たちは、家族の下ではなくボートの上で寝泊まりし、よそ者である船舶所有者の網やエンジンを監視している。多くの流入者、そして現在必要とされている高い可動性によって、村という共同体の中の団結心は薄れていく。よそ者は商売にかかわってこないかぎり、地方のインフラには関心を示さない。

意外なことに、魚の供給に関する根本的な改善は見られなかった。冷蔵庫をもたない小さな所帯では、五〇キロもあるナイルパーチなどはほとんど購入の対象にはならない。ところが、小さめの魚はもうほとんどいなかったし、いてもテラピアのように値が張りすぎた。このことは、二つの悪影響を招くこととなった。一つは、著しい量のナイルパーチが、当地の昔ながらの貯蔵方法である燻製にされていることである。小さな魚では可能な単純乾燥も、ナイルパーチの場合は大きくて脂肪がありすぎるので、乾燥する前に油くさくなってしまってうまくいかない。また、燻製にするには木が必要だが、その木は乏しいときている。ヴィクトリア湖一帯では多くの森林が伐採され、残っている森には、いまやその分さらに強力な重圧がかかってくる。そして、進む森林除去は、栄養物のさらなる流入や侵食を助成するという悪循環を招いている。

もう一つは、適当な大きさの魚が不足しており、それによって若いナイルパーチがどんどん逼迫しているということだ。その影響は将来の漁獲高に現れる。小さなナイルパーチの捕獲を制限しようという努力は、これまでまったく実を結んでいない。
隣接三国が新しく勝ち得た幸福のほぼ全体を支えるナイルパーチの現存数には、別の方向からもまた危険が迫っている。工場が常時新設されれば、次第に過剰生産能力が生じてきて、余力のある機械が常に稼動を待ち受けている。したがって、漁業は非常に集中的になる。加えて漁業産業は、ナイルパーチだけではなく、その餌であるダガアにも集中している。最近では、クルマエビ漁も発達しだした。この巨大魚のほかに湖が提供できるものはもうほとんどなく、今はまだ残っている数少ない生物も、存在しているかぎり搾取され続けるのは明らかだ。

利益ばかりを追い求める短見(たんけん)な考えは、宿命的な結果を招きうる。ヴィクトリア湖の生態系を支えている柱はもう数えるほどしかなく、過度の負担がかかることになるかもしれないと批判家たちは警告する。水揚げが少し減っただけでも、捕獲されるナイルパーチの姿かたちは小さくなる。ナイルパーチの稚魚が無計画に捕らえられると同時に、餌であるダガアとクルマエビが集中的に捕獲されれば、無敵の巨大魚にとっても耐えられぬこととなるだろう。その影響は破壊的だ。

カナダ人のトニー・ピッチャー(66)とアリーダ・バンディ(67)が、ナイルパーチ漁のこれからの発展の予告を試みている。(*49)二人は、必ずしもフル研究者たちの共感者ではないことを別の研究の中ではっきりと証明しているが、彼らの分析によると、オランダの動物学者たちの

(66) Tony　Pitcher。動物学者。バンクーバーのブリティッシュ・コロンビア大学の魚類学教授。

(67) Alida Bundy。ベッドフォード海洋学研究所で魚類学および海洋学を講義。北西大西洋水産業センターメンバー。

悲観的な予告はどうやら正しかったようだ。彼らが出した結論では、このまま何も変わることなく進めば、ナイルパーチ個体群はまもなく完全に崩壊すると予想されている。漁船の数を一九八〇年代のレベルにまで戻し、捕獲するのは最低五〇センチのナイルパーチのみという規定が厳格に守られなければ、ヴィクトリア湖での永続的な漁業は不可能と見られた。

「ナイルパーチ漁業をマネージメントする際の決定的な問題は、今も昔も資力不足にかぎられる」と、カナダの学者たちは書いている。

「これまで、マネージメント政策を効果的に実現するには資金も人手も足りなかった。漁業は非常に多形かつ包括的である。また、現地で漁業を取り締まり、漁業データを収集する役人も多数必要とする。さらに、国際協力にも不足が見られる。三隣国は、現在、まだそれぞれ別個に決定せざるを得ない[*50]」

それでも、ヴィクトリア湖周辺の人々に幸福が永遠に保障されていたのなら、それは少なからずフル研究者（と私たちすべて）が被った損失に対する小さな慰めとなっていただろう。一九九一年に現れた未知の「泥はみ屋」は、ひょっとしたら北からやって来た大きな肉食魚と共生していくことを学んだ次世代のフルのつぼみ、言ってみれば新しい進化の花火から初めて飛び出した使者だったのかもしれない。

そうこうする間も、いつのまにか入り込んできた南アメリカのホテイアオイはこの上なく順調に成長し続け、永続的な漁業産業の未来に関する予知を根本からすべて覆そうとしている。

「『巻きつく花』に固く首を絞められているヴィクトリア湖」という表題をつけたのは、一九九八年六月発行のドイツの雑誌〈デア・シュピーゲル〉だ。[*51] ウガンダでは、すでに湖岸表面積の五分の四が覆い尽くされている。大量のホテイアオイは、大きな水力発電所の吸入管を詰まらせるので停電が絶えない。フェリーや漁船は、密生した植物マットを走り抜けるのに一苦労だ。その下では、ナイルパーチの子ども部屋が消滅していく。至る所に建設された魚加工工場は、稼動停止を迫られるかもしれない。現在はもっとも効果の大きい化学除草剤の使用が計画されているが、そのような駆除対策もまったく望みなしと言ってよさそうだ。毎日毎日、河川は何ヘクタールもあるホテイアオイのマットを次から次へと運んでくる。地上最大の熱帯湖は、またしても破壊的な影響を広げる生物体の侵入の犠牲となってしまったのである。最後に残るのは、これで終わりではないだろうという確信だけだ。

# 11 植物が反応するまで——「タイム・ラグ」と「テンズ・ルール」

植物学者のイェルゲン・リンゲンベルグ[1]が一九九四年に行ったハンブルクの喬潅木調査をもとに、侵入生物のもっとも驚異的で、ひょっとしたらもっとも恐ろしいのではないかと思われる特性について詳論したい。

次の表は、ハンブルクの住宅地に多く見られる立木のベスト二〇を示したものである。数種のバラのたぐいは省略した。これらの植物のうち、国産種は約三分の一。旧帰化植物はたった一種、アンズのみで、残りはすべて新帰化植物である。

この表で、とくに興味深いのは右端の三列だ。インゴ・コヴァリクによるこれらのデータは、原則にかかわる重要な意味をもつため、ドイツ国内だけでなく国際的なセンセーションをも巻き起こしている。[*1] 彼が数多くの歴史文献の中から探し出そうとしたのは、各喬潅木がベルリン・ブランデンブルク圏に初めて現れた時期、あるいはそこで初めて栽培された時期である。大変な作業であったろう。これらの立木がヨーロッパへやって来たのは、ほとんどが一九世紀になってからだ。そして、ブランデンブルクに到着するのは、その数年から数十年後のことである。

中でも、表の右端の二列にはとくに引きつけられる。それらは、輸入された立木がブラ

(1) Jörgen Ringenberg。植物学者。著書に "Analyse urbaner Gehölzbestände am Beispiel der Hamburger Wohnbebauung"がある。

### ハンブルクの住宅地に多く見られる立木種とその由来地

| 立木種・学術名 | 由来地 | ブランデンブルクでの初栽培 | 同での初自然発生 | タイムラグ |
|---|---|---|---|---|
| シラカバ (Betula Pendula) | 国産 | | | |
| レンギョウ (Forsythia x intermedia) | 東アジア | 1886年 | 1974年 | 88年 |
| ヒイラギナンテン属 (Mahonia aquifolium) | 北アメリカ | 1822年 | 1860年 | 38年 |
| ユキノシタ科 (Philadelphus coronarius) | ヨーロッパ・西アジア | 1656年 | 1839年 | 183年 |
| シャクナゲ (Rhododendron catawbiense) | アジア・栽培形 | — | — | — |
| ヤマネコヤナギ (Salix caprea) | 国産 | | | |
| ナナカマド (Sorbus aucuparia) | 国産 | | | |
| ライラック (Syringa vulgaris) | ヨーロッパ | 1663年 | 1787年 | 124年 |
| セイヨウニワトコ (Sambucus nigra) | 国産 | | | |
| セイヨウキヅタ (Hedera helix) | 国産 | | | |
| イボタ属 (Ligustrum vulgare) | ヨーロッパ・西アジア | 1594年 | 1787年 | 193年 |
| トキワサンザシ (Pyracantha coccinea) | ヨーロッパ・西アジア | 1666年 | 1883年 | 217年 |
| シデ（Carpinus betulus） | 国産 | — | — | — |
| アジサイ (Hydrangea macrophylla) | 東アジア | — | — | — |
| ドゥオーフパイン（松）(Pinus mugo) | ヨーロッパ・西アジア | —<br>1920年 | —<br>1974年 | —<br>54年 |
| シモツケ属 (Spiraea x vanhouttei) | 栽培形 | | | |
| ノルウエーカエデ (Acer platanoides) | 国産 | | | |
| トチ (Aesculus hippocastanum) | 南ヨーロッパ | 1663年 | 1787年 | 124年 |
| アンズ (Prunus domestica) | 西アジア | 1594年 | 1787年 | 193年 |
| ヒノキ (Chamaecyparis law. Alumii) | 北アメリカ | — | — | — |

（リンゲンベルク1994年およびコヴァリク1992年より）

ンデンブルクで初めて自然発生した時期、そして実際種が輸入されてから初めて自然発生が観察されるまでに要した時間を示している。

具体的な例を一つ観察してみよう。ハンブルクの住宅地で国産のシラカバに次いで多く見られる立木は、東アジア産のレンギョウである。人気の理由は、とりわけまだ春も浅いうちから、その黄色い花で庭を美しく飾ってくれることにある。ハンブルクに植えられているForsythia x intermedia(2)は、中国産の二種の雑種をもととする栽培種であり、一八七八年にゲッティンゲンにある植物園で生まれた。八年後の一八八六年、新しく栽培されるようになったこの潅木はブランデンブルクにもやって来た。しかし、自然発生した、つまり人間が植えたのではないこの種のレンギョウの存在がこの地域で初めて発見されて記録されたのは、ベルリンの植物学者W・クニック(3)が学位論文の中で「大都市の植物相および植物界の変化、(西)ベルリンの例の記述」を調査した一九七四年のことで、輸入からすでに八八年が経過していた。(*2)

レンギョウは、保護が必要な観葉潅木から当地でも自然に育つ植物になるまでに八八年という年月を要しているが、ほかの立木はそれどころではなく大幅にこれを上回っている。トチの場合は一二四年、そして一五九四年に初めてブランデンブルクへやって来た旧帰化植物のアンズは、自然発生した植物が初めて出現するまでに何と一九三年もかかっている。だが、これもまだ記録とは言えない。この表のトップを走るトキワサンザシ(4)の場合、

(2)中国種と韓国種の雑種のレンギョウ。ヨーロッパに広く見られる落葉低木。高さ2.5～3m。

(3)W. Kunick。ベルリンの植物学者。著書に“Liste der wildwachsenden Farn-und Blütenpflanzen von Berlin”など。

一七世紀の輸入の二一七年後にようやく初めて自然発生が確認されているが、行動を起こすのが本当に遅い種となるとこのトキワサンザシどころではないのだ。インゴ・コヴァリクが詳細に調査した喬木や潅木類の中の多くは、自然発生的な分布をスタートする合図が放たれるまでに三〇〇年を、そして八つの種にかぎってはそれ以上に長い時間を要している。有名なアメリカのニオイヒバ（Thuja occidentalis）[5]は、ブランデンブルクを我が家のように居心地よく感じるまでに三二四年を要しているし、イングリッシュ・ラヴェンダー[6]（Lavandula angustifolia）は約四〇〇年近くにも及ぶ。

自然発生的に分布していく能力に関係があるのは、ひょっとしたら外国産の立木のそれぞれに異なる由来地なのかもしれない。由来地が遠ければ遠いほど植物の順応期間も長くなるという可能性はなきにしもあらずだ。たとえば、東アジアの立木の場合、輸入と自然発生的な分布開始の間の時間関係というのはどうなっているのだろうか。

それを知るために、すでに紹介済みである東アジア産の立木の輸入曲線を、自然発生した種の数を表すもう一つの曲線と比較してみることにしよう。後者は前者に比べるとかなり数が少なく、二本の曲線を比較するのは困難なため、両曲線を同じレベルにずらす単純な数学トリックを使うことにする。

結果は一目瞭然、両方の曲線はほとんど平行に伸びている。激しく増加する東アジア産の立木輸入の後を、一定の時間の遅れ、いわゆる「タイム・ラグ」（原注1）をはさんで自然発生

（4）バラ科トキワサンザシ属の常緑低木。南ヨーロッパ・小アジア原産。生垣用。
（5）ヒノキ科クロベ属の常緑針葉高木。カナダ南部とそれに隣接するアメリカ北部に産する。成長が早く、12～15m まで伸びる。
（6）シソ科の常緑広葉小低木。寒さに強く、低い丈に改良されたラベンダー。

的分布が同様に勢いよく延びながら追随しているのだ。この時間の遅れは、東アジアの植物の場合で平均すると一一七年、ベルリン・ブランデンブルク圏の外来立木全種の平均値の一四七年より明らかに低い。解釈は簡単だ。東アジアの喬木や灌木のほとんどは比較的最近になってから輸入されているので、自然発生して成長するために二〇〇年とかそれ以上の年月を要する種の場合、分布はまだまったく始まっていないのである。

それを除けば、地理学上の由来地グループの間にはとくに挙げるほどの違いはない。南ヨーロッパの植物にとっても、ここで地歩を固めるのは、遠いアジアやアメリカ産の植物とまったく同じように困難だったり簡単だったりする。外国の喬木や灌木が帰化するときの成果やスピードは、原産国までの距離とは関係はないのだ。

また、もっともに思える次の推測も、少し深く考慮してみるとやはり間違いだということが分かる。ニセアカシアやトネリコバノカエデ(7)など、とくに大きな成功を収めて広く分布している新帰化植物は、今日まで小さく局部的にしか存在できずにいるほかの

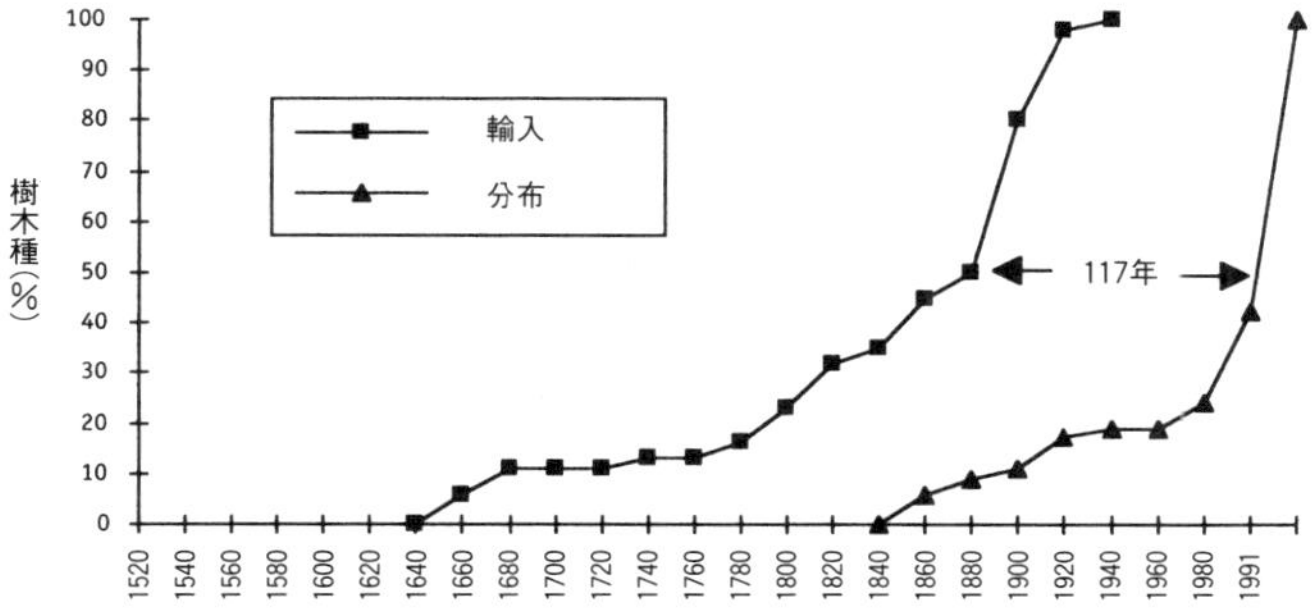


ブランデンブルクにおける東アジア産の立木の輸入とその分布のあいだの「タイム・ラグ」

外来種よりも決して早く自然発生的な分布に移行したわけではない。ニセアカシアのタイム・ラグは一五二年とほぼ平均値に等しいし、トネリコバノカエデは一八〇年とむしろ遅い方だ。(*3) 輸入と分布の間に見られる時間の隔りは、実際侵入が開始したときにその種がどのくらいの成功を収めるかということとは何の関連もない。

コヴァリクの調査結果からは、やっかいな問題が姿を現した。これによってはっきりしたのは、外来植物の反応、つまりその植物が新しい生活圏に永続的に定着する素質をもっているかどうかは、目下の状況からは読み取れないということだ。何百年も人間の保護下でしか成長できなかった植物でさえ、突然、何の前ぶれもなしに自由な世界へ飛び出していき、問題となることもありうるのである。

ずっと以前からここで生育している植物は数少ないため、真なる野生化の波はまだ生まれていない。だが、現存の外来植物の中で自然発生して広がっていく植物が占める割合は増加する一方である。つまり、今この時点からたとえもう一種として新しい植物がやって来ないとしても、野生化する新帰化植物種はこれから先もまだまだ現れると思ってよいということだ。(*4) 明日の潜在侵略者の数々は、今はまだガーデンフラワーとして保護された生活を送っているのである。

過去一〇〇年あるいは二〇〇年で、生物体の輸入が氾濫し出したオーストラリアやニュ

（7）北アメリカ東部から中西部にかけて原産。20m まで成長する落葉樹。観葉植物用に栽培されている。

**（原注1）**ここに関連しては、ある植物種の輸入と分布の間にある時間の猶予。

ージーランド、ハワイといった国々にとっては、このような現状は大災禍だ。外来植物種問題は莫大な費用を飲み込み、何冊もの分厚い学術会議録をいっぱいに満たしているが、それもまだほんのリハーサルでしかないかもしれないのだ。これらの国々に到着した植物が、根本的に中央ヨーロッパと異なる反応をするとは思えない。ニュージーランドにあるオークランド博物館の植物学管理官であるジューン・カメロンは、インゴ・コヴァリクの調査結果をもとに、ニュージーランドで栽培されている植物のほとんどは野生化を始めるほどの時間をまだこの国で過ごしていないと確信している。

「今、私たちが経験しているのは、その侵入の始まりにすぎないのだ」

同じような現象は動物でも知られている。ニジマスは中央ヨーロッパの気候条件では繁殖することができない、と常に言われていた。だが、輸入から一〇〇年後の現在、増殖した個体群の存在が当地でも初めて証明された。(＊5) これらが存続し広がっていったら、これまでもっぱら養殖魚によって補給されていたニジマスは、植物に見られる順応期間にもまったく劣らないほどの遅れをもって定着する新帰化動物となるかもしれない。

国産のオガワヨーロッパマスとアメリカのその親類が訪れる産卵場所は同じである。しかし、ニジマスの産卵の方が遅いので、「オガワヨーロッパマスがその前に産みつけた卵は砂利の多い河床から投げ出されてしまう可能性がある」。(＊6) 両種の間の競走は、新しい局面へと踏み出していくだろう。そして、犠牲となるのはオガワヨーロッパマスの方だ。

移入してきた雑草を生物で防除するために輸入された昆虫種の場合も、期待された成果が現れるまでに長い時間がかかることがある。(*7) 輸入直後に早くも消滅してしまったと見なされ、何年も観察されることがなかったことから失敗と記録される種はいくつもあった。ただし、突然また姿を現し、強力に増加し出すまでだが。

このような著しい時間の遅れに対しては、どんな説明ができるだろう。種子の生産には、樹木ですら二〇〇年もかからない。長くてもせいぜい数十年といったところだ。ニセアカシア、ニワウルシ(8)、あるいはブラックチェリー(9)といった今日とくに大きな成功を収めている多くの樹木は、ほんの数年しか必要としない。にもかかわらず、生産された種子が新しい植物になるまで、大抵の場合はこの数倍もの時間がかかっているのだ。

この問題は、今日まで解明には至っていない。そのような場合には常にそうであるように、そしてとくにそれ相応の主張を事実で固めることが方法的にまだ不可能だった時代においては、それに関係するのはやはり遺伝子だとされた。証明せずにすむかぎりは、どんな出来事でもすべてといってよいほど、突然起こる進化のひらめきのせいにすることができたのだ。

外来種が長い停滞の後に突然成功する理由は、原則的には二つの異なる次元で追究すべきである。つまりそれは、生物体自身やその生活戦略の中にあるのかもしれないし、ある

(8) ニガキ科の落葉高木。原産は中国大陸。成長が早く、庭木や並木とする。
(9) バラ科。北米北東部・中部大西洋沿岸を産地とする。高さ12～20m以上。白い花を咲かせ、木は木材に利用。

いは外的パラメーターに依るのかもしれないということだ。遺伝子の変化はその中の内的原因だと思われるが、それを証明するものはほとんど存在しない。ほかの要因は、生物体の共同体というレベルになって初めて作用し出す。学者たちは、生き残りが可能な、種ごとに異なる個体群の最小サイズというものが存在すると考えている。植物や動物は、いつの場合も、その個体数や個体の密度が特定の限界値を超えて初めて新しい地域へ拡大・分布していくことができるようになるというのだ。

外的原因は、気候や生活圏の中に存在する。両方とも不変なものではないし、どちらの領域においても自然の成り行きに対する人間の干渉がますますひどくなっている。

中央ヨーロッパは、一九世紀の中ごろから暖かくなる一方だった。一八五〇年ごろに終了したいわゆる小氷河期は、半世紀にわたる不快な天候で大陸を悩まし続けた。その後、この一〇〇年の間に暖かくなり、気温は合計すると約〇・五度から〇・七度上昇している。(*8) それが理由で、動植物種の分布境界線は国産であるなしにかかわらず変動し出した。

気温が一度近く上昇すると植物の生長期間は長くなり、冬が穏やかになって霜の下りる日が減少する。つまり、これまで暖かさを好む植物の分布を阻んでいた気象そのものの影響が弱まるのだ。年間平均気温が何十パーセントか上がっただけでも、ある種子にしてみれば発芽できるかどうかの決め手となりうる。言ってみれば、寒さで硬直して何十年も停滞していたものが、突然、根を伸ばせるようになったのである。

それと平行して、生物体輸入の中心である都市が爆発的な成長を遂げた。一八〇〇年当時に人口一七万人だったベルリンの街は、ほぼ一〇〇年の間に人口三六〇万人のメトロポリスへと発展し、広々とした田舎よりもずっと暖かくなっている。一九六一年から一九八〇年までの期間、ベルリン市の中心とその周辺では気温差が二度以上もあり、霜の下りる日は半分ほどしかなかった。(*9) 輸入された種が飛び越さねばならなかったバーは、ここでは少々低い位置にかけられていたのだ。

気候の変化が自然プロセスと人工プロセスのコンビネーションを基礎としていた一方、同時に生じた生活圏の変化はほぼ例外なしに人間の手に依っている。激しい建設活動、農業の集中化やそのほかの活動によって新しい地形構成要素が発生し、それがこれまで多くの植物に不足していた空間を供給することとなった。人間は、同時により効果的な交通路も整えてくれた。輸入された生き物は、それを通って彼らが生き残るのに理想的な条件をふまえた土地へ容易にたどり着けるようになった。

突然始まる侵入の理由がどこにありうるか、それは、これらすべての事柄に暗示されている。どの生き物もそれぞれの歴史をもっているし、スタートの合図は生物体ごとに別のやり方で別の時間に出される。つまり、どの場合にも通用する侵入のきっかけを探るということはまったく見込みがないということである。

(10) 1996年にM. ウイリアムソンとA. フィッター（M.Williamson と A.Fitter）が雑誌〈エコロジー（Ecology）〉の中で提唱した侵入生物の特徴に関するルール。
(原注2) 定着できるのは外来種の10種に1種しかないというもの。

侵入してきた動植物が、すべて永続的に定着できるわけではないことは繰り返し論じられてきた。その理由の一つは、たった今知り得たばかりだ。輸入から分布が始まるまでの、ときによっては甚だしい時間の遅れである。したがって、今日すでにヨーロッパや世界のどこかで生きている外来種の中にも、定着を果たせるかどうかの最終判断を下せない植物はたくさんいるというわけだ。

生物学的侵入に関する利用可能なデータ資料が、一つの興味深いルールを明示している。いわゆる「一〇のルール」(10)、英語でいう「テンズ・ルール (tens rule)」(原注2)である。移入されたり輸入されたりした生物体のうち、永続的な定着に成功するのはおよそ一〇分の一で残りは失敗するというものだ。先に述べたように、これは一つのルールであって法則ではない。ある関連がしっかりと数字で表されることは生物学、とりわけ生態学では非常に稀だ。テンズ・ルールは多くの例外を含むルールであるが、とくに言葉を額面通りに受け止めず、五パーセントとか二〇パーセントでもよしとするのであれば、これは非常に多くの場合に該当することになる。(＊10)

このルールを、まるで教科書のように図解しているのがニュージーランドの新帰化植物だ。この国に到達した二万以上の外来植物種のうち、自然の中に定着できたのはおよそ二〇〇〇種である。(原注3) イギリスに到達した顕花(けんか)植物(11)(一三パーセント)やベルリン・ブランデンブルク圏に育つ外来立木種(七パーセント)もこのテンズ・ルールに当てはまる。ま

(11) 生殖器官として花を形成し、種子を生ずる植物。すなわち、被子植物と裸子植物の総称。

(原注3) DoC　1997．ニュージーランドに定着した外来植物のうち170種、約9％はDocから生態学的野生植物(ecological weeds)だと分類されている。

た、ハワイへ輸入された七〇の外来鳥種のうち国産の森に落ち着くことができたのが九種、つまり約一三パーセントと、例を綴ったリストはまだまだ続く。[*11] このルールの面白いところは、これが別の評価レベルにおいても機能することだ。マーク・ウィリアムソン[12]は、生物学的侵入を次の四段階に分けている。[*12]

・種の輸入（imported）
・野外での初めての自然発生（introduced）
・自己存続する個体群の形成（established）
・有害生物への発展（pest）

この四段階の間には三つの過度期があり、その過度期のいずれにおいてもこのテンズ・ルールが当てはまる。とくにこれをよく示しているのが、イギリスにたどり着いた顕花植物の例だ。輸入された一万二五〇七種のうち、これまで一六四二種、つまり約一三パーセントが自然発生的な出現を果たしている。だが、これらのうち永続的に定着できたのはわずか二一〇種（一二・八パーセント）にすぎない。そして、この定着した新帰化植物二一〇種のうち、有害植物に発展したのが三九種（一八・六パーセント）だ。[*13] つまりこの場合、テンズ・ルールは実際には次のようになる。

(12) 96ページの注(7)を参照。

## 一〇〇〇：一〇〇：一〇：一のルール

輸入された一〇〇〇の動植物種のうち一〇〇種が自然に発生し、一〇種が定着・分布を成し遂げ、そして、そこから有害動植物となるのはわずか一種というわけだ。

ドイツ人植物学者のインゴ・コヴァリクは、彼が行った調査から少々異なるルールを引き出している。(＊14) 彼の批判は興味深いある一つの論点にかかっているのだが、それはまたのちに詳しく触れることにしよう。

ウィリアムソンの考察では、二つの根本的に異なる次元が混同されている。種の自然発生的な出現と定着が生態的判断基準であるのに対して、有害生物としての格付けは人間から見た価値判断であり、加えてそれぞれの観点により激しく変化する可能性があるものだ。たとえば、以前は絶滅危惧種だったのに甚だしく増加したことにより突然有害種となってしまうということも起こりうる（魚食のウなど）。また、農業や林業でいう有害生物体は、生態的有害種とはまったく異なるものである。

この問題については、マーク・ウィリアムソンもよく認識していたようだ。彼のワークグループは既知の植物種の長いリストを作成して、さまざまな専門領域のエキスパートに送付している。プラス二からマイナス二までのスケールを目安とした上で、それらの植物を雑草（プラス二）と扱うか扱わないか（マイナス二）を彼らに評価してもらおうとしたのだ。六五人の専門家が回答したが、全員の評価が一致した植物種は一つもなかった。専門分野によって大きな差異が目立ち、たとえば農業の専門家が特別多くの植物を雑草と分類する傾向にあったかたわら、自然保護の専門家はどちらかというと控え目な評価を行っていた。(*15)

生態的な判断基準だけで評価していたらもっと首尾一貫していたはず、というのがコヴァリクの意見である。そこで彼は、種の自然発生だけでなく、自然に密着した植物界と人工植物界における種の定着も区別して「一〇〇〇：一〇〇：二〇：一〇のルール」をつくり出した。一〇〇〇種の輸入種からは一〇〇種が自然に発生して、人工自然に二〇種が定着し、そして自然に密着した植物界で定着するのはわずか一〇種というのである。

この数字ゲームをここで詳細に扱う必要はないだろう。だが、侵入生物学という分野では学識と人間の価値判断が混乱されやすいということ、そしてどんなルールに従おうが、実際に定着する種はある地域にたどり着いたいろいろな外来生物体の中のほんの一部でしかないということを、ここでまとめておかなければならない。

多くの場合がそうなのだが、もっとも興味深いのはほかならぬ例外である。マーク・ウィリアムソンは多くの例でテンズ・ルールの適用性を調べ、その際に注目すべき例外を幾つか発見している。(*16)

まずは、二つの極端な例を考察してみよう。完璧な失敗、つまり帰化成功率がまったくゼロというのはウィリアムソンの概要には欠けているが、これは頭の中で簡単に組み立てることができる。誰かが東アフリカのステップ（草原）に棲む動物をグリーンランドに帰化させようとすれば、結果はほぼ失敗といってよい。気候的に、絶対に適応できない場合の当然の成り行きである。

もう一つの極端な例、つまり定着の試みがすべて成功するという方には具体的な例が存在する。生物地理学的に見て、適当な哺乳動物をアイルランドやニューファンドランドに定着させるという試みはこれまでの間においてすべて成功している。この二つの島は、最後の氷河期が終わると、氷や北方特有のツンドラに覆われたまま上昇する海面によって大陸から切り離され、そこにはひどく貧弱になった哺乳動物相が氷河期の記念物として跡に残されることとなった。気候的および地理的プロセスによって引き裂かれた隙間は、ここでは人間の手助けによって再び満たされたのである。

ウィリアムソンはまた、イギリスに輸入された有用植物を調査したときにも、テンズ・ルールから甚だしくはみ出した例を発見している。これらの植物が、人間に依存しなければ成長できないという見方は正しくない。有用植物というのは、通常、理想的な成長に向けて何世代にもわたって改良されてきた植物であり、灌漑システムや植物防護薬の散布が施されなくても衰える気配はない。農夫に甘やかされ、面倒を見てもらい、ほとんどは大量栽培されながら、それらはまた人間が引いた境界線の向こう側でも生きようと、定着を開始するにあたって有利となるそれぞれの状況をうまく活用しているのである。ナスからリンゴの木に至る七五種の商業用輸入植物のうち七一種、つまり九五パーセントは耕地や庭園の外側でも自然発生しており、永続的に定着していると見なされているのはその半分以上にもなる。だが、有害植物に発展したものはない。

有害生物を生物的防除で駆除しようとした例は数え上げれば一〇〇もあるが、その分析結果を見ると、むしろ「三分の一ルール」と言った方がよさそうである。人間によって放たれたすべての害虫抹殺者のうち、定着に成功しているのは約三〇パーセント。そして、注がれた期待を満たし、任務対象の標的種を著しく減少させているのはさらにその三分の一である。

有用植物の場合と同様、有害生物を駆除するための生物種も人間が目的に合わせて選択し、長い一連の試験を行って検査してきたものである。彼らの成功が、平均をずいぶん上回っているのも当然だ。むしろ、わずかこれだけしか生き残らないのが不思議なくらいかもしれない。

ハワイへ持ち込まれた鳥は、このルールの標準を大幅に上回る成功を収めている。ハワイの森林に侵入することができたのは、羽の生えた七〇種の新ハワイアンのうち九種とテンズ・ルールを裏書きしているが、人間の活動によってほぼ完全に変形してしまった低地では半分以上が定着を果たしている。

要約してみよう。定着の試みは、次の二通りの方法によって平均以上の成果を上げることができる。

❶対象となりうる動植物種を慎重に選択することによって。
❷受け入れ地域の本来の生態系が人間を通して著しく変化してしまった、あるいは除去されてしまったことによって。

生物学的侵入の規模や影響について何度も論じられた今、それに対して取ることのできる対抗戦略について考えるときがやって来た。帰化や移入の数は計り知れない。ゆえに、その際にはエネルギーがうまく分割されなければならない。新しい侵入があるたびに、即、盲滅法に打ち掛かっていては資金もエネルギーもすぐに使い果たしてしまうだろう。いまやこの問題全体は、何十億もの費用を要する経済問題に発展している。現れた外来動植物の一つ一つに対して警報の鐘を鳴り響かせる必要がないことは、テンズ・ルールが教えてくれている。だが、外来植物の輸入と分布の間にはあの時間的な遅れがあるため、何百年も続く停滞ですら、必ずしも考慮の必要がないという証明にはならない。ひょっとしたら、それは嵐の前の静けさにすぎないのかもしれないのだ。

なぜ、成功する侵略者とできない侵略者がいるのだろう。侵略者や襲われた生態系のもつどのような特色が、勝利や敗北の決め手となるのだろう。誰が、いつどこで、問題となるかという予言を的中させることができるのだろうか。

一九八二年、生物学的侵入を扱う生態学に関する世界的なスコープ（SCOPE）研究プログラムが開始されたとき、この国際学術団体も同じような問いに没頭した。SCOPEは、「Scientific Committee on Problems of the Environment（環境問題自然科学委員会）」[13]の略称である。非政府組織の一つで、国際学術連合（ICSU）[14]に所属している。研究プログラムの調査は、以下の三つの疑問に答えることとされていた。[*17]

❶ある種が侵略者になるかならないかを決定する要素は何か。

❷侵略者に対して生態系が過敏に反応したり、あるいは抵抗力を見せたりするのは、その土地のどのような特性によるのか。

❸疑問❶、❷に対する答えで得られた知識を基礎とするとき、もっとも効果的なマネージメントシステムとはどのようにあるべきか。

それから一〇年以上が過ぎ去った。その間、自然科学は何もせずにいたわけではない。数え切れないほどの事例や分析、事実、モデルが方々から運び集められ、スコープ研究プ

(13) 自然科学および社会科学の専門家から成る、地球環境に関する様々な分野を扱う団体。世界中の科学者や科学研究所が参加。国際学術連合により1969年に設立。

(14) International Council of Scientific Union。自然科学の国際的学会を連絡調整する学術機関。1931年設立。本部はパリ。

ログラムの関係者は多くの記事や分厚い議事録数巻を発表した。だが、最終的に達した結論はあまり満足のいくものではなかった。提示された疑問には明白に答えられず、一般化したり予言を的中させたりするには大幅な制限を必要とし、どの侵入も、有害生物となったどんな外来種も、それぞれの特殊与件というバックグラウンドなしには理解することができないのだ。積極的にスコープ研究プログラムに参加したマーク・ウィリアムソンは、生物学的侵入について得た認識を以下のようにまとめている。

「これらすべてが暗示しているのは、それらには種としての個々の特性というものがまったくないということだ[*18]」

そして、もっとも重要な共通点とは、それらが人間によって新しい生活圏へ連れてこられたということである。

生物学的侵入を扱う生態学は間違いなく非常に面白い研究テーマであるし、その調査によって個々の種の生物学や生態系の構造、および動力学について多くの重要な事柄が明らかになった。しかし、実践的に見れば、これはほとんどこれ以上打ちのめされることがないくらいひどい結果なのだ。

## 12 アキレス腱——特別敏感な生態系は存在するか

世界に広がるスコープ研究プログラムの最重要研究内容には、侵入生物の特徴にかかわる問題同様、生態系の感度の高さについての問題も含まれていた。地上の生活圏にアキレス腱のようなとくに弱い部分があれば、研究者たちは彼らの能力をさらに効果的に束ね合わせ、より焦点を絞った保護対策を取ることができるにちがいない。

生物学的侵入は、世界のあらゆる地域で起こっている。南洋の諸島はとくに心配だ。今日、多くの国際保護プログラムが諸島における絶滅危惧種の救護に集中している。しかし、侵入は大陸、森林、草原や牧場、海、海岸、湖、そして河川も同じように襲っており、さまざまな生態系を比較した研究者たちは、潜在的にすべての生活圏が襲われる可能性があるという結論に達している。そして、蒸し暑い熱帯ベルト地帯は冷涼な地域よりも抵抗力があるという推測は間違いであることが明らかとなった。熱帯から寄せられる侵入ストーリーも、今では何冊もの分厚い議事録にいっぱい詰め込まれている。(*1)

この問題は、これをもって処理済みとして失望とともに棚上げしてしまうこともできるが、二、三の観点に詳細に目を向けてみる価値は十分にある。ほかよりも甚だしい被害を受けている生態系は疑いなく存在する。それは、それらがより敏感だからだろうか、それとも何かほかの理由があるのだろうか。このことをめぐる論議は、ある一つの問いに集中する。人間が変化させてつくり出した生態系は、妨害の入らない生物群集よりも生物学的侵入に対して虚弱なのかということだ。

ニュージーランドには多くの動植物が持ち込まれているが、残存している原始林で地歩を固めることができた種はほんのわずかしかいない。押し入ってきた動物としてはスズメバチやフクロギツネ、イタチなどが挙げられるが、外来の鳥や植物は昔ながらの森林を避けているかのようだ。その代わりに、彼らが支配している所が人間のつくった開拓地である。

ほかではあれほど成功を収めることに慣れている「放浪」アリも、ハワイの純粋な自然山岳森林へはほとんど侵入できずにいる。もともとアリがいなかったこの島々には、今ではおよそ四〇種が新しく定着している。それらは、開墾や都会化を通して人間が改造してきた低地に集中しており、一〇〇〇メートル以上の高さまで押し入ったものは数えるほどしかいないし、二〇〇〇メートル以上となると皆無だ。諸島のジメジメした自然森林の中で生き延びているのは、唯一アルゼンチンアリだけである。(*2)

これらの例は、純粋な自然の生態系が人間の干渉で変化してしまった土地形態よりも侵入者に対してより激しく抵抗できるという証拠なのだろうか。よくあるように、答えは「イエス」と「ノー」だ。なぜなら、残念ながらそれと正反対の例もたくさんあるから。

(1)イギリス、ウェールズの北部にある国立公園。広さ2,200平方km。スノードン山を中心に広がる。登山者に人気。

北ウェールズのスノードニア国立公園[1]では、止むことなく前進を続ける新帰化植物が大問題となっている。とくにひどいのが、二〇〇年前からほかの植物とは比べ物にならないくらい熱心に品種改良されている、繁茂するシャクナゲの変種である。いつのまにか紫色の花を咲かせる種が発生し――どんなふうにそれが発生したのか、詳細は本当に誰も知らない――それが自由への跳躍を果たしたのだった。一度定着してしまうと、ほかの植物に残される場所はほとんどなくなる。それらを再び押し戻すには、大きな問題を幾つもクリアしなければならず、またたとえシャクナゲから解放されたとしても、地面にはほかの植物の成長を妨げる物質の名残が隠れ潜んだままである。攻撃的なシャクナゲを撃退できるかどうかについて、学者たちの見方は懐疑的だ。スノードニア国立公園のロッド・グリテン[2]は、「公園内の植物は、コントロールされるより広がっていく方がたぶん早いだろう[*3]」と言う。スノードン山のふもとの地域のみを再び本来の、つまりシャクナゲが存在しない状態にするだけでも一億マルク（約五五億円）以上の費用がかかると見られている。

はるかに純粋で自然な植物界を有するアメリカの有名国立公園の数々にしてみても、外来植物種の侵入に対して決して免疫があるわけではない。アメリカ議会のための技術評価局（Office of Technology Assesment）は、ある研究の中で「まさに国立公園設立の本来の目的である特有植物そのものが、非国産の生物体に脅かされている[*4]」と懸念を隠さない。また、世界中のさまざまな種類の自然保護地域を調査した結果、外来動植物種の被害に遭

（2）Rod Gritten。スイス科学アカデミー（Swiss Academy of Sciences）のメンバーで、シャクナゲ（Rhododendron Porticum）のコントロールおよびマネージメントに関するプロジェクトに携わる。

わずにすんでいる地域は一つもないことが明らかとなっている。(＊5)

かの有名なガラパゴス諸島でさえ、生育している全植物のほぼ四分の一は非国産だ。加えてそこには、移入してきたヒアリや何千という野生化したペット、ヤギなども棲みついている。この大食家のヤギはとくに増殖が目立っており、最近では懐の温かいツーリストに、いわゆる「種を保護するためのハンティング」なるものに参加してもらって駆除を試みている。

このように、地上の生活圏に真珠のように輝くこれらの島々にすらも、「元来」という意味を含みもつ天然の自然はもう存在しえないのだ。

特殊な例のハワイを除けば、外来植物種が大都市や人口密集圏、農業地の中で占める割合はかなり高い。人間の影響にますます打ち負かされていく種々の生活圏を比較してみると、一つの明白な傾向が浮き出てくる。次に掲げるグラフは、地球上のまったく異なる地域で行われた二つの調査結果を示すものである。上は、大都市ベルリン内の五つの異なる生活圏タイプに育つ新帰化植物性潅木の占める割合を示したものである。(＊7)下のグラフは、南東アジアの熱帯雨林内、および人間

**アメリカ合衆国の国立公園における地域外に由来する植物種の割合**(＊6)

| | |
|---|---|
| セコイヤ／キングス・キャニオン | 6～9％ |
| ロッキー・マウンテン | 7～8％ |
| イエローストーン | 11～12％ |
| アカディア | 21～27％ |
| シェナンドア | 19～24％ |
| エヴァグレーズ | 15～20％ |
| ハレアカラ（ハワイ） | 47％ |
| ハワイ・ヴォルケイノ | 64％ |

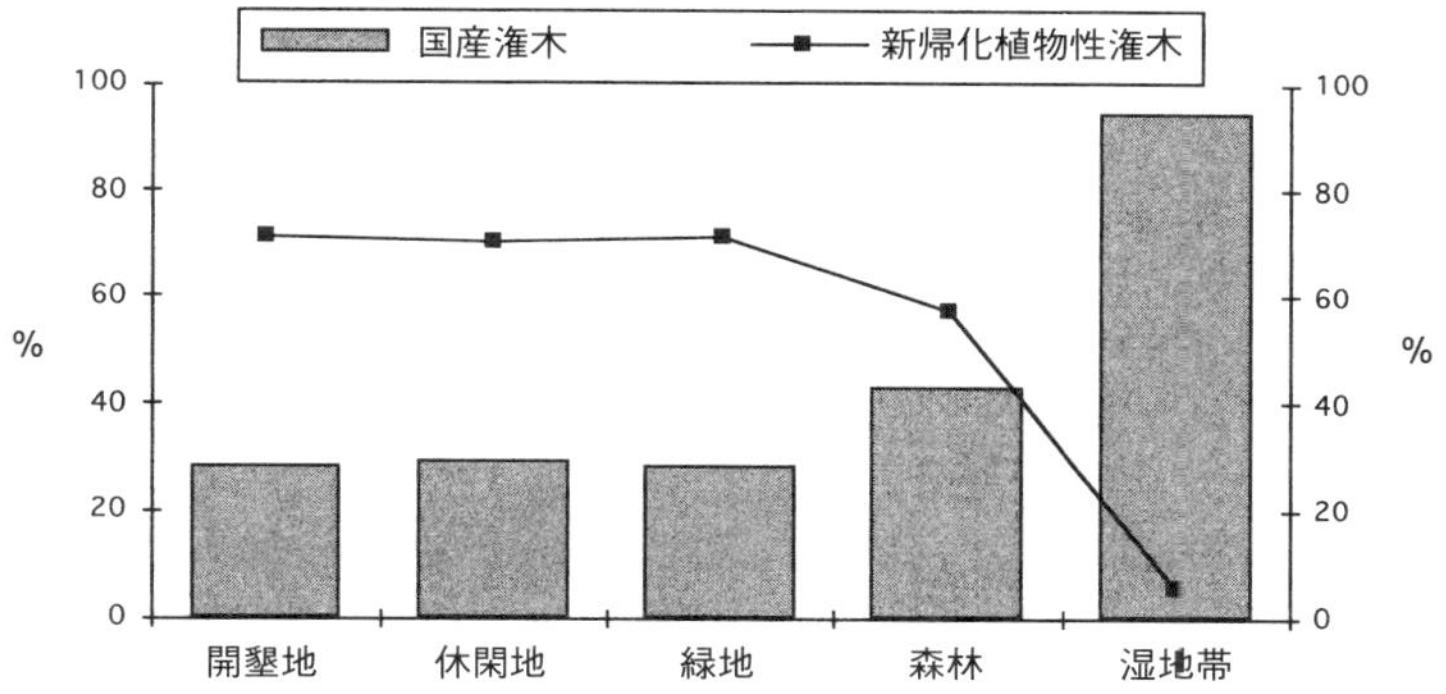


ベルリンの五つの異なった生息地グループにおける外来および国産潅木種の割合
（Kowarik 1992による）

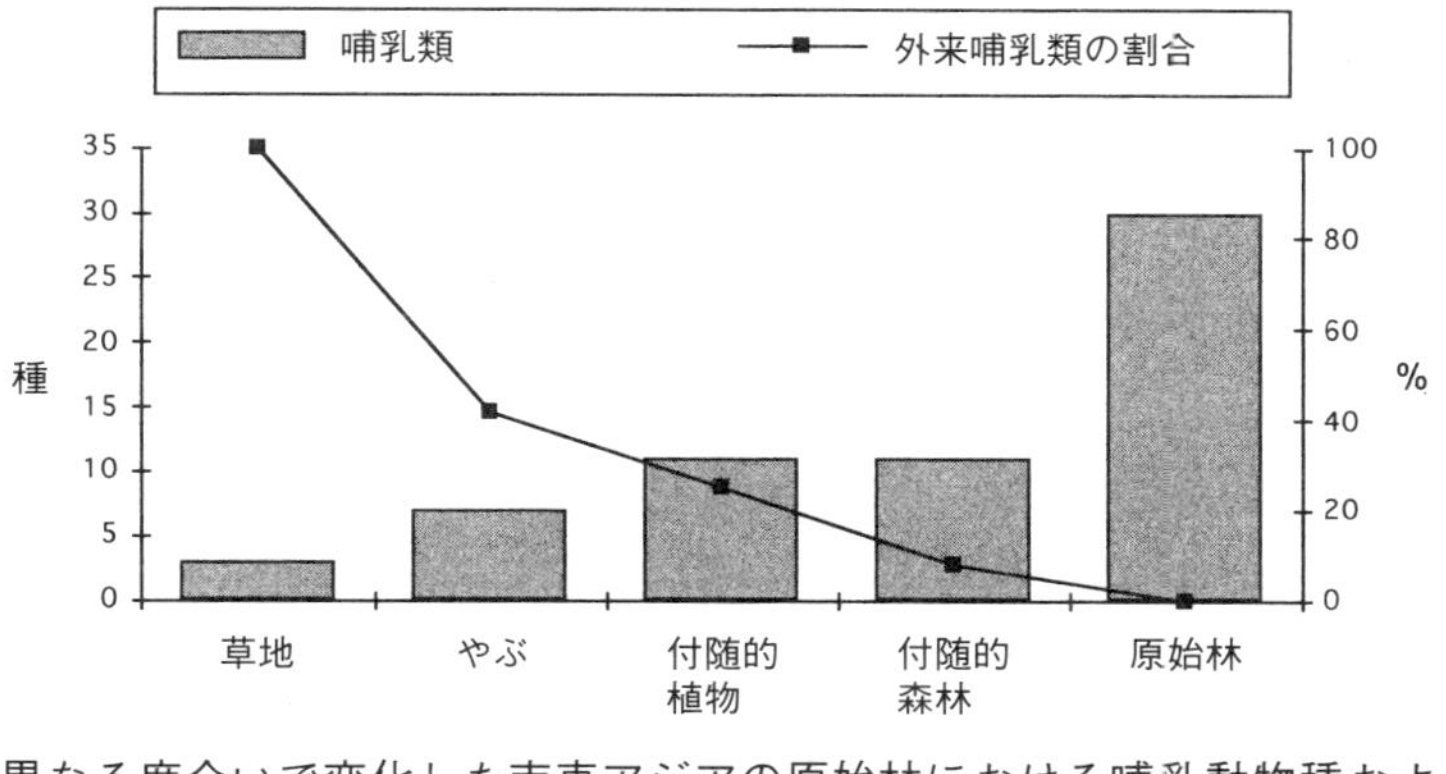


異なる度合いで変化した南東アジアの原始林における哺乳動物種および外来哺乳動物種の割合
（Primack 1995による）

が電気のこぎりやブルドーザーで進出してきた跡に残された場所に棲む哺乳動物種の数を示している。(*8)

どちらの場合も、人間の影響は左から右へ行くにつれて減少する。ベルリンのもつ多様性は、ほとんどが自然保護下に置かれ、新帰化植物性潅木は大した問題となっていない比較的自然な郊外の湿地帯から、建物が密接し、休閑地や公園、前庭で新帰化植物が全潅木の三分の二以上を占めている都市の中心部にまで及ぶ。

南東アジアの無傷の熱帯雨林には、国産の哺乳動物ばかりが三〇種ほど棲んでいる。これらの森林が開墾されていくと、自然のままの原始林からさまざまな森林除去の段階を経てモノトーンの牧草地という最終段階に至るまで、それぞれの場所で生きていける動物種の数は減少する一方だ。それと同時に、その地域には見られなかった哺乳動物種の占める割合が劇的に増加する。悲惨な最終地点は草地である。そこに棲むのはたった一つの野生哺乳動物群、つまり移入してきたネズミだけだ。

この二つの例の結果は、唖然とするほど相似している。人間の影響が大きくなればなるほど、外来動植物種の支配が強くなる。人間の関与が生物群集の防御力を弱まらせてしまうということは、このような調査がはっきりと証明している。妨害を受けず自然であればあるほど、生態系は侵入してきた種に激しく対抗できるようだ。

面白いことに、アメリカ人進化生物学者ゲラート・J・ファーメイ(3)がこの二〇〇〇万年

(3)76ページの訳注(5)を参照。

の間に起きた生物体の自然交換を調査したときにも、同じような結果が出ている。中央アメリカの陸橋が形成されたり、ベーリング海峡が開いたりといった地形的事象は、異なる生物群集同士を遭遇させることとなった。その結果、生態系に大規模な混乱が生じた。とくに大きな成功を収めたのは、それ以前に別の理由ですでに多くの種が絶滅していた場所へと移住してきた動植物だったのだ。[*9]

世界中に広がる生物体の交換の中には奇妙な不均衡が見られるが、それを解明してくれるのは、もしかしたらこの現象かもしれない。旧世界と呼ばれるヨーロッパとアメリカ、オーストラリア、ニュージーランドといったネオ・ヨーロッパの国々の間で行われた動植物種の交換は、今日に至るまでほとんど一方通行のままである。ヨーロッパの生物体は、なぜこれらの国々でこれほどの成功を収めたのだろう。また、ヨーロッパにおける生物学的侵入は、これまでどうしてこれほど人目に付くことなく進行してきたのだろう。

これらの不均衡は、もちろんヨーロッパから世界各地へと人間が束になって一方的に移住していった流れの結果でもある。ニュージーランドやアルゼンチン、あるいはアメリカの人々が、同じくらい選り抜かれた生物体を詰め込んだトランクをヨーロッパに持ち込んだことは一度もない。[*10]だが、自国の生物体を連れたヨーロッパ人があれだけの抵抗しか受けなかったのは、彼らが遭遇したのが打撃を受けて貧しくなった生態系だったからだとも考えられないだろうか。

のちにインディアンやアボリジニー、マオリとなる人々は、まったく異なった時期にそれぞれアメリカやオーストラリア、ニュージーランドにたどり着いた最初の人間である。そこで彼らが遭遇したのは豊かな大動物界だった。北アメリカのマンモスやオオナマケモノ、ウマ、ラクダ、あるいはニュージーランドのモアやオーストラリアのオオカンガルーといった巨大な種もいた。これらのうち、今日まで生き延びた種は一つもない。人間による大動物狩りをその原因とする著名な学者もいる。昔の狩猟人間集団は、そこで出会った動物寓話をその中に登場する肉食獣や寄生虫とともに消し去ってしまったのだ。アリゾナ大学の古生物学者ポール・S・マーティン(4)によるこのいわゆるオーバーキル(Overkill)説(5)は、論議の余地はあるものの確信のいく数多い間接証拠によっており、支持者は増えるばかりだ。(*11)この説は、ポール・S・マーティンの簡潔な一文に要約される。

「大きな哺乳動物が消滅したのは、彼らが食物源を失ったためではなく、彼ら自身が食物源となってしまったためである(*12)」

「この説は、理知的に挑発しながら、一方にまとまるインディアンやアボリジニーやマオリ、そしてもう一方のヨーロッパの侵略者の間に新しい関係をつくり上げている(*13)」と言う

(4) Paul S. Martin（1899〜）アリゾナ大学の人類学者、考古学者。
(5) 1967年にポール・S. マーティンが発表した説。人間の影響拡大や狩猟技術の発展を考慮に入れ、大動物の消滅パターンを説明したもの。

のは、アルフレッド・クロスビーだ。

「彼らの対峙の仕方は、もはや『受動の原住民』と『能動の白人』というステレオタイプではない。我々はむしろ、同じ種類の侵入者による波が二つあったというふうに考えるべきなのだ。第一の波は突撃班として第二の波の進路を整えてやり、そして、その第二の波がより複雑な生態構造やより多くの人間を連れてきたのである」

オーバーキル説が正しいとすると、国産大動物界が根絶された後、未来のネオ・ヨーロッパの国々は真空状態となっていたことになる。それは、ヨーロッパの放牧用動物によって初めて満たされた。そして、それらの餌となった植物界は、集中的な放牧と折り合っていくことなどもう何千年も前に忘れてしまっていたために幅広い前線で退却が始まった。それに代わって、世界中至る所で見られる同じような牧草で織り成された緑のじゅうたんが、ウシやウマ、ヒツジ、ヤギに続いてすべてのネオ・ヨーロッパの国々を覆うようになった。いまや、わずか四〇種が地上の全放牧地の九九パーセントを覆っている。そのうち二四種が、ヨーロッパや北アフリカ、中東に由来している。しかし、アフリカや北アメリカのプレリー大草原など、豊かな大動物界が生き残った所では、これほどの規模に達するヨーロッパ種の成功は皆無か、あるいは著しい遅延を伴ったかにとどまっている。(*14)

それ以外にも、植物、動物、微生物および農業を営む人間からなるヨーロッパの生物体世界のもつある特徴が、原産地では相当の安定性と柔軟性を、そして遠方では特定の条件下やある程度の数がまとまってスタートしたときに決定的となる長所となっている。その特徴とは、新石器時代という革命の後、彼らには互いに慣れ、互いに協力し合う共同体を形成する時間が何千年もあったということだ。「サンプルとして海外へ出ていく個々の生物は、孤立してではなく協力しながら、言ってみればチームとして機能しており」、その中で成功多き征服者となっていくのである。(＊15)

生態系が弱まると、すき間や抜け穴が生じる。そうなると、肌という保護マントが破壊されて開いた傷口が病原体を侵入させてしまうように、皆伐(かいばつ)や人間によるほかの干渉も、自然に起きた天災とまったく同様、攻撃的な侵略者に有利となる新しい攻撃点をつくってしまう。今はまだアリのいないハワイの山岳森林も、道路建設や開墾で弱まればあっという間に「放浪」アリに襲われる。それらは、人間が造った林道を通って周辺の破壊された地域に定着し、そこから弱まった自然の中に向かって略奪行為を推し進めていく。専門家が、現存の山岳森林にはどんな妨害もいっさい加わらないようにしなければならないと要求するのはそのためだ。(＊16)

開墾された土地では、カードが新たに切られる。古い生物群集は破壊され、新しい共同体がまず形成されなければならない。これまでの発展の間、国産種が維持してきたリードももう終わりだ。大抵の場合、それらはそれぞれが生存している生態ニッチの中で確実に支配できる立場にいたスペシャリストだった。新しい条件下で彼らが生き延びるチャンスはほとんどない。監督を引き継ぐのはまったく異なる生物群だ。その中には、まさにこのような状況に理想的といえる戦備を整えた外国侵入者もたくさんいる。それらは成長が早く、多くの子孫を残し、一世代は短く、またさまざまな形で無性増殖することができる。だが、彼らの優勢も永遠に続くとはかぎらない。長期的に見れば、在来の生物群集も自然に継承されていって、再び元のように支配できるようになるかもしれない。ただし、新たな定着の出発点となる生活圏が妨害を受けないまま生き延びれればの話であるが。

こういった現象は、ニュージーランドの開墾された森林、オーストラリア自然植物界の牧草地への変形、超過漁獲や超過施肥、化学汚水で負荷がかかったアフリカ、アメリカ、ヨーロッパの海洋や河川、湖に棲む生物群集など、これまで扱ってきた例の多くに一貫して見られる。生活圏の破壊といった負荷が世界の至る所に残していった生態系の中の真空状態は、すべてとは言わないまでも、成功を収めた生物侵略者の多くによって埋められていった。そして、宿命的なことに猛威を振るうこの均質化に対して、人間は同時に二つの次元で道をならしてやっている。つまり、世界でもっとも辺ぴな地域にまで外来種を輸入したり移入したりしながら、そして、現存する生物群集を破壊したり衰弱させたりしながらである。魚類生物学者のペーター・モイレ(6)は、そこにボクシングと平行するものを発見している。

「それは、左右両パンチのコンビネーションのようなものだ」(＊17)

この見方は非常に納得のいくものであるが、人工的な影響を受けた生活圏には外来生物が顕著に多いということについては、もう一つすこぶる簡単な解釈の仕方もある。それらは、さまざまな入国路がつくられた結果なのかもしれないというものだ。それらの入国路は、通常、広大な農業地や開拓地に取り巻かれた人口密集圏に存在する港や倉庫、飛行場に直結している。そこでは人間が住んでいてペットを飼い、エキゾチックな植物を美しく手入れした庭をつくっている。人口密集圏では、外来植物種の占める割合が世界でもっとも高い。この事実は、そこが波のように押し寄せる侵入者のスタート地点であることを明白に証明している。ベルリンで自然発生的に成長する外来立木は周辺のブランデンブルクの田舎よりもはるかに多いし、ハワイに移入してきたアリ四〇種がすべて棲んでいるのは、もっとも重要な港をもつオアフ島のみである。その波は弱まってはきているが、ますます遠い所からやって来るようになっている。

純粋な生態系は、それとは逆に文明から遠く離れた辺境に存在する。侵入してきた種にとっては、かなり到達しにくい土地である。人間が道路や鉄道を建設して初めて、それに沿って直線的な妨害を周囲の土地に広めていくことが可能になる。ドイツ連邦共和国のよ

(6) Peter Moyle。カリフォルニア大学で淡水魚の生態およびマネージメントを研究。野生生物学者・魚類学者・保護生物学者。

(7) マロニエの葉につくガ。葉に穴を開ける。ひどい場合は葉が茶色に変色して枯れてしまい、最終的に木の葉が全部落ちてしまう。

うな高度に発達した工業国では、豊富に見られるインフラ設備だ。ドイツの道路にある中央分離帯および両端の緑地帯、側道、傾斜が国土に対して占める割合は、約三・二パーセントである。これは、登録自然保護地域の総面積の三倍にもなり、それらの地域とは対照的に、中央ヨーロッパの開拓地をすべてつなぎ合わせるという非常に目の細かいネットワークを形成している。(*18) ベルリンに育つニワウルシの最新サクセスストーリーを見ると、人間による自然変革がいかに意外なやり方で新しい植物種に進路を開いてやっているかがよく分かる。それだけでなく、今日見られるその躍進は、長い間目立たなかった植物がどのようにして突然急速に広がるのかということも解明してくれるかもしれない。

このニワウルシ（Ailanthus altissima）は東アジア産である。およそ二五〇年前に庭園および街路樹用としてヨーロッパへ輸入され、一七八〇年ごろにベルリン・ブランデンブルク圏へやって来た。自然発生的に成長したニワウル

**●ドイツ、1998年**

最近の不法道路利用の例については、今、まさに実物を観察することができる。マロニエの葉につくガ(7)（Cameraria ohridella）が北へ北へと推し進んでいるのだ。ヒマラヤ産のこの恐ろしい害虫がどのようにしてヨーロッパへたどり着いたのかは不明であるが、それらはマケドニア、オーストリア、バイエルンを抜けてベルリンまで着々と進出してきている。バイエルンでは、その際にガが利用した分布道をうまくたどることができた。この伝染は、まず最初に、アウトバーンの休憩所に立つマロニエの木に現れた。大きな交通路から遠く離れた所で育つ樹木は、とりあえずは感染を免れていた。(*19)

シが初めて記録されたのは一九〇二年、つまりそれから一二二年後のことである。[*20]このタイム・ラグはとくに印象に残るものではないが、ニワウルシが最初の種子を生産するために必要とする時間よりはずいぶん長い。当地で自然発生的に成長する能力を新しく得たものの、それも当面はニワウルシの分布に大きな変化を与えることはなかった。この木は、相変わらず珍しい存在だった。個体群が著しく増加したのは第二次世界大戦が終わってからのことで、以来ニワウルシは、今日までベルリン市街でもっともよく見られる樹木の一つに数えられている。

戦争中における連夜の空襲はベルリンを廃虚に変えた。荒れ跡やすさんだ敷地は、一九五〇年代や一九六〇年代になるまで町のあちこちに見られた。自由に使える空地がにわかに幾つも出現したのだった。このチャンスを最初に利用した植物の中に、これまで目立たなかったニワウルシがいた。ニワウルシだけではない。ニセアカシア、トネリコバノカエデ、フサフジウツギ[8]やニュージーランドの「老人のあごひげ」と呼ばれているクレマチスなどは、一九五〇年代以降、ベルリン以外においても急速な増加を記録している。[*21]

このようなニワウルシの突然の分布といった現象は、根本的に異なる二つの要素によって生じる。[*22]まずは、法則に適ったプロセスを通してである。たとえば、小氷河期の終末以来続く気温の上昇が挙げられる。これによって、このあたりに棲む暖かさを必要とする種はより過ごしやすくなった。もう一つは、偶発的な出来事を通してである。生物学的見地

(8)フジウツギ科。草丈１〜２ｍの落葉低木。原産は中国。園芸栽培用品種。香りの良い大きな花を咲かせる。
(9)ギョリュウ科の落葉小高木。中国の原産。高さ７ｍに達する。庭木。

から見れば、技術革新や法外な破壊を引き起こす可能性のある世界大戦の勃発もこれらに含まれる。それらは、最良の場合でも局部的に調和を混乱させ、まったく予想外で予見不可能な結果を引き起こすことになる。

決定的となることもありうる「偶然」というものの与える影響は非常に大きい。生物学的侵入の可能性や規模、時期に関する長期予想は、それがために困難となるばかりでなく原理上不可能となってしまう。今日のニワウルシの成功を前世紀に予言できた人など、一人もいなかったはずだ。(*24)

実験用のテストは、そのとき支配している条件の下でしか行うことができない。それに応じて、そこから引き出される説もその状況にしか通用しない。だが、環境が変化したり、気候や政治、あるいは外来生物体自身が突然、あるいはじわじわと新しい制約をつくり出したりすれば、予想するにしてももう

**●アメリカ合衆国**

18世紀末、ユーラシアのギョリュウ(9)がアメリカへ輸入された。目的は、材木供給と河岸の洪水防護であった。この樹木は長い間目立たなかったが、20世紀の初め、突然猛烈な勢いで50万 ha もの広さに広がり始めた。いったい何が起こったのだろう。ギョリュウの意外な成功の責任は堤防建設にあったのではないか、と植物学者は推測している。氾濫が減少したことにより、本来の競争相手、特にドロノキ属やヤナギなどが不利な状況に陥ってしまったのだ。ギョリュウは地面の塩化を助成し、ものすごい量の水を使い尽くす。ギョリュウがアメリカ南西部で蒸発させている水の量は、南カリフォルニアのすべての都市が使用する量より多いといわれているくらいだ。この樹木の駆除には、極端な手間ひまを要する。(*23)

曖昧な思惑しか残らない。ますます利用度の高まるコンピューターですら、もっとも贅沢なメモリー装備が施されていても、未来に起こりうる方向転換や危機をすべて考慮することはほとんど不可能である。

今の気温状況では、おそらく都市との境界がニワウルシの終着駅となるだろう。ニワウルシは温暖を好む種であり、小氷河期が終わっても人工的に暖められている大都市気候が必要なのだ。田舎のブランデンブルクでは寒すぎる。だが、世界的に温暖化が進んでいる今の時代、果たしてこの状態はいつまでも続くのか、またいつまで続くのかと予想することにいったい何の意味があろうか。

# 13 セラピー

## 一　生態医学

望ましからざる外来種の駆除に使用されるのは、これといってとくに変わったものではない。根本的にどの狩人も庭師も、あるいはどの農夫も使っているものである。つまり、銃、鋤、鍬、大鎌、毒薬、罠などだ。しかし、ほとんどの場合あまり効果はない。一度広がり出した侵入種を押さえたり、あるいは完全に駆除したりすることができたとしても、それはこれまで単なる例外にすぎなく、また状況が好都合な場合にかぎられていた。広大で踏み入りにくい地域が襲われた場合は、シカやブタ、ヤギなどの大動物ですらそのコントロールは非常に困難を極める。

長期にわたって効果的な方法となると、唯一生物的防除しかないということも珍しいことではない。どんなにうまくいってもこの世から問題そのものを取り除いてくれることはないが、あらゆる予防手段を顧慮しながら実践に移せば持続的なコントロールは可能である。しかし、このような方法の開発には時間も費用もかかり、またその効果についても定期的なコントロールが必要となる。連れてこられたヘルパー（外来種）が定着して自分たちの役目に気づいてくれれば、コントロールされる方がコントロールする方を生かしておいてくれるので後続費用は比較的少なくてすむ。しかし、まったく何も起こらない場合がほとんどで、最悪のケースでは実行後の方が問題を増やしてしまうことになる。

　ほかの方法ではいずれも、この駆除活動が永遠に終わらない永続的な課題となってしまう恐れがある。その費用は年を重ねるごとに天文学的な額にまで膨れ上がり、ときには所期の効果とまったく関係がなくなってしまうこともあ

**●イクピンレ、ベナン、1997年10月**

　生物的防除は、これまでで最大の成功を成し遂げたと言ってよかろう。1993年に初めてベナンに放たれた肉食ダニ（Typhlodromalus aripo）[1]が、たった4年でアフリカ最大の害虫問題の一つを片づけてしまったのだ。このちっぽけなダニが一種のダニ戦争の中でカッサバを食べる緑色のダニに与えた大打撃は、西アフリカの経済収益だけでも6,000万ドルに達するほどのものだった。熱帯産トウダイグサ科の植物であるカッサバは、16世紀以来、2億人を数えるアフリカの住民になくてはならない食物となっている。この植物を南アメリカから持ってきたのは、ポルトガルの商人だった。そして、カッサバを食べるダニと肉食ダニの出身地も同じく南アメリカである。研究者は、1970年代に移入してきたこの害虫問題に対する解決策を発見するまでに15年もの年月を要していた。従来の駆除方法は、被害に遭っている小農民には費用が高すぎて実際的ではなかった。しかし、アフリカの11の国々にあっという間に広がったこの肉食ダニには一銭も払う必要がない。農民にとっては、この世のものならぬ奇跡が起こったのだ。これまでとまったく同じように働いているだけなのに、急激に収穫が30%も伸びたのだから。[*1]

る。人々が恐れるヨーロッパのマイマイガ（Lymantria dispar）は、初めて北アメリカに出現してから一二〇年が経過した今もなお分布を続けている。一九九〇年には二〇〇〇万ドルを費やした駆除プログラムが再度実践されたが、このチョウの幼虫はその後もさらに三〇〇万ヘクタールものアメリカの森を裸の枝の群れへと変貌させ続けている。[＊2] 一〇年あるいは三〇年経っても、この状況に変化が訪れそうな気配はまったくない。

ヨーロッパのブラックチェリー（Prunus serotina）の歴史は、まるでおかしな愚行を読んでいるようだ。北アメリカ産のこの木は、すでに三〇〇年前からオランダで栽培されていた。前世紀の二〇年代に入ると、人々は広大な土地に植林をし始めた。ブラックチェリーは栽培針葉樹林用の肥沃な土地を維持してくれるといわれ、防風に利用されたり荒地に多く植えられたりした。「植林は、一九五〇年代の前半まで続いた」[＊3]と、植物学者のウヴェ・シュターフィンガー(2)はアメリカ産の樹木に関する研究書の中で書いている。

「駆除が始まったのは、そのほぼ直後だった」

ブラックチェリーが駆除されているのは、ドイツとオランダの一部である。なぜかと言うと、隙間なくびっしりと層になる藪が営林作業の邪魔になるからだ。かつては木がまばらだった森も、今では国産の雑草がブラックチェリーの影に覆われて脇へ脇へと押しやられており、樹木の自然の若返りにも妨害の手が伸びている。[＊4] 不興を買ったブラックチェリーのことをオランダでは「森のペスト（bospest）」と見なしているが、これを駆除するた

（1）ブラジルの北東地域原産。現在、ベニン、トーゴ、ガーナ、ナイジェリア西部など、17ヵ国に広がる。

（2）Uwe　Starfinger。ドイツ人植物学者。ベルリン技術大学の生態学および生物学研究所所属。ベルリン・ブランデンベルグの植物学協会のメンバー。

めの方法は、費用のわりには効果がそれほどでもなく、骨ばかりが折れて報いのない労働となっている。

このような植物を除去するにはどうすればよいのか。多くの人々がまず最初に思いつくのが「腕ずく」という方法である。ノコギリで切り落とし、根を引き抜く。すると、成果は即座に現れる。やり遂げられた仕事は大きな材木の山が証明してくれるし、その後に枝を払われた森を見渡してまた満足することができる。

だが、こうして喜んだところで、それもそう長くは続かない。というのも、実はブラックチェリーにとって、これ以上の恩恵などほとんど考えられないからだ。幹を切り倒すと、「必ず根元からすぐに若枝が何本も伸びてきて、種子から成長した木よりももっと密生した、除去することが困難な層を形成する。そして、以前にも増して早く成長する上、おそらくもっと多くの実をつける」。引き抜くにしてもやはりやっかいである。なぜなら、樹木全体を地面から引き抜く特別な機械が発明されたが、「根の塊がよく地中に残ったままとなり、それを引き抜いても、ひきちぎれて残ったものがまた新たに根を伸ばしていくので除去するのが非常に難しい」のである。

となると、残るは現代化学の恵みのみとなる。さまざまな種類の化学除草剤を適時適所に利用すれば、この植物に己(おのれ)の限界を見せつけることもできるはずだ。まず、植物保護剤の「2、4、5－T」(3)が葉に吹き付けられた。ブラックチェリーは実際に死んでいったが、

（3）植物ホルモンと同じような作用をする除草剤。

残念なことにほかの濶葉樹も同じ運命をたどった。さらに、「さまざまな土壌生物体などへの大きな副作用」が認められた。要するに、これもやはり理想的な方法ではなかったのである。かくして、「ブラックチェリー（Prunus serotina）に対する化学除草剤の散布は取り止めとなった」(*5)

今日実践されているのは、機械駆除や化学駆除、そして生物的防除を組み合わせた複雑な処理である。ベルリンの自然保護地域では、ブラックチェリーの幹を地面スレスレのところで切り倒し、その後、この切り株を最低二年間ビニールホイルで覆っておく。こうして、若枝が伸びるのを防ぐのだ。オランダの切り株は、化学薬品や植物につく病原真菌類で処理されている。だが、この処理は、毒がほかの植物や地面につかないよう、極力慎重に行われなければならない。また、真菌類を使用すれば、近くの果樹などへ伝染する恐れもある。

機械や生物、化学薬品を使ったにしろ、あるいはこれらの中の好きなものを組み合わせたにしろ、駆除活動はどれもまた数年後に繰り返されなければならない。

「そうしないと、ブラックチェリーは種子や切り株、根、あるいは生き残った木などからまた立ち戻ってきてしまうのだ」(*6)

一九七六年にオランダが必要とした費用は、処置の方法いかんで、それぞれ一ヘクタール当たり三〇〇から二〇〇〇ギルダー(4)となっている。当時の見積もりでもすでに六万一〇〇〇ヘクタールがこの植物に占領されており、地表の五〇パーセント以上が覆われた土地は一万ヘクタール以上に上っている(*7)。ブラックチェリーから解放されたいのであれば、オランダの人々にはこの先やらなければならないことがまだまだたくさんあるということだ。

ところが、これほどの努力にそもそも意味があるのかというと、それがまったく疑わしいかぎりである。どこにでも生育していることからブラックチェリーは恐ろしい速さで広がっていくと思われているが、ウヴェ・シュターフィンガーの調査によると、この樹木はもしかしたらまったく広がっていないか、あるいはそうでないとしてもそれほど大規模には分布していないことが明らかとなっている。多大な労力をかけて駆除されている現在生育中の木のほとんどは、人間の手によって植えられたものと彼は考えている。ブラックチェリーの自然分布は、古い樹木の近辺にかぎられているようだ。遠い昔に営林職員を勤めた人々の勤労ぶりは何一つ記録には残されていないようだが、それはかなり過小評価されていたのである。

待つよりほかにないことがもう一つある。ブラックチェリーの植林にともなって自然に発生したこの問題は、本当にこれまで幾度となく言明されてきたほど大きいのかということだ。長期にわたる実験は、これまでほとんど行われていない。専門家は、幾つかの地域

(4) 1ギルダー＝49.5円。2001年1月現在。

(5) David F. Williams。アメリカ人昆虫学者。生物学・生態学、そして都市部における輸入種のアリや他のペストとなっているアリのコントロールについての研究を行っている。

を選んで成り行きにまかせてみる、つまり自然な遷移(せんい)のなるがままにまかせてみるよう要求している。国産森林という種の共同体は、長期的にはやはり一歩抜きん出ているのだろうか。それをはっきりさせるには、こうする以外にないという。

莫大な費用や方法的な難しさのほかにも、駆除対策にはもう一つ別の問題が常につきまとう。本来、保護しようとしている生物に害を与えてしまう恐れがある、ということである。

大動物を狙い撃つという例外を除けば、どの駆除戦略の場合も大抵ほかの植物や動物にまでその影響が及んでしまう。重い機械は地面や植物界を破壊してしまうし、広大な地域に撒き散らされる植物保護剤は生態系全体に負担をかける。罠にはほかの動物もかかってしまうし、毒の入った餌は国産の鳥も殺してしまう。これらすべてが引き起こす現実は、もしかしたら利益よりも損害の方が多いのかもしれない。世界各地で大

「カミアリのコントロール法は、カミアリのコロニーと同じくらい数がありそうだ。それは、家庭薬からハイテクにまで及ぶ。家庭薬の場合、大抵は個々の巣を破壊するのにベンジンなどの石油製品、石鹸や洗剤などの溶液、漂白剤、木灰、酢、砂利、酵母、レモンの皮、スイカの皮など、数ある製品の中からどれか一つが選ばれる。ハイテク策には電子レンジや電気ゾンデ、爆発物の使用などが含まれるが、カミアリのコントロールにはどれも今一つおぼつかない。別なやり方としては、一つの巣を掘り起こしてそれを別の巣の上へひっくり返すという方法もある。アリ同士が戦って、両方のコロニーが破壊されればこっちのものだ。だが、ほとんどの家庭薬と同じで、大多数はまったく機能しないのである」(＊8)

デイヴィッド・F・ウイリアムス(5)

勢の学者が行っている包括的な下調べや随伴調査は、何百冊もの学術出版物という形にまとめられており、そこでは応用形式や毒物の量、さまざまな植物保護剤の比較、生態系の中に現れる副作用、複雑な費用便益分析などが扱われている。ここで生じる多額の出費、そして必要に迫られたこの作業に投入される労働時間や知的リソースは、もうほかの重要なプロジェクトに費やすことはできず、いかなる統計にも示されることがない。駆除対策の多くは何度も繰り返されなければならず、ただでさえ打ちのめされているシステムにさらに慢性的な負担を与えることになる。侵入生物の数も増えるばかりで、そのことだけを考えてみても、駆除はますます頻繁に繰り返される傾向にある。このようなもつれた状況では、あきらめて何もしなくなってしまったり、逆に必死の活動主義に陥ったりする恐れがあるのは火を見るよりも明らかだ。

## 二　カピティ島と大陸の中の島々

ニュージーランド南島にあるネルソンレイク国立公園。日曜の午前一一時、山の急傾斜に囲まれた湖の上には、光り輝く青い空が広がっている。背後からは、スズメのさえずりが聞こえてくる。ロトイティ湖の自然回復プロジェクト(6)の開始に立ち会おうと集まった人々は数百人。国内外からの観光客、国立公園インフォメーションセンターが立つ湖の端

(6) ネルソンレイク国立公園にあるロトイティ湖周辺の825ha に及ぶブナの森を回復させることを目的とするプロジェクト。1997年にスタート。在来生物種を守るために害となる動物を抑制し、再移入種を追放し、また保護活動に対する認識を高めることを目的とする。

の小さな町セント・アーノードの住民、そして環境保全局（DoC）から参加している多くの局員の中には、彼らの上司であるまだ若いスミス大臣(7)の姿も見える。

まず最初に、彼らは全員マオリの長い歓迎セレモニーに耐えなければならない。ゲストとホストの一風変わった単調な対唱の後、もっとも遠い親戚ですら同じ源に寄せ集めた先祖代々の名前が長々と読み上げられる。政治家の演説や感謝の言葉がそれに続き、互いに肩が叩かれあう。観客はその周りを囲んで芝生の上に腰を下ろし、ずうずうしく服の中へ押し入ってくるサンドフライ(8)を追い払う。あたりにはピクニック気分が漂い、テントの下ではソーセージが早くもジュウジュウと音を立てている。

ようやく、待ちわびた時がやって来る。マイクの前に彼が進み出る。おそらく、ここへやって来た人の大半は、この人が目的だったにちがいない。イギリスの有名な自然映画の制作者であるデイヴィッド・アッテンボロー卿だ。テレビで放映される彼のシリーズは、ニュージーランドで大ヒットしている。彼は、ファンをがっかりさせたりしない。期待通りの演説をしてくれる。

「みなさんは、ニュージーランドがここに棲む鳥ゆえにどれほど世界にその名を馳せているか、きっとご存じのことと思います。ほかには生息の確認されていない注目に価する鳥です。みなさんがおそらくご存じないのは、ニュージーランドの自然保護が世界中でどんなにすばらしい名声を得ているかということでしょう。ニュージーランドのエキスパート

(7) Hon Dr.Nick Smith。1990年、最年少で国会議員に当選。環境保全大臣、教育大臣などを務める。

(8) オセアニアやマレーシアなどの砂浜の中に隠れている、目に見えないくらい小さな虫。刺されると皮膚が腫れ、ひどいかゆみを覚える。

のみなさんは、人は毅然としていて着想豊かであり、果敢にして創作的でなければならないことを示してくれました。そうです、何かが『行われなければ』ならないのです！」

デイヴィッド・アッテンボロー卿は、そう言うと片手を握る。

「ここに一〇マイルの長さの島があります。この島は、ドブネズミで汚染されています。このドブネズミを始末して欲しい、とヨーロッパの誰かに言ったら、そのヨーロッパ人はこう答えるでしょう。『無理ですよ！　そんなことできるわけありません。このドブネズミは、みな穴を掘り木に登るんですよ。それを全部を捕まえるなんて無理に決まってます。身重のメスがたった一匹残っただけでも、これまでやって来たことは全部無駄になってしまうんですからね』と。そうですね……、しかし、ニュージーランドの人々はそれが可能であることを証明してくれました」

彼は再びこぶしを握る。興奮した彼の額にグレーの髪が絶えず落ちる。彼に引き込まれ、人々は熱狂する。

「しかし、今……」

アッテンボローは、うまく計算された一呼吸をはさんでから続ける。

「それればかりでなく、あなた方は今さらにもう一歩進もうとしています。この驚異的な、この大胆な、この果断なテクニックをあるフィールドに応用しようとしているのです。現実に応用される日が来ようとはこれまで私たちの誰一人として夢にも思わなかった所、つまり大陸に。ここ――間違いなく――自然保護の歴史的瞬間となる所に臨席させていただくことは、私にとっては一つの特権にほかなりません」

轟くような、いつまでも鳴り止まぬ拍手。この野心的なプロジェクトの成功に疑いを抱く者は、今この時、この場所にはもはや一人もいない。

ビュッフェが始まった。大人が一生懸命バランスを取っているのは、サラダやソーセージを山盛りにした皿とコーヒーが入ったカップ。子どもはというと、大声で叫びながら原っぱの上を走り回っている。デイヴィッド・アッテンボロー卿と大臣は、現れたときと同様、控えめに消えていく。ここには森が再生される予定だ。その森の中の案内が前もって知らされており、約二〇人が参加する。しばらくしてから、私たちは甘露の森の静かな樹梢の下、公園警備隊員のリンズィーの隣に立って、移入してきたスズメバチのブンブンうなる羽音を聞いている。

「私たちは楽をしたまま、この国を死なせてしまうわけにはいかないんです」と、リンズィーは言う。そして、「まさに、そうなりつつあるんですから！」と続ける。

彼の国がもつ名誉不名誉の最高級、つまり絶滅危惧種・絶滅種の数の多さや保護地域の広さのことになると、マウントブルース国立公園ワイルドライフセンター(9)のダグ・メンデは話についつい熱が入る。

(9) ニュージーランド北島の南部に位置する。ニュージーランドの絶滅が危惧されている野生生物を保護育成するかたわら、野生生物保護について学ぶ場を提供している。飼育下の繁殖における絶滅危惧種の生き残りや研究についての中心的役割を果たしている。

「私たちの自然保護研究やマネージメント方法は世界最高です」と、彼は言う。「中国からも人がやって来るんですよ。先週の金曜日は、日本の環境庁から役人がいらっしゃってました。ここには、私たちの仕事を見たいと思う人々が世界中から集まってきます。エコ・ツーリズムや環境に関しては、私たちはほかの国々の何マイルも先を行っています。多くの成果を収めているし、それで収入も得ています。学者や専門家も必要ですが、それだけでなく全体の展望を見失なうことのないマネージャーやマーケティングを行う人々も必要とされているんですよ」(*9)

これは、「彼のような人間」という意味である。公事を担当するメンデは、疑いなく適材適所と言える。

メンデの自信たっぷりの楽観主義は、それがどれほどオーバーであっても、何の根拠もないわけではない。オーストラリアやニュージーランドの自然保護研究は高いレベルに達している。彼らの評判のもとは、ほかの国では疑念や異議ばかりが先に立って着手されることのないプロジェクトだ。最近、現地を取材してきたドイツの専門家たちは強い感銘を受けたとみえ、そこで実践されているコンセプトを幾つか模倣することをすすめている。(*10)ニュージーランドの人々は決定を下し、行動を起こし、そして勝った。少なくとも、暫定的に局部では。大陸のロトイティ湖や別の五つの土地で行われる今回の初実験は、長年の調査や経験に支えられている。部分的にはもうすでに成功が認められており、漂う空気は楽観的だ。

それは、島々から始まった。その島の多くは、もともと両方の本島でとうに消滅していたり、非常に危惧されていたりした種が避難する最後の砦だった。ニュージーランドの島々では、世界中のペンギンの四分の三とアホウドリの種の半分が孵化している。(*11)このような宝物を保存し、新しい生活圏を取り戻す必要があった。

「政府の自然保護計画には、このような状況を絶望的だと受け止める代わりに信頼のおける実用的な姿勢がありました」と、ニュージーランドの自然保護のエキスパートであるビル・マンスフィールドはカナダのモントリアルで演説を行った際に述べている。(*12)彼は、諸島に棲む種を長期にわたって確実に生き延びらせるには次の三つの条件が必要であると言う。

「『ペスト』――とくに移入捕食生物――を島から除去するには、①攻撃的かつ並列的に取り組まなければなりません。そして、②そんな除去は不可能だと決めつける精神的態度に打ち勝ち、さらに③『ペスト』を二度と戻ってこさせないようにしなければならないのです」

うっそうとした植物界に覆われた、わずか数ヘクタールの小さな切り株のような岩。本島の前に浮かぶこの小さな島が、理想的なトレーニング場所となった。そこでは、移入捕食動物や齧歯(げっし)類を完全に根絶するためにさまざまな方法が開発され、テストされ、導入された。外来の植物種は取り除かれて、国産植物が植えられた。絶滅危惧鳥のヒナが育てられて、大陸で捕獲された鳥が再び放たれた。この島で成果が現れると、マンゲレ島（一一三ヘクタール）、ティリティリ・マタンギ島（二二一ヘクタール）、キュヴィア島（一七〇ヘクタール）と、より大きな島々で試みられるようになった。

現在、島を対象にしたおよそ二〇のプロジェクトが同時進行している。(*14) 象徴的となったのは、一九九六年に行われたプロジェクトである。カピティ島、ニュージーランドでは、環境保護の世界でかすかに輝く希望の光として多くの演説や記事、書物の中で唱えられている名前だ。この名を聞くと、関係者は誰もが元気を

### ニュージーランド、キュヴィア島の出来事年表(*13)

1957年　放し飼いにされていたウシ、ヒツジ、ヤギが、島の森林の下生え(したば)(10)をほぼ壊滅状態にしてしまう。多くの植物が全滅。ドブネズミやネコが鳥界に甚だしい損害を与える。特に，サドルバックやインコなど、多くの種が消滅。成長したムカシトカゲ（Tuataras）はもはや７匹のみ。
1961年　ヤギを射殺。
1963年　灯台近辺の居住地を新しく柵で囲む。家畜数の縮小化。
1964年　野良ネコの抹殺。
1968年　サドルバックが再び放たれる。
1970年　ネコの飼養禁止。
1974年　インコが再び放たれる。
1993年　ポリネシアドブネズミの根絶。ヘリコプターを用いて毒入りの餌を分布する新しい技術が導入される。餌が島全土に行き渡っているかどうかを最新式のサテライトナビゲーションシステムによって確認。
1996年　ムカシトカゲの子孫を飼育下で育種(11)。

回復し、方向を見定めることができるのだった。私たちはやり遂げた、というのがそのメッセージだ。最高地点が海抜約六〇〇メートル、広さ一九六五ヘクタールのカピティ島は、私たちがこれまで手をかけてきたどの島よりも一〇倍も大きい。そのカピティ島が、ドブネズミから解放されたのだ!

首都のウェリントンでは、ある多忙な女性が働いている。Doc[12]のために、このカピティ島のプロジェクトを指導、世話してきたレーウィン・エンプソンだ。スポーツウーマンらしい三〇代も終わりに近いこの女性は、いかにもエネルギーに満ち溢れているようである。真のサクセスストーリーをともに記してきた彼女は、ダイナミックな闘士だ。人々は、彼女がもっと大きな島々をもっと大きな動物から解放してくれると疑いなく信じ込んでいる。

レーウィン・エンプソンからプロジェクトの長い経緯を聞く。北島の南西海岸前に浮かぶカピティ島は、一九世紀の中ごろにはもう大幅に開墾が進んでおり、すでに農業用地へと変形していた。ウシ、ヒツジ、ヤギ、アカシカ、フクロギツネ、ネコ、そして二種のドブネズミが鳥や植物に残り物を施していた。世紀が変わる直前にこの島は保護されることになり、有用動物は島から連れ出され、のちにはアカシカも射殺された。カピティ島は、鳥の保護区域となった。それ以後、ここの植物界はそっとされたまま、何かが植えられるということもほとんどなかった。残存していた幾つかの指定保留地から始まって、樹木は草地を次第に奪回していった。この若い森が、最後の疫病であるフクロギツネから最終的

(10) 木の下に生えた草や低木など。

(11) 生物の遺伝的性質を改良すること。原種の維持管理などをも含む。

(12) 166ページの（原注１）を参照。

に解放されたのは一九八六年のことである。すでにこのことからして、ほとんど思いもよらない成功だった。その後に残ったのは、すべての課題の中でもっとも困難な生き物である。そう、ドブネズミだ。それらは、保護されている鳥やほかの動物にとって永遠に続く脅威だった。

絶滅を危惧されている動物が多く棲んでいる島では、単純に毒入り餌を何トンもぶちまけたり、何百という罠を仕掛けたりすることはできない。手間ひまのかかる下調べに何年という月日を費やした。空中から操作した方がよいのか、それとも地上からの方がよいのか。特別注意が必要なのはどの動物か。国産の鳥種の中にも、その餌を食べそうなものがいることは分かっていた。カピティ島には本島で絶滅してしまったリトルスポテッドキウイ約一〇〇〇羽を含め、二種のキウイがいた。多くの森林鳥に加えてタカヘ[13]、カカ[14]、ウェカ[15]なども棲んでいた。へたにドブネズミを駆除して、この最後の個体群にまで被害が及んではそれこそ悲劇である。羽のない巨大バッタのウェタ[16]やトカゲは、ほとんどドブネズミが食い尽くしていた。長い長い時間をかけなければ学者たちも見つけることができないほど、それらはみな稀少となっていた。ここまできてしまえば、後はもうドブネズミがいなくなってから十分回復できるくらいの数だけ、これらの動物が残ってくれていることを願うばかりだ。調査によれば、この齧歯類（げっしるい）は特定の季節になると大陸のどこよりもずっと高い極端な高密度に達する。そして、それらを脅かす動物というのは、カピティ島には国産

(13) ツル目クイナ科。ニュージーランドの沼地に棲む飛べない鳥。大きな赤いくちばしが特徴。
(14) 171ページの訳注（23）を参照。
(15) ツル目クイナ科。ニュージーランド固有の飛べない捕食鳥。

のフクロウ以外にはいなかった。

この島には、ポリネシアネズミのほかにも別のドブネズミ（Rattus norvegicus）が棲んでいたが、あいにくとこちらの方はこのときまでほとんど未知の状態だった。餌を置いた罠というのは、小さな島では成果が期待できる方法である。これを使ってテストした結果、ポリネシアネズミは、自分の前にこの別のドブネズミが一度足を踏み入れている罠は避けることが分かった。彼らはより強力なライバルがいることを感じ取り、引きこもってしまうのだ。ということは、この方法では両方のドブネズミから解放されることは絶対にない。どちらかが犠牲になれば、もう一方が難を免れる。となると、残る方法は費用のかかる空からの餌の分布のみである。

再び、数え切れぬほどの予備実験が待っていた。覆い茂る木々の葉を突き抜けて地上へ達するには、餌はどのくらいの大きさでなければならないのか。思った通りの動物のもとへたどり着くのか、それともそんなことにはかまわず森の地面の上で腐ってしまうのか。餌はある特別な物質でしるしがつけられ、捕らえたドブネズミや鳥の糞を分析すれば検出できるようにされた。リスクと効果が意義ある関係を成すには、餌はいつ、そしてどのくらい撒かれるべきなのだろうか。

そしてまた、カピティ島に住む人々がいた。マオリ族だ。島の一部は彼らのものである。ポリネシアネズミは、彼らにとっては特別な意味をもつ。たとえ、今日ではもうそれが食

（16）羽のない手のひらほどの大きさの巨大バッタ。ニュージーランドの固有種。

されていないにしても。ゆえに、地面に落ちる多量の毒のことを彼らが心配するのは当たり前だった。彼らはまた、本島と島の行き来にボートを使用していたが、それがドブネズミ再定住の踏み石となる可能性もあった。マオリの同意と協力なしには、このプロジェクトの実行は考えられなかったのである。

「その間、私はこの島に住む人々とずっと緊密な連絡を取り合っていました」と、レーウィン・エンプソンは言う。(*15)

「私たちが何をしたいのかを、そして、それが機能するかどうか分からないということを、三、四年かけて彼らに何度も何度も説明したんです。調査が終了すると、私は彼らの所へ行って言いました。『オーケー、これこれが短所でこれこれが長所。こんな風にするつもりだけど、どう思う?』と。私たちはすべての点をもう一度洗い直しました。そして、彼らはそれに同意してくれたのです。本当にすばらしいことに」

プロジェクトが実行される前には、ニュージーランドの社会にもまた納得してもらう必要があった。このプロジェクトが得ていたのは同意ばかりではない。「こんな大金」と言う人もいれば、「こんな量の毒」と苦情を言う人もいた。話し合いが何度ももたれ、最後にやっと承諾されたのだった。こうして、「カピティ島作戦」はスタートすることとなった。何年も費やされた準備のおかげで、実際の実行はあっさりとしたものだった。苦しむのはドブネズミだけ。それともう一人、レーウィン・エンプソン。

「そして一九九六年の冬、作戦を実行できる状態となりました。問題も幾つかありましたよ。本当は七月に開始したかったんですが、それが八月となり、雨降りの日ばかりが続いて……」

今でこそ、レーウィン・エンプソンはこのことを笑えるようになったが、その当時はとくに冗談を言うような気分ではなかった。

「三つの地域では、餌を手で撒かなければなりませんでした。この餌から守るために捕えたタカへやカモ、ウェカといった鳥の囲いがしつらえてあった所です。その後、島の上空をヘリコプターが約一ヵ月の間をおいて二回横断しました。身重のメスの存在を暗示するようなものはありませんでしたし、ドブネズミの個体群についても四年間にわたって調査されていたのですが、何にせよ年ごとに変化することなので万全を期したかったのです。もともと、この毒殺作戦は一回で終わるはずだったんですが、そうこうしているうちに何もかも予定よりずいぶん長くかかってしまいました。コントロール調査や捕獲された鳥の世話はその後も続けられなければならないので、私はその期間中、ずーっとみんなにやる気を起こさせなければならなかったんですよ」

餌が撒かれると、今度は定期的に毒の分解分析が行われた。毒の濃度が安全な値まで下がったことに絶対的な確信がもてないうちは、特別危惧されている鳥を再び放つことはできなかった。鳥が食べないようにと、ドブネズミの屍骸は取り除かれた。ほかの動物種にも目が配られ、調査の手は海の中にまで及んだ。海岸が急なので毒入り餌が水中へ落ちてしまうことも考えられたからだ。公になった問題は、これまでまだ一つも知られていない。

「それで、ドブネズミは?」と、私は慎重に尋ねた。

「ドブネズミは、もう本当に一匹も捕まっていないんですか?」

「ええ、一匹も。でも、この島はかなり大きい島ですからね。普通ドブネズミの数が増える秋か冬に、今度包括的な調査を実施するつもりでいます。今は藁の山の中から針を探すようなもの。たとえ一匹も見つからなかったといっても、本当にドブネズミがいなくなったとは言えないんですよ」

　これらの年月の間には延べ一〇〇人以上もの人々が「カピティ島作戦」に参加しているが、その中の多くは餌を分け置いたり鳥を捕獲したり、そして次に放たれるまでその鳥を世話したりしたボランティアだった。

「それで、その費用は?」

　レーウィン・エンプソンは肩をすくめる。スポンサーがいたのだ。環境保全局（DoC）だけではこの作戦の費用は賄えきれなかった。総額はまだ計算していないという彼女の言葉は、どちらかというと「お金?　こんなことになっているというのに、お金にどんな意味があるというの?」という風に聞こえる。たぶん、五〇万マルク（約二七五〇万円）に近い金額にプラス人件費、準備のための研究、事後処理費用で、やはり数百万マルクはかかっているだろう。今はこれよりさらに大きな島、最後に生き残ったカカポが移されたリトルバリヤ島とコッドフィッシュ島で彼らの力量を試す計画が熟している。

ドブネズミ毒殺以前、島への立ち入りは制限されていた。もちろん、今でもそのままである。一日に最高五〇人までとなっており、持参の荷物を解くのはドブネズミが絶対に入り込めないようになっている一室とかぎられている。監督は続けられなければならない。そうしないと、齧歯類はまたすぐ戻ってくる。観光施設周辺では至る所に餌を入れた罠が仕掛けられ、すぐに警報を鳴らせるようになっている。遅くとも、このような島への旅行から戻ってくるころには、人々もこの予防対策が受け入れられるようになる。

「そこの、鳥個体群の密度はとっても高いんです」と、レーウィン・エンプソンは言う。「本土の人々には、もうまったく縁のないことです。ここは、島々と比較したら死んでいるも同然ですよ」

目下のところ、優先リストのトップに挙げられているのはドブネズミだ。レーウィン・エンプソンや彼女の仕事仲間には、それ以外にそこで成育している、あるいは訪問者と一緒に入り込んでくるかもしれない外来植物のことまで気にしている時間はない。ボートへ飛び移る前に、訪問者は目の細かいブラシで靴を掃除しなければならないという島もある。目で見て理解できるようにと庭が造られ、その中で来島観光客の靴底から砂や泥とともに掻き落とされた種子が発芽させられている。

訪問者たちは、うっそうと茂る花壇の前で驚嘆する。クスクスと笑いながら、あるいはブツブツと不平をもらしながら、職員の指導に従ってゴシゴシと力いっぱいこすってみた彼らは、自分たちの靴の底に隠れたまま、気づかれずに島へたどり着いていたかもしれない植物の多様性、そしてこのデモンストレーション用の花壇で育っている植物の多様性を目の前にしてびっくりする。そしてその後、ようやく「なるほど」と理解できるようになる。「僕たちって何も知らなかったんだ」と、彼らは言う。だが、これでもう二度と忘れることはないだろう。

「注意しなければならないのは、これらの島が動物園になってしまわないようにすることです」と、レーウィン・エンプソンは最後に顧慮を求める。「成功だ！　成功だ！」とどんなに喜んでも、この自然のすばらしさを賛美できるのが、数える程度の人々しか訪れることのできない孤立した島々だけというのでは何の意味もない。貧弱になってしまった本島の生活圏との差を肌で感じ取った人でなければ、そこで失われていったものが何であるかに気づくことはできないのだ。その上、諸島共和国ニュージーランドですら、適当な島となると在庫にかぎりがある。絶滅危惧種本来の生活圏が存在し、多くの人がそれを楽しむことができる場所でサバイバルチャンスが得られないかぎり永続的な状況の改良は見られない。その場所とは、つまり大陸である。

これらの成功は、次のステップも踏み出してみようという勇気をニュージーランドの人々に与えた。自然回復プロジェクト開始の際にデイヴィッド・アッテンボロー卿が言った、歴史的な一歩である。ロトイティ湖の周りを囲む甘露の森の中の八〇〇ヘクタールのように、時計の針を巻き戻し、以前の状態に復元される「島」を今度は大陸につくろうとしているのだ。この敢行は、比較にならないほど困難だろう。南洋の諸島とは違って、大陸の森林にはきっちり引かれた境界線というものがない。水でできた、幅何キロもの安全ベルトで取り囲まれているわけでもない。苦労してやっと中心から取り除いたものも、端の方から繰り返し広がってくるかもしれない。初めから苦労ばかりしたくないのであれば、大陸の中のこれらの「島」は慎重に選択する必要がある。それらはあまり大きすぎてはならないし、「戦略的」な場所だから楽に「守る」ことができなければならない。こんな風に言うニュージーランドの人々というのは、気どった言葉など全然使わないのである。

ロトイティ湖の条件は、これら六つのプログラムの中の一つをスタートさせるのにちょうど適している。この土地は、三方

**●ニュージーランド、1984年**

フクロギツネは一匹狼であり、特に若いうちは非常に活発に行動する。毒物を使ってある区域から追い出しても、周辺の地域からまたすぐに入り込んでくる恐れがある。1974年、北島の中心で広さ24haの地域に多量の毒入り餌がばらまかれ、その辺一帯のフクロギツネをほぼ全滅に追い込んだ。ところが、わずか1年後には、毒殺以前の半分に及ぶ数のクスクスが再び棲みついていた。それらは、毒殺運動の生き残りではなく、例外なしにみな別の所から入り込んできたもので、その大部分を占めていたのは若いオスだった。(＊16)

からうまい具合に遮られているのだ。西側は湖岸、東には木の生えていない山の背、そして北では森が農地との境界を形成している。つまり、千辛万苦をともなう作業は、かき乱された山岳森林の真ん中を走る南側約二キロメートルの境界にほぼ集中するというわけだ。

公園警備員のリンズィーが、ここで使用予定の殺害器具を見せてくれる。フクロギツネに毒を食べさせる罠はほとんど完璧で、もはや鳥は中に入れなくなっている。リンズィーは、見ていて非常に感心したのだが、腕を捻じったり曲げたりしながら、蹴爪をもつ四つ足動物のみがどうやってこの致命的なおいしい食べ物へ近づくかをまねてみせる。そして、使用毒物（一〇八〇[17]、別名ナトリウム・モノフルオロアセテート）が苦痛を与えることはないと請け合う。すぐに心臓が停止してしまうのである。その場でバタリと倒れるまで食べ続けるものもいる。そこで、ドイツ人ツーリストの一人が尋ねる。

「周りに自分の仲間が倒れていても、フクロギツネは本当に餌が置いてある所までやって来るんですか」

「全然問題ありませんよ」と、リンズィーは答える。

餌は全土に行き渡るように空中からもばらまかれるし、フクロギツネは特別賢いわけではなく、それどころか食べることとしか考えていない愚かな動物なので危険を察知することはないと言う。まったく異なるのがイタチだ。そのため、この肉食獣用に仕掛けられた罠は定期的にチェックされなければならない。移入が発生しても即座にストップするよう、

(17) Sodium Monofluoroacetate。有害生物に対する現在最も有効な毒物だとされている。人間に対する毒性は弱い。水溶性で土壌や水中に入り込んだ1080は、微生物によって無害な物質に分解される。

危険な南の前線にはそれらを多数仕掛けることになっている。

どの動物種もどの植物種も、そしてどのビオトープも、必要とされるメソッドはそれぞれ異なる。森の中に、白いビニールでできた小振りの奇妙なテントが立っている。切妻の上には液体が入ったプラスティックの缶が置かれており、その中に死んだ昆虫が浮かんでいる。「マレス罠(18)です」と、リンズィーが説明する。これは、ここ甘露の森で彼らをもっとも悩ませている肉食生物であるスズメバチの密度を調べるのに用いられている。殺す方法はまた別である。平らな皿の中に毒入り餌を用意しておくと、働きバチがそれを集めて巣へと運び入れてくれる。(原注1)こうして個々の働きバチではなく、群れ全体を消滅させようとしているのだ。

このようなプロジェクトを始めるにあたっては耐久力が必要である。ロトイティ湖周辺の捕獲や殺戮は、少なくとも五年から一〇年は続くだろうと責任者たちは見ている。その後も、戦い取った月桂樹の上で休んでいるわけにはいかない。「南前線」は、永久に脅威であり続けるだろう。

これと平行して、国産の自然もゆっくりと回復に向かうはずである。二〇〇〇年、あるいはもう少し後に小さな成功が得られればと期待されている。早くて一〇年か二〇年後には、カカやモフアの鳴き声を聞くために、訪問者が国立公園の一番辺ぴな地域までわざわざ歩いていくこともなくなるだろう。

(18) 昆虫をアルコールでおびき寄せ、テントの形をした罠の上部に備えつけられた収集ガラスに集める方法。

(原注１) スズメバチ用の毒としてはフィニトロン（Finitron）を使用。

だが、どれほど幸福感に満たされていようとも、このような大陸プロジェクトはこれからもめったにない例外でしかないということを忘れてはならない。これらのプロジェクトが喜ばしいものであるのは当然のことであるが、それに該当するのは条件のよい場所に位置する小さな地域のみで、広大な陸地とはほとんど縁がないのだ。ウェリントンにあるDoC自然科学センターの鳥類学者ラルフ・ポウレスランド(19)は、悲しい真実を言い渡す。「ニュージーランド全土のドブネズミをコントロールする方法となると、これはもう皆無です」(*17)

## 三　予防法

現在の状況を保つため、あるいはさらに改善するために、何年という年月、何百万という費用が費やされている。だが、もっとも確かな危険防止法が予防であることはあまりにも明らかだ。と、認識してみたところで、ずっと以前に移入していたり輸入されてきたりした動植物種には数十年遅い話なのだが。しかし、少なくともこれから先は、人間による外来種のさらなる分布を防げるはずである。これは、世界中の活動主義者や実用主義者の間で認められているミニマム・コンセンサスだ。とはいえ、その実現は大きな障害に道をふさがれている。

(19) Ralph Powlesland。DoC の鳥類学者・自然科学者。ニュージーランドの鳥に関する著書多数。

**●アメリカ合衆国・インディアナポリス、1991年**

1991年10月、インディアナ科学アカデミー[(20)]がアメリカ国内における外来侵入生物体の影響およびコントロールに関するシンポジウムを開催した。最後に講演を行ったワシントンの「天然資源保護協議会[(21)]」のフェイス・トンプソン・キャンブル[(22)]は、参加していた学者たちにコントロール戦略や禁令に反対する圧力団体との橋渡しを要請した。

「以下の団体を納得させられないとなると、私たちは彼らと戦う準備にかからなくてはなりません。そのグループとは、以下の七つです。

①猟師とスポーツフィッシャー、

②庭師（中略）とランドスケープ建築家

③農夫と牧場主（特に、家畜を養うために外国の牧草に頼っている西側の人々）

④養殖

⑤外国産ペットの飼い主と業者

⑥化学殺虫剤の使用やさらなる外国種、あるいは遺伝子組み換え生物体の輸入を心配する環境保護家

⑦知覚能力のある動物を殺害したり苦しめたりすることに反対する動物保護組織[(＊18)]」

(20) 科学研究を促進し、インディアナ州の科学者をインディアナに関する他の研究の間のコミュニケーションを図ることを目的とする非営利団体。1885年設立。

(21) Natural Resources Defence Council。地球の野生生物や自然の土地を保護し、すべての生き物にとって安全で健全な環境を確保することを目的とする世界的な団体。会員数40万人以上。本部はニューヨーク。

(22) Faith Thompson Campbell。アメリカ土地同盟（American Lands Alliance）のメンバー。外来種有害植物協議会全国連合（National Association of Exotic Pest Plant Councils）の総書記。

外来生物の輸入を無制限に認める国、あるいは輸入に対して官僚主義的な関所を設けていない国など、今日の地球には皆無である。外来動植物を意図的に帰化させてきた時代は、もはや盛時を過ぎた。税関を抜けて生きた動物や植物（あるいはその肉や果実）をニュージーランドに持ち込もうとする人は、甚だしい罰金や禁固刑を覚悟しなければならない。空港では、大きなポスターが最高一〇万ニュージーランド・ドル（約五二〇万円）の罰金と最高五年の懲役を警告している。アメリカ合衆国でも捕まれば多額の罰金を要求される（原注2）。まあ現実には、国境税関官吏は大抵の場合は寛大で、その場で少額の罰金を払えば済んでしまうのだが（＊19）。

金の儲かる所、つまり農林業や毛皮用動物の飼育、漁業、ペットや観葉植物の巨大マーケットなどには、あちこちにいくらでも抜け穴や例外規則がある。また、法律で定められた規則の監督についても疑問が感じられる。生きたペットを野外へ廃棄してよい、としている国などどこにもない。にもかかわらず、至る所でペットは逃がされており、しかもその数は増加する一方だ。金持ちの観光客が生きた記念品を本意不本意にトランクやかばんの中に入れて持ち帰ることを妨ぐ場所は、本当はどこなのだろう。

責任者たちは、いったいどのような判断基準で種の輸入の是非を決定するのだろうか。既に周知の悪行者は別として、侵入を予測するのはほぼ不可能である。輸入・商業規定に携わる政治家が関係情報を入手しているのであれば、侵入生物学者は是非それを知りたい

（原注2）US Congress OTA 1993．ハワイでは、再犯の場合、最高2万5,000ドルを支払わなければならず、本国では2万ドルと5年の禁固刑。

と思うにちがいない。アメリカ議会が行った非国産生物体に関する研究の中でも現行の法のジャングルが厳密に吟味されているが、その結論には酔いも覚めそうである。「潜在的には、一万のさまざまな種（大部分は昆虫を除く世界動物相）が公式にアメリカ合衆国へ輸入されうる」[*20]と言っているのだ。

今日、外来種は爆発的に増加した旅客の往来や世界貿易の副次的な効果として、ほとんどが偶然に入り込んでいる。この事実を顧慮すると、輸入の禁止はいずれにせよあまり効果的なコントロール方法とは言えない。グアム、そして今ではハワイにも広がったブラウンツリースネークの移入は、どんなに厳しい法律でも防ぎきれなかっただろう。原則的に、国へ持ち込まれる箱がみな特別にしっかりと守られた室内で解かれるように規定されていれば話はまた別かもしれないが。それとも、カピティ島で行っている防除を世界中のモデルにするか？

今の規則では不十分だ、と思っている批判家は大勢いる。ニュージーランドでもっとも古く、またもっとも多くの会員数を誇る自然保護組織「森林鳥類保護協会[23]（Forest & Bird Protection Society）」の会長であるケヴィン・スミスもその一人だ。彼は、この組織と対立している人々にとってもっともやりにくい人物の一人にちがいない。

一九二三年の森林鳥類保護協会の創立が、カピティ島と関係しているのはいかにも辛辣である。保護協会よりかなり前につくられた保護地域は、当時ヤギに踏みにじられており、

(23) ニュージーランドの王立環境保護団体。森林および鳥類の保護を目的とする。

それを心配したある市民グループがヤギを射殺するために協力し合ったのが始まりだ。以来、森林鳥類保護協会は、常にニュージーランド社会の騒擾（そうじょう）の中心にいる。もっとも重要な当時の関心事といえば外国種の駆除要求であったが、ニュージーランドのような国では当然のことながら、これらの要求は会員数五万人に成長した組織の中で今もなお中心的な役割を演じ続けている。森林鳥類保護協会は、一九六〇年代と一九七〇年代に大きな材木会社を相手に闘った。国産の森林が保護され、鳥たちの生活圏の破壊が終わりを見せることになったのはほとんどこの協会のおかげである。だが今、「鳥の個体群は恐ろしいスピードでさらに縮小していることが分かっている」と、ケヴィン・スミスは言う。当時保護下に置かれた森林は再生には至っていない。そこにスズメバチやアカシカ、ドブネズミ、イタチ、クスクスが調和をかき乱すほど群がっているかぎり、それ

「国際海事機関[24]（International Maritime Organisation）」は、1991年に船舶用バラスト水の取り扱い要綱を出版した。[＊21] この組織が特に奨励しているのは、沈殿物の多い水域における水の摂取の回避や、水深2,000m 以下の沖合いでの巨大タンクの排水および洗浄である。この方法で海洋生物の移入を完全に防ごうとするのは無理であるが、これによって特に危惧されている海岸地域を保護することはできるだろうと見込まれている。北アメリカやオーストラリア、ニュージーランドでは、効果的な保護対策を完成させるために研究が重ねられている。可能性があるのはバラスト水の加熱や照射である。塩素などの化学物質を使用すれば、ポンプで水を汲み出したときに環境にさらに負担をかけることになるだろう。将来は、もしかしたら船型が新しくなって、バラスト水の摂取はまったく不必要になるかもしれない。[＊22]

が変わることはないだろう。外来の動植物は、当時と同様、今でもやはり文句なしに最重要テーマなのだ。

カピティ島やほかの島を対象としたプロジェクトは、ケヴィン・スミスにとっても希望の光にちがいない。しかし、残りの状況はかなり暗いと見ている。島への再定着を防ぐための安全予防対策にも、国全体に対する予防対策にも不満はいっぱいだ。

ケヴィン・スミスは、「輸入種が引き起こす問題に関しては、私たちは手引き書の例にまでなるほどですが、それでもまだ何をすべきか、すべてを心得ているわけではないのです」と言う(*23)。

「アカシカやブタなど、とくに狩猟用の種をもっと広く分布させようとしているロビイストもいまだにいますしね。アカシカやヤギ、シロイタチなど、農場で飼育されている『ペスト』が逃げ出すなんてしょっちゅうです。そして、これらを広く分布させたいという経済的な関心が強い。ここも、田舎の現実との接触を失った、都会的な社会にますます近づいていくんですね。『ペスト』を殺すと論争になったり、ずっと前に野生化しているヤギを守ろうなんていう要求が突然出てきたりするんですから」

自然保護に対する関心は、政治の中では二次的な役割しか演じていない、とケヴィン・スミスは批判する。これについては、ニュージーランドも世界のほかのすべての国と何ら変わるところはない。要するに、経済やほかのロビイストの利益が優先される。その一例

(24) 国連の専門機関の一つ。海上における安全で能率的な航行を促進するため国際協力を行い、そのための統一的規則を作成する。

となるのが狩猟である。手元の金はほとんどすべてフクロギツネの防除へと流れ、現存数が多すぎるアカシカの駆除には現在のところ一ドルも使われていない。だが、ケヴィン・スミスの査定によると、その影響は少なくともクスクスのそれと同じくらいに見積もることができるし、多くの学者もそれを認めている。唯一の違いは、一方は狩猟用で角をもち、もう一方はそうでないというだけだろう。

ケヴィン・スミスにとって、世界貿易における自由化の追求は大きな問題である。移入ショウジョウバエやチョウの一種であるドクガ(25)による最近の害虫災難が証明している通り、税関は生ぬるすぎるのだと言う。

「これは一次産品の破壊だけでなく、それから派生してこの国の経済破壊をも引き起こしかねないんですよ」と、スミスは苦笑いをする。

「自由な世界貿易を通して世界的な経済成長の達成をもくろむ国内外の政治家たちは外来種を世界中にまき散らしていますが、そのような種は経済に計り知れない影響を与えているのです。どこかに新しい害虫が定着すれば、永遠に駆除対策を続けなければならなくなります。根絶は絶対と言っていいほどできません。このような試みは、私たちの生態系を破壊するばかりでなく、経済の基礎までも脅かすことになります。ニュージーランドは、以前は貿易をするのにもさまざまな障害に非常に苦しんでいたため自由貿易にとくに力を入れてきました。それに対して、今支払っている代価がほかの国々からの有害生物の輸入

(25)チョウ目ドクガ科のガの総称。ドクガ・マイマイガなど。幼虫は。サクラやクヌギの葉を食う毛虫。成虫も幼虫も、その毛に触れれば、激しいかゆみを生ずる。

というわけです」

　彼は、ニュージーランドが船を使って輸入している日本製のセカンドカーについて話す。それらは日本で何週間、何ヵ月もの間荒れた土地に放置されていた。タイヤの溝や車体の底などには本国の泥がこびり着いたままで、中には植物の種子もたくさん混ざっている。小さな裂け目や空洞には、昆虫やほかの小動物が這い隠れている。汚れたまま、車は密航者と一緒にニュージーランドで荷下ろしされ、人々の手にわたってゆくのだ。つい最近、林業用機械が北アメリカから到着した。そこには、枝や葉がまだたくさんはさまっていた。「自由な世界貿易を求めるのだったら、混入の可能性のある害虫が納入品からきれいに取り除かれているということはもっときちんと確認されるべきでしょう。新しい種の輸入に対しては、どの国でも厳しくコントロールされる必要があります。どうして、日本の輸入車に対して害虫駆除済みではないという証明書を交付することができないのでしょう。そうすれば、汚れたままここへ運ばれてきたらすぐに送り返すことができるのに。輸出される前に、何故ザアーと洗車されないのでしょうね。本当に信用できる国際品質証明を見たことなど、これまでにまだ一度もありませんよ」

　そして、さらに旅客の往来や無数の旅行土産、果物、植物の種子、肉、木製品がそこに加わる。「ときどき、本当に絶望的になります」と言うケヴィン・スミスの情熱が、ゆっくりと目を覚ます。

「私たちには、要塞のような堅固な防御が必要なのです。貿易や旅客の往来を全面的に中止すべきだ、というのではありません。もっと厳格なコントロールが必要なのです。そうしなければ、ここの生物群集をここで維持し続けるための努力も、すべてただの時間の浪費となってしまいます。新しい有害生物にかかる出費が増えれば増えるほど、ここの絶滅危惧種の保護プログラムのために残される予算は減っていきます。今の『ドクガ・キャンペーン』には一〇〇〇万ドルもかけていますが、これだって失敗するかもしれないんです」

「安全ベルトなど、どんな安全設備が車に施されていても、事故に遭ったとき、死から免れるとはかぎりませんよね。それでも、こういった予防手段はすべての車に設けられる。なぜなら、少なくとも生き延びるチャンスが大きくなることが分かっているからです。それとまったく同じように、私たちにもギリギリのところでできることが幾つかあるのです。新しい種を輸入する前には入念な検査を行い、圧倒的な経済的関心に欠ける場合はほとんど常にノーと言うことだってできる。今、種はまったく何の役にも立たないことのために輸入されています。植物は数年間は自宅の庭で育っているでしょうけど、人々はそのうち興味を失ってしまいます。でも、この植物は、ひょっとしたらもうすでに広がってしまったかもしれないのです。南アメリカのチンチラは毛皮飼育のために輸入されましたが、その企業はすぐにつぶれてしまいました。チンチラはその後ペットとして売られ、中には野外へ逃れたものも出てきました。それらが有害動物となるかどうかは分かりませんが、そ

(26) スズメ目アトリ科の鳥。小型で、ホオジロに似ている。ヨーロッパ・アジアの北部に分布。

の可能性はあります。この場合、国の経済的関心はそれほどではなかったということです」

貿易や旅客の往来に手を伸ばせば、現代世界の生命の動脈に触れる。効果的な防除を導入しようと思えば、誰もが制限を感じるのは免れない。ケヴィン・スミスはそれを承知の上で、日常の慣習を大幅に越える規則を要求しているのだ。

「私たちは、あなた方がここニュージーランドを訪れるときには、私たちがここに望まないものは何一つ持ち込んでいないという絶対的な確信が欲しいのです。人々がこの先もそういったものを国内へ密輸し続けるとなると――そして、その規模はかなりのものですが――通関手続きはまさに二時間もかからざるを得なく

**●アメリカ合衆国、1992年**

外国鳥種を、世界で最も数多く輸入しているのはアメリカ合衆国である。1986年から1988年の間には、85の国々から200万羽近くの生きた鳥が輸入されている。その中で特に多いのがオウムとアトリだ[(26)]。運輸の途中に多くの鳥が死んでしまうことから、実際の数はおそらくその３倍はあると思われる。アメリカの野外に棲む外来鳥種のうち、いまや３分の２は逃げ出したペットだ。対案として、学者たちはたくさんいる国産の鳥をペットとして飼ったらどうかと提案したが、こちらの方は何と禁止されている。アメリカでは逃げ去った外来鳥種の多くが望まれない有害生物と見なされているが、それと同時に、このような商取引のおかげで、原産国に棲む鳥は甚だしい危険にさらされている。オウムのほとんどは捕獲された野生の鳥か、またはまだ巣立ちできない飼育ヒナだ。アメリカの熱帯に棲む140種のオウムのうち42種はひどく危惧されているが、うち半分は特に鳥を捕らえる人々の活動によるものである[(*24)]。

なります。金属発見器やX線検査器などはあります。必要なのは、果実や植物製品の密輸人を発見する方法です。そして、刑罰は痛みを感じるものでなければなりません。それが、生態や経済に計り知れない影響を与えることだってあるのですから」

もちろん、人々はこの問題についてよく知っているのだが、国の監督や人間の緩慢な反応がこの展開スピードについていけないのだと言う。森林鳥類保護協会にしてみても、すべての問題にかかわることはできない。アカシカやフクロギツネのコントロールなど、彼らは特定の課題に集中しているが、それと同時にまた別の人は、ここで養殖して輸出するために外国の魚類を国内へ持ち込もうと全力を挙げているのだ。

「論題はものすごく多いのに、それを気にかける人は非常に少ない」と、彼は言う。

「政治家は、社会の圧力が大きくなって何か手を打たなければならなくなるまでこれっぽちも関心を示しません。単に、無知な人が多いんです。彼らの目には何かしら緑色のもの、何かしらの環境テーマが映っていますが、できることならそんなものには石でも投げたいんですよ。それも、自分たちの農園や自分たちの農産業、自分たちの林産業を存続させるために。害虫コントロールや危険回避に関する発議に本質的なものがたくさんあっても何にもなりません。こういったことが私を憂鬱にするんです」

通関手続きに二時間、それも二〇時間も飛んだ後で？　ケヴィン・スミスという人は狂信者なのだろうか。あるいは、いつも不満ばかりもらしている、あのエコ・フリークスの一人なのだろうか。それとも、ほかの人々が触れようとしない真実をはっきり述べる現実主義者なのだろうか。

最近のドイツ報道機関のニュースを読むと、ケヴィン・スミスの要求は、多くの人々が思っているよりももっと深く現実とかかわっていることを感じさせられる。

この光景は、ひょっとするとみなさんもご存じかもしれない。にこやかに微笑むスチュワーデスが長距離飛行機の通路を歩きながら、怪しげな匂いのする霧を機内の天井へ吹きつける。それは、寝ぼけ眼の乗客から流れ出てくる不快な匂いをやっつけるためではない。乗客は大抵何も知らないが、ここで吹き付けられているのはともに旅してきた蚊を殺す殺虫剤だ。現在（一九九七年）、フランクフルト検察庁は、こうした霧吹きの後に乗客が吐き気を訴えたことから、ルフトハンザ航空とフィリピン航空に対して捜査を行っている。〈ハンブルガー・アーベントブラット〉紙は、これを「雲の上での神経毒剤」と報道した。だが、航空機の乗務員に選択の余地はない。危険な伝染病媒介物の侵入を恐れるインド、オーストラリア、アルゼンチン、ニュージーランド、フィリピンなどの国々は、世界保健機構（WHO）の奨励に従って、やむをえずこのように空中に毒を振りまくことを規定している。これが行われなければ、着陸許可は出ない。人々がこのような不安を抱くことには理由がないわけではない。パリのオルリー空港では、これまで二〇人の空港職員がマラリアに感染している。その中に、長距離旅行の経験のある人は一人もいない。(*25)

## 四　ハイテク・バイオ

異常な出費、大量殺害、国産種にも負担を与える多量の毒。これらすべてに促迫された結果、もっと安価で負担が少なく、より人道的な対案が探されることとなった。ニュージーランドでは、一九九五年だけをとってみても国土面積の一〇分の一に近い二五〇万ヘクタールの土地で、四・五トンもの毒物一〇八〇が撒き散らされている。[*26] いくら一〇八〇が地中できれいに分解されるといっても、何にでも作用する非常に効果の高い物質交代毒物を、毎年増量しながら永遠に何トンもまき散らすのは、やはりとくにエレガントな解決法とは言えない。また、一〇八〇は多くの脊椎動物も殺してしまいかねない。成人した人間はフクロギツネ用の毒入り餌を二〇個食べなければ死なないが、小さな子どもだったらたった二つで事切れてしまう。[*27] ニュージーランドの土地に毎年まかれる毒の量は、数千人の人間を殺すにも十分な量だ。国民の中に不満が渦巻くのももっともである。

外来種問題についてニュージーランド人と話をすると、必然的に、すべての問題を解決してくれると多くの人々から期待されている研究分野、最新のバイオテクノロジーが話題となる。生物を使用した洗練された駆除法の新しい性質のおかげでこれらの毒はまもなく不要となり、クスクスやドブネズミ、カイウサギなどすべての「ペスト」を一度きりで取り除いてしまう方法や手段が現れるといわれている。分子生物学という新しい武器がついに実験室を出ていく、そのときが待ち焦がれられているのだ。ただし、それまでには、まだ一〇年、ひょっとしたら二〇年ほどかかるかもしれないが。

このような最新の研究機関の一つであるランドケア・リサーチ研究所(27)（Landcare-Research-Institut）は、南島のメトロポリス、クリストチャーチの近くにある。ここで働く男女は四〇〇人、そのうちの三〇〇人は非常に優秀な学者たちだ。巨大な敷地には、最新式の研究用建造物、実験用野原、温室、そして大きな図書館がある。

著名な動物生態学者であり、野生化したヤギについて本も書いているジョン・パークス(28)が国立乾燥植物標本館を案内してくれる。大きな部屋はどこも、灰色がかった人間の高さほどある鋼鉄製の戸棚がぎっしり詰まっている。もっとも完ぺきに近い、ニュージーランドの国産および輸入植物コレクションである。本館の廊下に面したドアは、多くが開かれたままだ。仕事部屋の様子や物であふれかえった事務机、本棚をのぞき見る。ある部屋では、ギターが一本壁にもたれている。パンパンに詰め込まれたリュックサックが二つ置かれた部屋がある。これらの持ち主は、たった今、野外調査から戻ってきたばかりだ。

壁に、自然科学分野のプロジェクトを描写したポスターがぶら下がっている。複雑な金属構造が示しているのは、新しく開発された、効果的にすばやく殺すタイプの罠だ。その犠牲者の行く末を数枚の写真が示している。新しく開発されたこれらの方法は、クスクス用とかぎられているわけではない。それらは、世界各地で使用されている。ジョン・パー

(27) 国土資産保全および農産物のマネージメントを目的とした、ニュージーランドの王立研究所。

(28) John Parkes。有害脊椎動物の生態学や微生物学を研究。

クスは、世界地図にしるされた無数の赤丸や青丸を誇らしげに指し示す。ランドケア・リサーチ研究所の職員は至る所で活躍しており、生態問題に揺さ振られた世界では歓迎されるエキスパートなのだ。ほとんどの丸印は南洋圏に貼られているが、そのほか巨大なロシアの真ん中に一つ、そして中央ヨーロッパにもう一つ貼られている。

研究は、生物的防除に関連するすべての分野で行われている。伝統的な害虫駆除も、新しい万能薬とまったく同じように開発されている。後者の方は、一九九〇年代初めから国を挙げての研究目的として最優先されており、(*28)学者たちは効果的で特有な病原菌、そして増殖コントロール方法という二つの方法にまずは集中している。

このようなプロジェクトにはリスクがないわけではない。それは、一九九五年に明らかとなっている。一九八〇年代の半ば、カイウサギを死に至らせる新しい病気が中国で発生した。原因は、ウサギ出血性疾患ウイルスのカリシウイルス(29)（Calici）だった。この伝染病は、当時あっという間に四大陸に広がり、イタリアの商業用カイウサギ農場だけでも六四〇〇万匹が死に絶えた。このウイルスは、特有かつ効果的な生物的防除に必要なすべての条件を満たしているように見えたため、一九八九年、オーストラリアとニュージーランドでしかるべき試験が開始されることになった。特異性を調べるテストが順調に進み、一九九五年の三月、防疫のための隔離ということで、オーストラリア大陸の前に浮かぶある島で初めて野外実験が実施された。

(29)豚水疱疹、ウサギ出血病ウイルス、猫カリシウイルス、E型肝炎ウイルスなど。

徹底的な予防対策が実際に取られていたとしても、それは取り立てて効果的と言えるものではなかったのだろう。同年の九月には、オーストラリア大陸のカイウサギの中にすでに初感染例が発生していた。以来、南オーストラリアでは何百万というカイウサギがカリシウイルスによって死亡している。このウイルスが、計画もされていないのにどうやって本土に到達することができたのかは今でも謎のままだ。いつまでもしつこく残っているうわさによると、苛立った農夫が、学者の長い長い調査が終るのを待ちきれなかったからしい。彼らは島まで船を走らせて感染したカイウサギを捕らえ、そして大陸へ放ったというのだ。そこからどんな大災害が起こりうるかを考えると、信じられないような事件である。だが、研究者たちは逆にこの災いをうまく活用し、この流行病の経過を追い続けている。その分布スピードは一九九六年になると衰え出したが、それがいつまで続くのか、今はまだ何とも言えない。(*29)

ニュージーランドでは、農民ロビイストが何やら騒がしくなっている。彼らには彼らの論理があって、もうこれ以上抑留しておく理由はないと激しい要求を行っているのだ。両国間の貿易や旅行は非常に密な関係にあり、カリシウイルスが国の中へ入り込んでくるのはもう時間の問題でしかない。それだったら、すぐにでも公式に輸入すればいいじゃないか、というのが大勢の農夫の意見である。カイウサギ個体群は多くの土地でコントロールできなくなっている上、ニンジンももうほとんどなくなりかけているという。農夫たちはウイルスの標本がまもなく輸入許可になると踏んでいたので、非常に少ない数のニンジンしか植えていなかった。だが、この根菜は、いわゆる「毒餌作戦」で使うカイウサギ用の毒入り餌をつくるために必要とされているのだ。(*30)

それでも、政府は躊躇している。ニュージーランドの条件はオーストラリアのそれとはまた違う。カイウサギの密度もそれほど高くないし、媒介生物体が果たす役目もはっきりしない。成功と安全が保障されていないのであれば、感染率の非常に高い外来ウイルスを国内へ持ち込んでも意味はない。ニュージーランドの農夫が最終的に自力救済に踏み切ろうとするかどうかは、まだ分からない。また、生物的防除が、ここで新たな成功や新たな失敗をもたらすことになるかどうかも同じく分からないことである。

これと並んで、フクロギツネの駆除に適する病気や寄生虫も集中的に探されている。だが、これよりもっと有望視されている別の方法に、「伝搬性の免疫学的避妊法」と呼ばれるものがある。オーストラリアの人々は、キツネやカイウサギもこれと似た方法で退治するつもりだ。齧歯類絶滅用の武器はいくらあっても足りることがない。これらのプロジェクトはまだ草創期にあり、野外で実践するようになるまでにはこれから先何年もかかる。しかしこのアイディアは、アンケートによると、ニュージーランドの人々の多くがもうかなり前から慣れ親しんでいるほど驚くべき、そしてまた同時に前途有望なものらしい。その方法とは、動物を殺す代わりに、その生殖力を制限することのみに的を絞る方法である。

詳細はこんな感じだ。ウイルスなどの伝染病媒介生物体の中に、別の遺伝子を植えつける。この遺伝子は、普段の精液準備に必要なプロテインの生産を引き起こすものである。たとえば、フクロギツネのメスのような宿主がこの遺伝子組み換えウイルスに襲われても、その疾病経過はいたって軽い。ところが、このウイルスは精液プロテインの生産を引き起こす。そうすると、宿主となった生物体は、それに対してほかの非自己プロテイン(30)が侵入してきたときとまったく同じ反応を示す。つまり、この異物に対する抗体がつくられるのである。このようにして、この動物は、通常オスを通してしか接触することのないこの物質に対して免疫ができる。のちにこのメスが交尾することになっても、抗体が精液に飛びかかって受精を妨害する。こうして子孫が生み出されることはなくなり、個体群は減少していく。操作を加えられたウイルスは動物から動物へと感染していき、この新しい遺伝子はどんどん広がっていくというわけだ。

プランは悪くない。後は、最高の安全基準を顧慮した上で実行すればよい。そのためには、十分な数の宿主を感染させるだけの伝染力をもつ適当なウイルスを見つけなければならない。また、不可欠な免疫反応を引き起こしてくれる精液遺伝子も確認されなければならない。そして最後に、この遺伝子をウイルスの中へ運び入れる方法が必要である。これらは、研究者が抱えている難題のほんの一部だ。

遺伝子が組み換えられたウイルスを野外へ放つ、これは非常に取り扱いにくい問題であ

(30) 自己、つまり自分の体にもともと属さない、外部から侵入してきた異物。

る。そのときにはできるかぎりの安全予防策を講じなければならないことは言うまでもない。このようなウイルスというのは、いったいどの程度特殊なのだろうか。このウイルスが、宿主の特異性を変化させてしまうこともあるのだろうか。普通の条件下では起こらなくても、今はまだ思いもつかないような状況になったときにもしかすると起こることがあるかもしれない。この遺伝子が、ほかの種に感染することはないだろうか。それに、このようなウイルスが駆除の対象となっている種の原産国へ入り込むことのないよう、あらかじめ配慮しておく必要がある。利益とリスクは、良心的に考量（こうりょう）されなければならない。少しでも疑惑があれば、このような方法は断念されるべきだ。なぜなら――何度言っても過言ではない――一度野外に放たれたらもう二度と逆行させることはできないのだから。迅速な問題解決を求める世間からの重圧が、必要な安全テストを怠らせるというようなことは絶対にあってはならない。このことは、カリシウイルスがオーストラリアに放たれたときのあいまいな状況が十分警告しているはずだ。

フクロギツネに関しては新しい駆除方法が緊急に必要とされているが、ニュージーランドのエキスパートたちは世間の高い期待をそぐ。

「バイオテクノロジーを用いた生物的防除は二一世紀への希望であるが、深刻なクスクス問題は、今、この瞬間に存在しているのだ」(*31)

# 14 点滴下の自然

マウントブルース国立ワイルドライフセンターで貴重なキャンベルアイランドカモの囲いを守っている金網製の檻は、キウイが棲む近くの野外の土地を画している境界と比べるとまったく取るに足りないものだ。壁と有刺鉄線でできたこの化け物のような構造を目の前にすると、ベルリン人は嫌な思い出に襲われる。

キウイ用の囲いは、独特な体裁をした非常安全地帯だ。ここでは、閉じ込められているのではなく、非常に厳密な言い方をすると閉め出されているのである。この土地は、訪問客も立ち入ることができる森の中にある。ここでどれほどの努力がなされているか、またなされなければならないかを見てもらいたいのだ。野外にあるこの大きな囲いの中で、孵化したキウイは保護されながら育てられている。国立ワイルドライフセンターの公開区域は隣接する九〇〇ヘクタールもの広さの保護地域と一つの丘で分離されているが、キウイたちは襲いかかる肉食獣からうまく逃れられるくらいにまで成長すると、その後、その丘の反対側にある熱帯雨林へと放たれる。

先に紹介した、ダグ・メンデが安全予防対策について説明してくれる。壁と柵からなるこの構造の土台は、高さ一・四メートルの頑丈なコンクリートの台である。この高さになったのは、イタチやドブネズミは一メートルまではジャンプすることができるからだ。石がザラザラしていると爪を引っかけて上ってくるので、土台には金属板が張られている。もちろん、継ぎ目などはない。というのは、イタチはよじ登るときどんな小さなデコボコもうまく利用する動物だからだ。

コンクリートの上には、どっしりした金網が座っている。頭の高さくらいのところに突きだした梁が接合されており、さすがの木登り名人も、外側へ飛び出した幅三〇センチもあるこの金属の襟には手も足も出ないという仕掛けである。だが、このハードルも乗り越えられたときのために、次なる手もちゃんと用意されている。この梁の外側の端とその上に高圧線が何本も仕掛けられているのだ。「ブルル……」と、ダグ・メンデはここまで到達した動物を待ちかまえている運命をほのめかす。

ほかにもまだある。外側の壁に沿って、そして内側でも、至る所に肉食獣用の罠が無数に仕掛けられている。また、キウイが棲むこの囲いは一本の広い道に取り巻かれているが、この道は訪問客には副次的な意味しかなさないものだ。どちらにしても、生い茂った植物界の中に棲み、しかも夜行性であるキウイにお目にかかるチャンスはめったにないのだから。この道は、周りを取り囲む樹木から安全といえるだけの距離を保障しているのである。具体的に言うと、クスクスの一種であるフクロギツネはただ木登りがうまいだけではなく、二・五メートル以内であれば木から木へやすやすと飛び移ることができる。それゆえ、侵入できないように、囲いの壁と樹木の間はどこも三・五メートルの距離が確保されているのである。中には、ジャンプ力が平均以上のクスクスだっているかもしれないのだから。

私はこの予防対策を目前にして、とても複雑な心境になる。コンクリートと有刺鉄線で守られなければならない自然が、ここではすでに現実となっているのだ。おそらく、多くの土地でも同じことになるだろう。生態系の中の集中治療室、残った自然の継続を助ける人間がつくった松葉杖、サバイバル用のハイテク、そう、まさしく点滴下の自然である。

イギリス人自然博物学者で作家のジェラルド・ダレル(1)は、いつか天国で暮らすことになったときには、話し相手として是非カカポを一緒に連れていきたいと言っている。そして、彼と同郷のダグラス・アダムスは「カカポは、極端に太った鳥だ」と書く。

「成長を終えた平均的なカカポは六ポンドから七ポンドもあり、羽を使ってもせいぜいヨロヨロとほんの少し歩ける程度でしかない。悲しいのは、ただ、カカポが飛び方を忘れてしまっただけでなく、どうやらその飛び方を忘れてしまったという事実まで忘れてしまったらしいということである。本気で不安を感じれば、カカポは矢のように木の上へ飛び上がって、またそこから飛び降りたりもできるのだが、飛ぶといってもそれこそまるで石のようで、あまりエレガントとはいえない塊がドスンと着陸するという具合である(*1)」

(1)Gerald Durrell (1925～1995) イギリス人自然博物学者、作家。著書に『虫とけものと家族たち』など。南米やアフリカなど、動物収集を目的に探検。

ニュージーランドに棲む、この大きな夜行性オウムのような風変わりな鳥は、果たして二一世紀を生き続けるのに値する鳥なのだろうか。

好むと好まざるとにかかわらず、私たちはこのような疑問をますます頻繁に自問せざるをえなくなっている。アップアップと、もがいている動植物種はたくさんいる。すべての生き物を救うなど、ほとんど不可能だろう。優先順位を決めなければならないのもやむをえない。

いずれにせよ、カカポには生き残って欲しいというのがニュージーランド政府の決定であり、数十年前から「カカポ・サバイバルプログラム」のために多額の資金が投入されている。ただし、この風変わりなオウムがこれに乗ってくるかどうかはまったく別問題だ。彼らは、人間という彼らの救済者が必ずしも簡単に助けられるような相手ではない。カカポの個体群生物学を理解するには複雑な方程式はいらない。小さな九九の表があれば十分なのだ。

今日知られているカカポ（Strigops habroptilus）の全個体群はちょうど五〇羽。一〇〇年前には、とりわけ南島の西側半分にまだ数千羽生息していた。ポリネシアからの移民もヨーロッパからの移民も、狩猟犬を使ってこのカカポを狩った。狩りから逃れられた鳥は、イタチやドブネズミ、ネコが抹殺していった。ヤギやアカシカ、フクロギツネがカカポと餌を取り合った。人間につくってもらった避難島に棲むカカポは、今でもほかの動物からの追跡に苦しんでいる。ポリネシアのドブネズミであるキオレが、相変わらずカカポの卵や無防備なヒナを脅かしているのだ。

二〇世紀初頭、北島のカカポが絶滅した。生き残ったカカポを探し出そうと、一九四九年から一九六九年まで六〇回以上の探索が実施された。カカポを発見できたのは、南島のもっとも原生に近いフィヨルド地帯の中だけだった。そのとき、飼育下での繁殖を試みたが失敗に終わっている。この最後の大陸個体群のうち捕獲できたカカポは結局全員疎開させることになり、ある島に放たれた。それらは、みなオスだった。リチャード・ヘンリーという名の一匹は、今でもまだリトルバリヤ島で生きている。地上最大のオウムの運命は、もはや決まったかのように見えた。(＊2)

最後のカカポ自然個体群がニュージーランド最南端のステュワート島で発見されたのは、一九七七年になってからのことである。その中には、メスも混ざっていた。これは一大センセーションだった。これらの鳥が、そこでも次々と野良ネコの犠牲になっていることが明らかになったとき、責任者たちは大胆な救済行動に踏み切ることにした。

生き永らえていたカカポはすべて捕獲され、絶滅というリスクを最小限に抑えるため、それぞれ遠く離れた三つの島へ空輸されたのである。移住は成功した。こうして三つに分割された残存個体群は、あれこれと人間に世話を焼いてもらい、厳重に監視

最後に生き残ったカカポの現在の分布(＊3)

| | |
|---|---|
| コッドフィッシュ島 | メス10羽とオス16羽 |
| リトルバリヤ島 | メス６羽とオス12羽 |
| マウド島 | メス３羽とオス３羽 |

されながらそれぞれの島で差し迫る滅亡に一歩また一歩と近づいている。

これらのカカポでもって、この種の救済を試みるのはほとんど不可能であろう。仮に、不可能でないとしてもきわめて困難なことだろうと思われる。これはたとえば、決定的となった人間の絶滅を、ある老人ホームの入居者の力で阻止しようという試みに等しい。一七歳未満の鳥はわずか六羽しかおらず、ほとんどはもう最盛期を迎え終わっているのだ。カカポの寿命は不明だが、おそらく数十年程度だと思われる。

加えて、正常に生活できるような状況もほとんど存在しない。今では、価値ある一九羽のメスのうち一四羽に補助的に餌が与えられている。以来、体重は増加し産卵活動も活発化しているが、これらの安寧（あんねい）も、自然体の損失という代償を払って得たものにすぎない。

とはいえ、若い元気なカカポグループがいたとしても、種の保護に力を注ぐ人々はやはりひどく手を焼いていたと思われる。不運なことに、カカポは世界でもっとも生殖力の弱い鳥に属する。卵を産むのは二年から五年に一度で、それも最高四個までだ。

というわけで、カカポ保存に向けてなされるあらゆる努力の中では、子孫数の増加が最優先となっている。ヒナは、何ヵ月もの間、母親に面倒を見てもらわねばならない。オスは、何キロ先までも届く特徴的な低い交尾の鳴き声「ブーメン（boomen）」を何ヵ月間も続け、その甲斐あってうまくメスがやって来れば、その後交尾を行って繁殖に寄与し、そこで力尽きる。どのような要因が産卵行動を引き起こすのかははっきりしない。この鳥は、生殖可能となるまでに長い時間を要する。卵を産んだことが知られている一番若いメスですでに九歳だ。

これまでに生まれた子孫を見るかぎり、あまり楽観的にはなれない。この一〇年間で有精卵を産んだのは、一九羽いるメスのうちたったの八羽だ。すべての希望はこれら八羽のメスにかかっているのだが、比較的若いメスとなると二羽しかいない。二〇個の卵からかえったのはわずか五羽である。そのうちの三羽が生き残り、二羽がオスでメスは一羽だ。(*4)

このような状況にあるにもかかわらず、環境保全局はカカポ救済に全力を尽くそうと固く決心している。詳細な救済計画「カカポ回復計画　一九九六年〜二〇〇五年」が新たに推敲、決議され、中心には驚くほど多数の並列的なワークグループが設置されている。カカポマネージメントグループ（KMG）と、現地で作業するカカポ・プログラム・オフィサーズからなるナショナル・カカポ・チーム（NKT）、アドバイスや学術活動はカカポ科学技術諮問委員会（KSTAC）が請け負う。あとはもう、カカポがほとんどこれ以上投入余地のない自然科学技術に遅れを取ることなく、生殖に成功してくれるように祈るだけだ。これほどの労力や費用をかけた種の保護対策をニュージーランドはこの先いつまで続けられるのか、これについてはもう運を天に任せるしかない。カカポ回復計画のほかにも、二一の同じようなプロジェクトが実行されている。ほかの鳥たちの立場も苦しい。四種のキウイのうち一種は本土で絶滅しているし、世界最大のクイナであるタカへの現存数

もはや一五〇羽を数えるのみである。(*5)

檻の中で飼育された動物を野生化させても、野外の自然がそれらに生き延びるチャンスを与えてやらないのであれば何の意味もない。マウントブルース国立ワイルドライフセンターや世界中の同じような施設の中で育てられた動物の子孫が、食物を見つけられなかったり、わずか数日後に野良ネコの口の中へと入ってしまったりするのであれば、このような処置は動物虐待とほとんど変わるところがなく、わざわざこのような努力をするまでもないことになる。つまり、いわゆる「飼育下の繁殖（ケプティブ・ブリーディング）」プログラムは、常に自然生活圏の保護あるいは再生対策とともに実行されなければならないのだ。これらの動物と人間の養い親の間には、母親と胎児を結ぶへその緒のような関係ができ上がっている。そのへその緒を断ち切る日は、ひょっとしたらもうこないのかもしれない。

**●モーリシャス、1997年**

伝説の鳥ドードーのかつての故郷でも、絶滅危惧鳥種を救うために世界中からボランティアたちが集まり、惜しむことなく労力を提供している。モーリシャスタカやモーリシャスインコ、ベニバトはほとんど絶滅したと言ってよい。森林の開墾やドブネズミ、ネコ、インドマングースなどの侵入を生き延びたのはわずか15種のインコのみである。ベニバトの個体群は、何と10羽に減ってしまった。しかし、今はこの３種もみな快方に向かっているようだ。それらの卵は野生の巣から収集されて、乳母動物の所へ移し換えられている。こうして、ホンセイインコはモーリシャスインコの卵をかえし、ジュズカケバトはベニバトの子どもの面倒を見ることになった。300羽以上のベニバトがこのようにして育てられ、再び放たれている。(*6)

悲観論者は、ゴリラやオラウータン、サイ、トラといったもっともスペクタクルな哺乳動物の生存が保障される場所は、長期的に見ればもう動物園やその類似施設しかないと言う。もっとも壮麗な動物も、いまや責任感にさいなまされている情深い人間の下宿人に成り下がってしまったのだ。ロストック大学の動物学者ラグナー・キンツェルバッハ(2)は次のように予言する。

「未来のファウナ(3)は完全に人間にマネジメントされ、人間に依存しているだろう」(*7)

すでに今でも、学者たちのテラリウムやアクアリウム、柵や鳥小屋の中でしか生きていない種がいる。その中には、私たちもよく知っているヴィクトリア湖のフルのシクリッドや肉食マイマイのヤマヒタチオビガイから救い出されたモーレア島やタヒチ島のポリネシアマイマイもいる。多くは快適に過ごしているが、一方では寿命が尽きてしまった生物も現れている。一九九一年現在、Partula affinis(4)と Partula aurantia(5)はそれぞれもう一匹ずつしか生きていない。(*8)

ブラウンツリースネークの脅威から救われ、最後まで生き残ったグアムクイナは、それよりもまだ少々恵まれている。動物園で子孫を増やさねばならなくなった動物が多い中、数匹残ったそれらの子孫は、一九九一年、ヘビのいないグアム島の隣島であるロタ島内に

(2) Ragnar Kinzelbach。生物の多様性を研究。
(3) ある地域に生息する各種動物の全体。動物相。
(4) ポリネシアマイマイ属の一種。
(5) ポリネシアマイマイ属の一種。

安全な避難場所を見つけた。しかし、グアムが夜行性のブラウンツリースネークの支配下に置かれており、それらの統治をどのように終わらせればよいのかが誰にも分からないうちは、グアムクイナの帰還はまだまだ先の話である。

ドイツの行動研究家コリナ・ヘルツァー(6)が訴えているのは、まったく別の方法だ。最高に風変わりな彼女の仕事というのは、かつて無邪気だった鳥たちに大いなる恐怖を感じさせることである。つまり、彼女は恐怖トレーニングを鳥に対して行っているのだ(*9)。彼女の調査対象には、ニュージーランドの鳥種も含まれている。何百年も前から危険は空からしかやって来ないとプログラミングされている彼らは、イタチやネコを見たらとにもかくにも大急ぎで遠くへ逃げるということをこれまで学んでこなかった。彼らは、学者たちが言うように、哺乳動物に対してナイーブなのだ。これを変えようとしているのが、コリナ・ヘルツァーと彼女のニュージーランドの世話係で生物学教授のイアン・マックレイン(7)というわけである。今はまだ、檻の中で飼育されている鳥だけではあるが。

ところが、まず最初にコリナ・ヘルツァーが恐怖のどん底に陥れたのは、ニュージーランドの鳥ではなく担当当局だった。カカポへのトレーニング許可を得ようとするや否や、警鐘が鳴り響いたのだ。

「そんな、とんでもない！」

(6) Corinna Hoelzer。ドイツ、オスナブリュック大学の行動研究者。
(7) Ian McLean。生物学者。絶滅が危惧されている野生生物の行動についての問題を専門に研究。

最後に生き残った年老いたカカポは、もしかしたら心臓発作で死んでしまうかもしれない。そんなことになってはならない。それがいくら大切なことであっても、カカポにそのような実験をすることはできなかった。

それでも環境保全局は、彼女に世界最大のクイナでカカポと同様極端に生存が危惧されているタカへのトレーニングを許可した。野外のタカへの巣から集められた卵は、ずいぶん前からある秘密の場所で人工的に育てられている。熱狂的な鳥のコレクターがこれらの鳥を欲しがるかもしれないと恐れてのことだ。手始めとして、それらのいずれ放たれる若い鳥に、コリナ・ヘルツァーの「恐怖セミナー」を卒業させることとなった。

実験をどう組み立てるかということについては、慎重な考慮を要する。そうしないと、訓練された恐怖が間違った物体に向いてしまう恐れがあるのだ。以下は、希少なリトル・カンガルーにキツネへの畏敬の念を植え付けようとしたオーストラリア研究者たちの経験である。彼らは、この有袋動物が無邪気にごちそうを食べているときを狙い、キツネのまがい物を平和な宴会の真ん中へと紙のボードを突き破って勢いよく発射させた。カンガルーたちは当然パニックに陥るようになったが、これより先、彼らの恐怖の対象は生きたキツネではなく破れた紙のボードとなってしまったのである。

コリナ・ヘルツァーが教え子であるタカへに与えた学術ドイツ語でいう「ネガティヴな肉体的刺激（negative physische Stimulus）」は、のちに恐怖を引き起こすべき対象動物であるオコジョから直接加えられた。もちろん、それは綿を詰めてうまくつくったまがい物で、長い木の棒の先に固定されたものである。この肉食獣のまがい物は、鳥籠の外側にしゃがみ込んで鳥から見えないように動かせるようになっていた。オコジョの出現に対するタカへの反応はといえば、もっともよくてせいぜい好奇心を示す程度だった。だが、この反応の仕方は、彼女自身の言葉を借りて言うと、彼女がイタチのまがい物でこの大きな鳥に「打ちかかる」とついに変化した。

とても奇妙な感じがするかもしれないが、実際、これまでの結果に私たちはとても励まされている。つまり、この恐怖トレーニングは機能しているのだ。偽物に五回ぶたれれば、タカへの忍耐も限度に達する。そして、オコジョの人形が次にまた現れると、タカへたちは叫びながら勢いよく逃げてゆく。この記憶が数ヵ月後に再生されれば、オコジョを見たら逃げろという命にかかわる新しい認識が彼らの頭の中に永遠に固定したことになる。そして、恐怖セミナーを終えた若い鳥は、安心して野外へと放つことができるのだ。

この実例は、追従されなければならない。どのようにすれば保護したい動物を学術的に正しくパニックに陥らせられるかというこの育成プログラムを世界中に伝達すべく、今この女性動物学者は報告書を作成しているところである。彼女のやり方が世界に浸透していけば、教育されていない動物を野外へ放つことはまもなくなくなるであろう。

# 15 トランスジェニック侵入者(1)

遺伝子技術やその産物であるトランスジェニック被造物に対してはさまざまな考え方があるだろうが、遺伝子技術で操作された植物や動物、微生物もまた生きた生物体であるということに関しては何ら疑いをかけることができない。それらは、自然の生き物と同じ原理、同じ規則にもとづいて機能しており、一度野外に出てしまえば、それらにもほかのすべての生物体と同じ生態学が適用される。

だが、多くの生物は何百年にもわたる品種改良や近年の遺伝子操作の結果、野外での永続的な生存はもはや不可能なほど変化してしまった。ミネソタ大学のアメリカ人生態学者P・J・リーガル(2)は、それらを「生態学的肢体不自由者」と呼んでいる(*1)。これには、産業用の発酵容器といった人工環境の中でしか生きられない無数の微生物のほか、新しい植物を発芽させるための種子が穂から離れず、地面へ落ちなくなったトウモロコシのような観葉・有用植物も含まれる。だが、このような生態学的肢体不自由者と野生形態の間の距離は、決して乗り越えられないものではない。たとえば、栽培トウモロコシが、たった一度の突然変異のために野生植物と見分けられないほど変化してしまうこともあるのだ(*2)。

遺伝子技術の早期、この新技術は、このような生態学的肢体不自由者以外には、つまり

(1)外来の遺伝子を導入した動植物細胞から育成された侵入種。

(2)Regal。生態学・進化学・行動学教授。進化のメカニズムとパターンを研究。

人間の集中的な世話がなければ野外の自然の条件下では生き残るチャンスをまったくもたないような、極端に特殊化され変化させられた生物形態以外には何ももたらしはしないだろうと高い関心をもつ世間から思われていた時期があった。原始の時代から釣り合いを保っている遺伝子バランスへの操作という事実一つにより、生態系がひどく衰弱する以外にはほかに影響の出ようはずがない、と広く認識されていたのである。

このように、遺伝子組み換え生物に対する危機感が一般的に少しも感じられないという表象は、これより前の一九七〇年代に見られたヨハネの黙示録バージョンとまったく対照的な反応である。リーガルはそれを、マイクル・クライトン(3)のサイエンスフィクションをモデルに、「バイオハザード論争」や「アンドロメダモデル」などと呼んでいる(*3)。その中では、宇宙からやって来た微生物がまもなく制御不可能なほど増殖し、地球全体を危機に陥れる。しかし、幸いにもこの元ミニ・エイリアンは非常事態に陥る直前、予期せずして無害な被造物に変身するのであった。

新しく生まれたこの学問は、その進みゆく方向をほとんど見極めることができず、そのためにファンタジーばかりがむやみに増長したこともある。人類滅亡を描いたアクションに事欠かないシナリオは、今でも小説や映画の中に多く見られる。スティーブン・キング(4)(ザ・スタンド)からフランク・ハーバート(5)(白いペスト)まで、ホラーやファンタジー、サイエンスフィクションでヒットし有名になったものは、いずれも遺伝子技術が引き起こ

(3) Michael Crichton。(1942～) アメリカの作家。医学を学ぶかたわら、スリラー小説を書く。『アンドロメダ病原体』(浅倉久志訳、ハヤカワ文庫、1976年) はベストセラー。
(4) Stephen King (1947～) アメリカの作家。代表作に『シャイニング』。

す独特のカタストロフィーで読者や観客を引き込んでいる。生活圏は、狂気の学者がつくった、あるいは人目を忍んだ秘密実験室の中でつくられたスーパー病原菌に破壊され、全人類は根絶の危機に陥る。だが、遺伝子技術によるこの大惨事は大抵寸前で食い止められるか、もしくは抵抗力のある一群が生き残って、世界滅亡が起こった後にもちゃんとまだ誰かが愛し合ったり殺し合ったりできるようになっているのが普通だ。

一九八〇年代になると、不吉なアンドロメダモデルも、またこういった生物が実存するという一般に広がっていた思い込みも、現実になりつつあるバイオテクノロジーの時代にはマッチしないことが明らかとなった。秘密に覆われた研究室からは世間に向けて具体的な意図が漏れ出てきたが、それは思っていたよりずっと平凡に、ときにはほとんどつまらないほど実用的に、あるいはそれが医学の分野であるならばひどく前途有望なものとして響いた。熱狂したり、逆にことさら悪く言ったりという一般的に見られた言動は、バイオテクノロジーの適応性が多様であることから次第に全体的な混乱へと移行していった。そして、世間の懸念は遅くともクローンヒツジのドリー(6)が誕生して以来、とくに人間を中心に置いた二つの問題に集中するようになる。人間もいずれクローン化されるのか、またされてもよいのか、あるいはされるべきなのか。そして、遺伝子技術を使って生産された製品や食品や薬品は、何らかの形で人間を危険にさらすこともありうるのか。

これらの疑問は、いずれも生物学的侵入をテーマとする本の対象にはなりえない。生命

(5) Frank Herbert（1920〜1986）アメリカの作家。代表作に『デューン』シリーズ、『The White Plagne（白いペスト）』などがある。

の全過程でもっとも基本的なものに手を加える権利がそもそも人間にあるのか、という問いについても同様である。遺伝子技術が約束しているものは慎ましいというにはほど遠く、その背後に控える経済権力は強大で、また法外に大きい危険の可能性がさまざまな局面に根を下ろしている。これほど遠大なテクノロジーであっても、人間や自然に不可逆的な悪影響を与えることなく大規模に実践できるなどという幻想は、本来なら誰一人としてもつべきではないのだろうが。

生物学的侵入との関連において、そもそも遺伝子技術が議論されなければならない理由は単純である。市場に出るのを目的とするトランスジェニック動植物は、単に生態学的肢体不自由者であるというだけでなく、競走にも耐え、自然に存在していたそれらの祖先と同じように増殖し分布することもできる。このことを生態学者が悟ると、そのリスクを査定する方法が探究されるようになった。社会が期待しているのは遺伝子組み換え生物、いわゆるGVOs(原注1)を野外に放出すればどんな影響が出るのかという疑問に対する答えであるが、これは遺伝子技術者には見つけられるはずもなく、やはり生態学者によって追究されなければならない問題である。

ところが、この生態系におけるリスクの研究はジレンマに直面している。新種の生物体が自然条件の下でどのように反応するかを予言するときには、実際、排除しようとしている危険を自ら引き起こすようなことがあってはならない。となると、リスクの多い野外実

(6) 1個の細胞や生物から、無性生殖的に増殖した遺伝子組成がまったく同一の生物の一群をクローンという。ドリーは、スコットランドのロスリン研究所が1997年に世界で初めてクローン成功を報告したヒツジ。

験の実行は許されない。というわけで、生態系におけるリスクの研究は、広範囲にわたって生態学や進化生物学で今現在明らかになっている基本知識を頼りとせざるをえないが、一方では、基礎研究からまだ推論されるべき知識の欠落を指摘できる万一の可能性も秘めている。さしあたっての最重要問題は、人間がこのようにまったく新しい形で自然のつながりに干渉したときに発生しうる危険、これを提示できる何かしらのモデルや手本、あるいはアナロジーは果たして存在するのかということだった。

外来生物体輸入について初めて適切なモデルとなる考察を行ったのは、アメリカ人女性生物学者F・A・シャープレスである。(7) それは、一九八二年、アメリカの環境保護局（EPA：Environmental Protection Agency）のために行った研究の一環だった。彼女が提唱した「外来種（exotic species）」モデルは自然科学に浸透し、以来ディスカッションへの介入は、生態学の側ではとりわけ侵入生物学のエキスパートたちの役目となっている。

そのもっとも断固たる賛成者の一人となったのが、アメリカ人のP・J・リーガルだった。彼は、侵入生物学をテーマとするスコープ研究プログラムの枠内で一〇種類のモデル(8)を綿密に調査し、トランスジェニック生物体を放し飼いする際の最適アナロジーは「外来種」であるという結論に至った。(*4) 彼が「緊張感のない、だが慎重な」と性質づけるアメリカ政府担当官庁の基本姿勢は、とりわけ「外来種」モデルの説得力によるものとリーガルは確信する。アメリカ議会の依頼により、非国産生物体が引き起こす被害について調査し

（7）F. A. Sharples。1982年「外来種」モデルを提唱。

（8）232ページの訳注（13）を参照。

**（原注1）**遺伝子技術で操作された生物体。英語のGEOs（genetically engineered organisms）。

たこの優れた研究は、「非国産種と遺伝子組み換え生物の放し飼いは、多くの場合、同じ規定でコントロールされる」[*5]というアナロジーを裏書きしている。

リーガルはまた、ほかの考慮、とくに遺伝子技術賛成派から議題に取り上げられる考慮が「いいかげんで驚くほど単純化されており、また理論的に間違っている」ことも証明している。[*6]それらの多くが基本としているのは生態学や進化生物学の古ぼけた概念であり、さらには過大要求されて不安になった、あるいは無関心になった世間には生物学のことなど何も理解できないだろうと見込んで、すべてをいかにも些細なことであるかのように見せる戦略をとっているのではないかという疑惑も浮上してくるという。

とくによく用いられるのが、遺伝子技術は基本的には真に新しいものではないという、手を替え品を替えをして登場する主張である。卵子の細胞と精子の細胞が結合すると、必ず新しい遺伝子コンビネーションが生まれる。数百万年前もの昔から、進化はそこに存在する遺伝材料でいろいろないたずらをしてきており、もはやほとんどすべてと言ってよいほどの可能性がすでに現実化されている。それによくよく考えてみれば、人間は植物や動物を自分たちの欲求に応じて品種改良しながら、もう数百年間も「旧式のバイオテクノロジー」を促進してきているではないかというのだ。

遺伝子技術は根本からまったく新しいわけではなく、単に一種のターボ式の培養にすぎないというような主張は、面白いことに侵入生物学の分野にも見られる。人間によって可

（9）ヨーロッパの都市間連絡超特急列車。1971年に営業を開始したIC（都市間連絡特急列車）よりもさらにスピードがアップ。

能となった生物体の移入もまた、人間の演出によって少しばかり早く経過するだけの、基本的には自然なプロセスだと理解されることもしばしばあるのだ。どちらもナンセンスな主張である。この論理だと、ＩＣＥ(9)（インターシティ・エクスプレス列車）は特別早い馬車であり、コンピュータはものすごいスピードで動くタイプライターだ、と言うこともできるだろう。だが、ここでは昔ながらのものがスピードアップしているのではなく、まったく新しい性質を得ているのである。自然のプロセスに比べれば、これらはこれまで絶対に達成されることのなかった、息も止まりそうなスピードで経過する。そして、人間の干渉なしでは乗り越えることのできない、系統発生学的に遠く離れた種と地理学的に遠く離れた大陸の間に引かれた境界線を踏み越えてしまうのだ。

　イギリスの遺伝子操作諮問委員会(10)の一員であるマーク・ウイリアムソンも、産業は遺伝子技術を利用すれば従来の栽培飼育目標がより早く達成されるという理由からこれほどの努力を行っているわけではない、と強調している。遺伝子組み換え生物は、「真の新製品となる可能性を秘めている。たとえば、農業プロセスに役立つ新製品、生産品という形の新製品」などとして。そしてウイリアムソンは、そこに「侵入種の姿をした新製品」(*7)もはっきりと付け加える。

　新しい生活圏へやって来た外国の生物と、野外へ放たれたトランスジェニック動植物は同じではない。だが、「外来種」モデルではこれを類似の現象だとしている。どちらの場

(10) Advisory Committee on Genetic Manipulation。遺伝子を変化させた生物体の抑制的な利用において、人間および環境に対する安全性という観点から国家機関にアドバイスをするための委員会。

1997年、遺伝子を操作された植物の商業用栽培用地は全世界で1,270万haに達している。配分は以下に示す６ヵ国のみ。(＊8)

| | |
|---|---|
| アメリカ合衆国 | 810万 ha |
| 中　　国 | 180万 ha |
| アルゼンチン | 140万 ha |
| カ　ナ　ダ | 130万 ha |
| オーストラリア | 5万 ha |
| メ　キ　シ　コ | 3万 ha |

栽培された遺伝子組み換え植物の割合

| | |
|---|---|
| 化学除草剤に耐える種 | 54％ |
| 昆虫に抵抗できる種 | 31％ |
| ウイルスに抵抗できる種 | 14％ |
| 性質が変化した種 | 1％ |

**●ドイツ、ベルリン、1995年**

ベルリンの連邦環境庁のある会議で、女性官庁職員の一人が、当局は遺伝子組み換え生物が自然界の中でどのように反応するのかを予知、査定すべきだと訴えた。ところが、「実験で確認済みのデータ、とくに長期調査のデータが不足している(＊9)」、それに提議されている放し飼い実験に随伴的な安全研究を義務づけるための法定論拠にも欠けると言う。産業側が提議する放し飼い実験はこれまで例外なしに認められているが、生態学的な問題の解明を定めたものはほとんどない。フライブルグのエコ研究所(11)に勤める個性的な遺伝子技術の批判家であるベアトリクス・タッペザー(12)は、5,000件の放し飼い実験のうち、そもそも生態に関する問題提起を取り扱っているものは50件にも満たないことを突き止めている。

合も、新しい種が古い生物に出会う。トランスジェニックの場合、古い生物に出合うのは未知の種である。この新しい生物が遠方の国から移入されてきたものであろうが、遺伝子技術者の温室や研究室の出身であろうが、侵入に襲われた生物群集には関係のないことだ。なぜなら、どちらも新しい特性や新しい特徴の組み合わせを所有する生物体であることに代わりはないのだから。

「外来種」モデルで主張されている主な予測や結論は、数行にまとめることができる。それを読めば、この本の読者の方々はどこかで聞いたことがある話だと思われるかもしれない。遺伝子を操作された動植物種のうち、自然の中に定着できるのはごく一部しかなく、大多数は失敗すると思われる（テンズ・ルール）。定着した種の一部は、自然に密着した生活圏への侵入にも成功するだろう。自然や開拓地に定着したこれらの種は、ほとんど「生態学的には無害」(＊9)である。しかしながら、有害生物となるものも幾つか現れ、中には経済的そして生態学的に計り知れない問題を引き起こす生物も出てくるかもしれない。これらの種を自然から再び取り除くのはほぼ不可能だと思ってよいし、野外定着の確率も屋外へ持ち出される生物の数とともに増加するばかりである。そうなると、個々の例を綿密に検査してリスクを査定せねばならなくなるが、そのときには生物を放つ予定の生態系や生物が入り込んでくる可能性のある生態系、およびトランスジェニック遺伝子生物体がもつ特異な性質もまた同様に調査されなければならない。

(11) Oeko-Institut。1977年、原発建設論議が発端で設立される。政府や産業に左右されない、社会に役立つ環境研究を目的とする。

(12) Beatrix　Tappeser。遺伝子技術批判者。バイオ技術の安全性を疑問視し、食物の保全を訴える。

これまでの侵入生物学における優れた予想を見てみると、このような個々の例の検査は必ずしも問題なく順調に進むとはかぎらないだろう。これもまた、「外来種」モデルから演繹(えんえき)できる結論である。このモデルは、トランスジェニック生物を別の世界からやって来たモンスターなどと見なしていない。そこが、このモデルに励まされるところである。それらが引き起こしうる問題の類いは、自然科学では生物学的侵入という形で根本的に知られており、研究に対してもその方法、進むべき明白な道があらかじめ示されている。その道の上には、たった一つの遺伝子組み換え生物も放たれてはならないのだ。だが、それほど喜ばしくない、いやそれどころか不安にさせられてしまうのが、何十年も前から世界中で集中的に行われている研究作業によってもたらされてきた酔いも覚めやらんばかりの結果である。

「外来種」モデルは、アメリカの遺伝子技術賛成派の人々を複雑な心境に陥らせた。放し飼いされたGVOsの大部分は、生態問題も経済問題も引き起こすことはないし、あったとしても微々たるものだろうと予測されているにもかかわらず、遺伝子技術者たちはまったく別のイメージが社会に固定してしまうのではないかと恐れたのだ。[*11] どうかすると、素人は「エキゾチック種」という概念を聞いただけでも、北アメリカの自然にすでに十分恩恵が施されているあのエイリアンのようなホラーイメージを呼び起こしかねない。

ただし、今回は遺伝子技術によって最適化が図られている。クズ、ヒアリ、キラーバチ、ホテイアオイ、そして今世紀初頭にアジアから移入してきた真菌類による国産クリ林のほぼ完全な根絶を経験してきたアメリカ社会の感受性は、いつまでたっても敏感さを失うことがない。「外来種」モデルの本来の命題は、このようなネガティヴな連想のもとに今にも埋もれてしまいそうだと技術者たちは言う。しかし、同じモデルのもう一つの命題、稀ではあるが、場合によっては壊滅的ともなる発展が起こることも考慮に入れるべきという命題の方は忘れられているのだ。

「外来種」モデル説に対する異議はほかにもある。それらは、このようなイメージダウンに対する恐れなどよりももっとまじめに受け取らねばならないものだ。たとえば、批判家は次のように主張する。外来の生物体が何千もの新しい遺伝子を国内へ持ち込んでくるのに引き換え、ずっと昔から知られている初期世代の形態と遺伝子組み替え種の間の異なる遺伝子というのはたった一つ、あるいは非常に少数である。それらから発生しうる危険性は、それ相応にこのモデルが予測しているよりもずっと小さい。

この論法は、ある種が新しい環境にどれだけ馴染み、どれほどの帰化における成功を収めるのかということは、新しい遺伝子の量のみによって決定されるという想定にもとづいている。だが、決定的となるのは新しい特性の数ではなく、それらが現存の資源をより有効に使うことができるか、よりうまく敵から身を守ることができるか、あるいは競争に勝つことができる長所を別にもっているかということである。淘汰の際、新しい遺伝子がたった一つでもある動植物種に対して決定的に有利に働けば、それだけでその個体群は人間のコントロールをしのぐほどに増殖できるかもしれないのだ。抵抗遺伝子によって化学除草剤や病気や天敵から守られた植物、あるいは乾燥や寒さに強くなった植物種は遺伝子技術者が好んで研究したがる対象である。前者は、もうすでに広大な地域で栽培されている。そして、これらの特徴はすべて、淘汰の際には状況次第でその持ち主の立場を著しく有利にするのに好適である。

遺伝子のほんの微々たる差異は、とてつもない影響を及ぼしうる。(*12) いつまでも続く、場合によっては費用のかさむ侵入が成功するためには、多くの場合、遺伝子の変化はまったく必要としない。稀で目立たず無害なのに、人間が新しい生活圏に移入させたばかりに問題となる動物や植物種の例は無数にある。これらの例が存在しなければ、侵入生物学など不要な学問にちがいない。研究室から出てきたばかりの遺伝子組み換え生物は、さしあたりどの生活圏でも新参者である。(*13) 野外での定着に成功すれば、いずれにしてもグローバル・マーケット向けの生産が始まり、それらもまた世界を巡る生物体の往来に参加することになるだろう。ならば、自分たちのトランスジェニック植物に危険はないと主張する遺伝子技術者たちは、それらがほかの何千もの植物と同じにように、世界中へ、つまりさまざまな生態系や気候状況の中へ運ばれていくのをどのようにして防ぐつもりなのかも同時に説明すべきだろう。

別な論証ではまた、飼育栽培されている動植物種の乏しい適合性が引き合いに出されているが、これは勘違いである。外国産の種といえば、通常は野生の動物や植物だ。だが、遺伝子技術で操作されるのは、何よりもまずこれまで長きにわたって伝統的に改良を施されてきた有用生物体である。これらの種が、人間にもたらしたものは利益のみだ。問題を起こしたことなどは一度もないし、野外の自然の中では生き延びることもできない。品種改良や遺伝子技術による人工淘汰によって望まれた特色という非常に明白な特徴が出来上がり、そのため「栽培地以外での生存能力は低下している」と言うのである。(*14) 言い換えれば、それらは生態的に見て多少肢体不自由だと言うのだ。

これまでの章では、ネコやイヌ、ヤギ、ブタなどの野生化した家畜が、世界中でどのような問題を引き起こしてきたかということについて詳細に述べてきた。そして、遺伝子技術者がまず初めにもっとも努力を注いだ植物においても、その多くは主張されていたよりずっと丈夫であることが証明されている。リンゴの木に始まってジャガイモ、セイヨウナタネに至る七五種のイギリスに輸入された有用植物のうち、七一種は田畑や庭園の外でも生育している。これは何と九五パーセントにも達し、テンズ・ルールにおける目立つというだけではとても足りないほどの逸脱した例である。これは、野生形態との根本的な違いを示唆する事実だ。イギリスでは、いまやこれらのうち半分がおそらく定着した、あるいは完全に定着した野生植物と見なされているし、カナダには雑草に分類されているものまであるほどだ。(*15) 西アメリカの場合は、三〇〇の非国産雑草種のうち、少なくとも三六種はかつて農業や造園用の有用植物として国へ持ち込まれたものである。(*16)

ドイツや中央ヨーロッパでも、もともと栽培植物として輸入された種の多くが野生植物相の確固とした構成要素となっている。二人のドイツ人植物学者、ヴィルヘルム・ローマイヤー(13)とヘアベルト・ズーコップ(14)の基礎研究では、自然に密着した植物界でも定着を果たした六一種の植物リストが引用されている。そして、そこには多くの樹木種のみならず、多年生草木や潅木、草本植物も含まれている。(*17)

庭園や公園に植えられる観葉植物の多くも同じように長年の改良伝統をもつが、このハンディキャップにもかかわらず――といっても、実はそれは勘違いだったのだが――それらもやはり自然の中で自分たちの非常に優れた浸透能力を発揮していることが証明されている。「老人のあごひげ」やシャクナゲなどは、この本ですでに紹介した例の中のほんの幾つかにすぎない。

栽培種が分布していくのは根本的に不可能だ、という論証には何の根拠もない。トランスジェニック植物の中のテンサイ栽培が及ぼしうる影響に集中的に取り組んできたアーヘンの生態学者デトレフ・バルチュ(15)は、「トランスジェニック植物の帰化や分布の程度は、少なくとも従来の植物と同じくらいであると思われる(*18)」と確信している。

(13) Wilhelm Lohmeyer。植物学者。著書に“Agriophyten in der Vegetation Mitteieuropas"がある。

(14) Herbert Sukopp。元ベルリン技術大学、生態学研究所の植物学者。

「外来種」モデルは、ドイツの学者からも習得されているモデルである。生態学者であり植物学者であり、自然保護エキスパートでもあるベルリンのヘアベルト・ズーコップは、我が国の外来植物種研究におけるパイオニアの一人だ。その彼が、遺伝子技術の見通しとリスクを研究している「ドイツ連邦議会アンケート委員会」の公聴会にこのモデルを提出した。(*22)

彼の教え子であるインゴ・コヴァリク同様、ズーコップがとくに重要視しているのは、「外来種」モデルの主要観点であり、これまで言及されることのなかった時間という要素である。遺伝子組み換え

**●ドイツ、デンマーク、オランダ**

目下進行中の複数の研究によると、トランスジェニック有用植物が新しい特性を広めるのを効果的に抑える方法はないということである。ニーダーザクセン州の生態学局は、実験フィールドから200m離れた所に育つ普通の植物の中に、セイヨウナタネの一種がもつ新しい遺伝子を発見した。許可を下した官庁や申立人側は、この実験にはまったく問題がないとして学術的な随伴研究を拒否していた。グリーファーン（女性）大臣は「当局はこのようななおざりを甘受するつもりはありませんでした」と述べ、自ら研究プログラムを課すことにした。(*19) トランスジェニック・セイヨウナタネは、その特徴を野生のアブラナやノガラシにも移してしまうかもしれない。42種の有用植物を調べたオランダの研究では、これらの植物の半分から野生植物への遺伝子の移転が予想されるという結果が出ており、その著者たちは「自然への著しい影響」(*20)を予言している。バイオキャベツを育て上げようと試みているエコ農家にしてみれば事態は明らかだ。

「スモッグのように辺り一帯に広がるこの遺伝子からは、身を守らねばならない」(*21)のである。

生物が生態系へ与える影響を調査するのは保全研究だが、ここから引き出される説は、いずれにしてもそのときそのときに支配している条件にしか適用できない。どんなに費用や時間をかけようが、これらの調査では、五〇年後や一〇〇年後にそれらが支配しているであろう生活環境を基礎に置くことはできないのだ。温室ガスを大量に放出した私たちは、未来の生活条件の予言を必ずしも楽にしたわけではないことを思えばなおさらである。こうして見てみると、このような研究による説には、根本的にかぎられた局地的および一時的証言力なる価値しかないことが分かる。(*23)

このような歴史的な次元も議論の中へ組み入れられるのが、唯一「外来種」モデルである。外国種の分布例の中には数十年から数百年を費やして経過し、今日（途中）結果の観察可能な大規模な野外実験が何百とある。それらに関与していたのは、非常にさまざまな生き物や生活圏だ。生物学的侵入はほかの要素とあいまって、地球の生態系の根本的な変化を引き起こしてきた。このように、ちょうど中期から長期にかけて照準を合わせてみれば、自然の中の遺伝子組み換え生物がもたらしうるものにはあまり喜ばしいことは期待できそうにないのである。

ニワウルシのことを覚えておいでだろうか。ドイツにはもうずっと以前から存在していたにもかかわらず、この木を含め、数種の植物の基盤を固めることになったのは第二次世界大戦による荒廃だった。こういった方面の予想はされたことがないが、予想するにして

(15) Detlef Bartsch。アーヘンの生態学者。ライン・ヴェストファレン技術大学の生態学・生態毒物学・生態化学の講座を担当。

(16) 数年に１度、ペルー沖の海面水温が２～３℃高くなる現象。ペルーで不漁・集中豪雨などが生じるほか、世界各地に様々な異常気象をもたらす。

もほぼ不可能だったにちがいない。[*24] 多くの外国植物は、栽培地以外の土地で芽を出すのに何百年もの月日を必要とする。気候の変動や人間が引き起こした地形の変形があって初めて、ようやくそれらは人々に注目されるようになったのだ。

このようなたぐいの最新例がガラパゴス諸島である。諸島の外観は、一九九七年から一九九八年の冬に発生した強力なエルニーニョ[16]によってすっかり変わっている。異常に高い温度と大量降雨が、その足跡を残していったのだ。

「もっとも乾燥している島々すらも緑のじゅうたんで覆われているんですよ」と言うのは、サンタクルス島にある有名なチャールズ・ダーウィン研究所[17]のマイケル・ブリームスリーダー[18]である。このような変化の利得者がほとんど例外なしに移入外来種ばかりだということは、一九八二年から一九八三年にかけて発生したその前のエルニーニョの際にもすでに観察されている。長い乾季に適応した国産の動植物界が生存をかけて戦う間、二種のヒアリやドブネズミなどの侵入種はどんどん前進を続けているのだ。

ダーウィン研究所所長のロバート・ベンステッド＝スミス[19]は、「ガラパゴス諸島が有する種の多様性を何よりも脅かしているのは輸入種だ」と確信する。その昔、人間によって持ち込まれた動物や植物がまだ島にいなかったころは、諸島の生物体世界も再び回復することができた。だがいまや、新しいエルニーニョが引き起こす気候の乱れによって、生活環境の混乱は決定的となりつつある。[*25]

(17) 1964年、ガラパゴス諸島のサンタクルス島に建設される。寄付によって運営。生態系の研究や自然保護などの活動を行う。

(18) Michael Bliemsrieder。チャールズ・ダーウィン研究所の対外関係責任者。

(19) Robert Bensted-Smith。BCB（British Consultants Bureau）のメンバー。

学問的な根拠のある予測という言葉についてまじめに考えるならば、ほんの数年という時間の幅ではまったく不十分である。本物の予測とは、この三、四年、あるいは一〇年以内の発展を予測判定することではないはずだ。化学物質は自然の中に入り込んでも、遅かれ早かれいずれ必ず分解する。放射能物質でさえいつかは崩壊する。生きた生物体はそれに引き換え、突然、空中に消えることはない。それら自身、あるいはほかの種に転移したそれらの遺伝子は、想像もつかないような長い期間にわたって自然のプロセスの一部であり続けるだろう。私たちがいつの日か考え方を改めることになっても、これぱかりは変化することはない。まさにこのいったん始まった変化の中に潜む宿命的な不可逆性こそが、「外来種」モデルから演繹（えんえき）できるもっとも重要な命題なのだ。

産業が考えているイメージ通り、そして政策の大部分の意向通りになるとすれば、遺伝子組み換え生物は個々にだけではなく、広域的にもさまざまな形で投入されることになる。そうなれば、遺伝子技術による真の大災害なるものが一度として起こらなくとも自然は変化していくだろう。これが具体的に意味すること、つまりこの変化は、どれくらいのスピード、そしてどれくらいの規模で経過するのか、あるいはまたどのような経過をたどり、人間の生活にどんな影響を与えるのかなど、すべてはまったく未知の問いである。この答えを知る者は一人もいない。そして、もっとも頼りにならないのが遺伝学者だ。生態系のつながりのこととなると、彼らはもう大抵疲れた笑みしか浮かべることができないのだか

（20）Eidgenössische Forschungsanstalt für Agrarökologie und Landbau。農業生態学の中心を成す研究所。自然の多様性を守り、農業による環境汚染を防ぐことなどを目的とし、ベルンとチューリッヒの２ヵ所にある。

ら。

さらに、このプロセスはまだ始まったばかりであることから、研究室生まれの未来の神童世代には、遺伝子技術の石器時代である現在よりももっと複雑な新しい能力が備わっていると思われる。「外来種」モデルが核心をついているとすれば、そしてそのことに疑いを抱く生態学者はほとんどいないのであるが、この遺伝子組み換え生物の放し飼い実験は、長期的に見ればこの世の動植物種がほとんど影響を受けずにはいられない、世界的な野外実験の開始を意味していることになる。

あとは野となれ山となれ。まだわずか数年の経験しかないというのに早くも認可規制のさらなる緩和を激しく求める政治家たちは、どうやらこの主義にのっとっているようだ。

遺伝子技術産業やそのロビイストは、非官僚的で迅速な市場導入に向けて何百万もの投資を催促して

**●スイス、レッケンホルツ、1997年**

チューリヒの農業生態学耕作国立研究所[20]が行ったセンセーショナルな研究によると、遺伝子組み換えトウモロコシが影響を与える範囲は想像されていたよりももっと広いという。これらの植物に組み込まれたのは、細菌性殺虫毒物の生産を命じるバクテリア（Bacillus thuringiensis）の遺伝子である。この植物をかじるトウモロコシ・メイガ[21]の幼虫はそのせいで死ぬ。ところが、本来はいたわられるべき益虫までもがその被害に遭っているかもしれないというのだ。スイスの研究家が実験で使ったのは、クサカゲロウ科（Chrysopidae）の肉食幼虫だった。それらは、害虫に抵抗できるように遺伝子を組み換えられたトウモロコシをかじった昆虫の幼虫を食べると、何の影響も受けていない害虫を食べたときに比べて2倍も多く死に至った[*26]のである。

いる。だが、このような動きは、この国を経済的な損害だけでなくほかの損害からも守ってくれる、本当に責任ある政治とはいえない。正当な理由によって取っていたその立場からあたふたと退くのは無責任だし、どう見てもこの問題にはふさわしくない行動だ。トランスジェニック生物体と付き合っていく上で、もっとも重要な原則とは慎重である。そして、それは長期間、おそらくは永遠に変わることがあってはならないのだ。

国民が遺伝子技術をすんなりと受け入れられないことを、技術に対する非常に非理性的な不安だとか、克服するか無為のままじっと耐えぬくしかないその時代の思潮による現象だ、などと言って片づけてしまうことがよくある。これもまた無責任なことであり、加えて、国際的に定評のある大勢の学者たちの真剣に受け止めるべき懸念を嘲り笑うものだ。彼らは、彼らが抱く懐疑の非常に重大な理由を述べるよう求められている。だが、本当に信用できる総括を行えるのは、早くても一世代か二世代のちだろう。そのときまでに野外の生物群集に続く道を見つけたものは、どれもみな果てしなく長い間そこにとどまっているにちがいない。自然が打つ時間のタクトは、成果発表の記者会見や選挙日に専断(せんだん)されることはない。私たちはいったい、いつになったらこのことを理解できるようになるのだろうか。

経済的に危機感が漂っている時期には、生態学者に対する風当たりが強くなる。学者の大部分は懐疑的だが、新技術のリスクを査定するという課題からはやはりほとんど逃れる

(21) トウモロコシにつくメイガ科に属するガ。メイガはダイコンなどにもつく食品に害を与えるガ。

ことができずにいる。

だが、とくにドイツでは、根本的反対派に傾く流れが強い。結局容認された研究しかしていないのではないかという不安、そして政治が望み、経済に大きな影響を与えるテクノロジーの陰部の覆いとなっているのではないかという不安から、多くの生態学者が拒絶に傾くのである。自分たちの研究から導かれるのがせいぜいのところどんなたぐいの結論であるかを、一番よく知っているのは彼ら自身だ。生態学は一〇〇パーセント的中する説を提供することはできない。こうすれば絶対にこうなるというような結論はほとんどもたらすことができないし、信ずるにも足りないものだ。これは学者に、あるいは学者だけに責任があるのではなく、非常に複雑なことの性質によるものである。生態調査は不確かなことが多い確率説以外には何も提供することができないし、加えて決定的となるパラメーターも常時変化する可能性がある。学者にこれ以上のことを要求する人というのは、私たちが住んでいる世界がどんなふうになっているのか、いまだに分かっていない人なのだ。

特定の化学物質が一つの生態系に拡散していくときの作用を厳密に予測するのは、今日もなお不可能である。ましてや、環境との相互作用がその何倍も複雑な生きた生物体の影響ともなれば、その幾倍困難であることか。実際、保全研究者があれやこれやの条件で制約され、多くの推測がまとわりついた調査結果に到達しても、最終的にそれが一つも的中しない恐れは十分にある。現在すでに公表されている研究では、以前から懸念されていた事柄の多くは正当化されているようだ。だが、それ以後も変わったことなど何一つない。政治が動かす転轍器(てんてつき)は、そもそもはっきりと修正されることがあるとしても、おそらくとんでもなく誤った方向へ発展しないかぎりは切り換えられることなどないのだろう。

学問に携わる生態学者が終極の結論に達する日など、決して来ることはない。そして、その永遠に来ない日を遺伝子技術者が待ち続ける気配はまったくない。生態学のバックアップがあろうがなかろうが、彼らは自分たちの製品を売りに出しているし、わずかな例外を除けば、政治も確実に彼らをサポートしている。列車はとっくに動き出している。そこで関与すれば、生態研究

●アフリカ

遺伝子の経路は、多くの観点でまだまだ計り知れないものである。ほとんど解明されていないのが、いわゆる遺伝子の水平方向への転移という問題だ。一つの生物種から別の種への到達を、遺伝子はどのくらいの規模で、そしてまたどのようにして果たすのだろうか。

このような遺伝子の転移が高等生物に影響を与える蓋然性(がいぜんせい)はどちらかと言えば少ないと見られているが、その程度についてははっきりしたことは分からない。この現象が広く観察されているのはバクテリアの間である。たとえば、サファリツーリストが出したごみと接触したヒヒの腸菌群落には、様々な種類の抗生物質に抵抗するバクテリアの存在が証明されている。ヒヒの腹の中ではむしろ不要なこの能力は、おそらく人間の文明世界をより熟知したほかのバクテリア種からの遺伝子転移によって得られたものと思われる。(＊27)

はまもなくハアハアと息を切らしながらその後を追うはめになるだろう。これは、すべてが示唆していることだ。それどころか、もしかしたら列車の車両はすでにもう視界から消えてしまっているのかもしれない。

最終的に相対峙するのは、生物学の中でも評判の、非常に異なる二つの学術部門である。世界観へと姿を変えながらどちらかというと器用に後退していくような感じを受けるのは、流行遅れにも思える古典的な生物学という学科であり、その主唱者には永遠の不平家なるイメージがはりついている。ぐずぐずと先延ばしにして費用がかかるばかりで、もたらすものは何一つない学問だ。生物学の中のほかの部門では遺伝子技術の投入はあまりにも活発なので、この古典的な学科はそれと対立的な倫理状態へと近づいていく。もう一方の側に構えているのは、遺伝子技術や未来学、億万テクノロジーおよびキー・テクノロジー(22)である。世界的な構造危機の時代にあって、力量のまったく異なるもの同士の戦いといえよう。にもかかわらず、何にもまして急を要するのは、この二つの学問の偏見にとらわれない集中的な対話である。遺伝子技術者も生態学者も、絶対に間違いを犯さないわけではないのだから。

リーガルは、「外来種」モデルからさらにもう一つの訓戒を引き出している。これは生物学についてというよりも、学問もまた間違いを犯すという事実について述べる訓戒である。自然科学研究がどのように機能し、また実行に移される認識と移されない認識がなぜ

(22)「キー・テクノロジー」とは、未来への扉とそのすばらしい可能性を開く鍵となる、大変重要な未来テクノロジー。インターネットテクノロジーなどもこれに含まれる。「億万テクノロジー」とは、何億もの金を稼ぐことができるかもしれないテクノロジーを意味する。方向としてはキー・テクノロジーと同じ。

出てくるのかということを研究する自然科学史家のための事例だ。リーガルは、「輸入種が行ってくれた講義とは、あまりにも甚だしい単純化や観念学的な期待、公共機関の力学や原動力といった種類の危険について講じたものである」と言い、さらに次のように続ける。

「社会は、このような悲劇的な経験を通じて、学問や政府はもっと慎重でなければならないということを学び始めた。しかし、今の遺伝子技術に関して言えば、このような歴史をあまりよく知らない新しい一チームが社会の中に存在している(*28)」

リーガルは、あるバリアーの分析を要求している。決定に達するまでの政策プロセスと自然科学の基礎知識の間に流れる情報を妨害するバ

**●日本、東京湾、大阪湾、1988年**

カナダアキノキリンソウと非常に近い親類で、同じく北アメリカ産のセイタカアワダチソウが、日本の密集地域をどんどん覆い尽くしている。1945年に福岡空港の近くで初めて発見されて以来、この植物は巨大な地域に広がり続けている。これはすべて周辺の都会化のおかげだ。広大な土地がいじくり回される所、つまりブルドーザーが地表を破壊し、人間の干渉により強力な過剰肥料が発生した所では、至る所で最高２ｍにまで背を伸ばし、うっそうと茂っている。この植物は、日本の開拓地で世間の注目を集めている多くの新帰化植物の一つに過ぎない。横浜国立大学の宮脇昭(23)は、このような発展は「安定した開拓地の貧困化を招くだけでなく、その破壊の前兆となることもしばしば」であると言う。（Miyawaki Akira 1988. Die Veränderung innerhalb der japanischen anthropogenen Vegetation Flora 180：191-201.）

リアーだ。学者たちが、外来動植物種の輸入を警告していた例はたくさんある。彼らの意見はなぜ聞き入れられなかったのだろう。

作家のポール・ヴァレリー(24)は、一九四四年、すでに「生命は全般的にある実験の対象物となり果てるだろう。そして、その実験について言えることはただ一つ、傾向上それは私たちを以前の私たち、そしてこうであると信じている私たちからどんどん遠ざけてしまうということだけである」と、書いている。(*29)二〇年後、五〇年後、あるいは一〇〇年後、今日のニュージーランド人のように、盲滅法に促進された順化の意図せざる結果、それも修正不可能な結果に人類が新たに立ち向かうのを予防できるかどうかは、すべて今日の私たちにかかっている。当時のそれは、我が手元へ呼び寄せることを熱望された故郷の動植物だったが、明日には遺伝子技術の化学実験室で生まれた非常に恵みの多い産物となっているかもしれない。

(23) 横浜国立大学名誉教授。理学博士。マレーシアの「熱帯林再生実験プロジェクト」を指導。著書として『緑環境と植生学』(NTT出版)などがある。

(24) Paul Valery。作家。フランスの詩人・文明批評家。純粋詩の理論を確立。詩に「若きパルク」、評論に『ヴァリエテ』などがある。

# 著者あとがき

このような本を書き終えて、自然科学を学んだ私としてはどうしても不安な感じが残ってしまう。完全を求める妄念や立証強迫観念にさいなまされ、もしかしたら、完全に間違った例を選んでしまったのではないか、また意義のある細部を忘れたのではないか、あるいは決定的となる考慮をおろそかにしてしまったのではないかと不安になるのだ。

このテーマの途方もない複合性、幾百とある例や危機一髪となった大災害、理論の選択などにおいては厳格かつやむをえず主観的にならざるをえない。この本で紹介される例は、私が選択したものである。奇妙であると同時に、このテーマでは典型的な表象でもあるのだが、別の著者が本を書くチャンスに恵まれたとき、私が描写した出来事をやむなくまた引っ張り出すなどということはほとんどないと思われる。ヴィクトリア湖に棲むナイルパーチの略奪行為やフルの滅亡を伝える代わりに、ミシガン湖のタイセイヨウヤツメやそのスペクタクルな祝宴を中心にもってくることもできる。悲しい鳥のストーリーならグアム島でなくてもモーリシャス島が寄与してくれるし、ニセアカシアに代わってファイヤーツリーだってまったく悪くないテーマとなるだろう。移入してきたキラー海藻ならいずれにしても不足することはないし、このテーマの重点はニュージーランドの代わりにオーストラリアやハワイも豊富に提供してくれるはずだ。

相当大きな規模の生物学的侵入が、この地球上のあらゆる地域に、いつ何時不意に押し寄せてくるかもしれない。あまり勇気づけられることのないこのような認識のほかにも、最終的に何か残るものがあるのだろうか。(*1)

何十年も前から研究を続けていても、私たちはそのような発展を予測したりストップさせたり、あるいはその影響を除去したりする納得ができて信用できる方法を知らないし、このような未解決の問題があるにもかかわらず、従来の侵入生物だけではもの足らず、今さらに遺伝子組み換えヴァージョンをそこに付け加えようとしている。驚くべき知識の欠乏、そしてこれまでに調査されたことが一度もなく、記録されたことが一度もない多くの生活圏や生物体の共同体に私たちは至る所で遭遇する。高度に発達したこのグローバル村の生物地図には、誰一人関心を示さないかのように見える大きな未調査地域が存在するのだ。

そして、再びたどり着くのが、単純な解決策は本来の解決策ではないという認識である。一つ一つの例を取り上げて行う、骨の折れる検査に代わるものはない。どの地域もどの動植物種も、個々に考察され判定されなければならない。手当たり次第に四方八方を攻撃したり、何もかもひっくるめて判断したりすれば、発生した被害をより拡大させてしまうことになるだろう。

特殊な場合には、周囲に気を配りながらも何もせずにいるべきである。そうすれば、別の機会の折に厳然たる態度で対処できるはずだ。そのときの作業では、たくさんの血が流れるかもしれないし、それはとても汚いものになるかもしれない。だが、世界中に広がる種の多様性には侵食が忍び寄っている。それに対してこのくらいのレベルでもよいから対抗しようという気があるのなら、これらの作業はやはり実行されるべきである。貴重な自然の宝物が侵入生物によって消滅させられてしまいそうな場所では私たちは行動を起こすべきだし、中央ヨーロッパのように、外来の植物種が数千年来の古い開拓地の中でそれぞれ共存している所では、それらは伝承される文化の一部として受け入れられなければならない。

種を守るのに最適なのは原産国のビオトープである。国産生物の保存が非常に大切なのはこれゆえであって、何らかの観念学的な理由によるわけではない。原産国、つまり地球の各々の土地で自分たちの生物の保存に尽力しないでいて、いったいほかの誰がしてくれよう。地球の生物体の多様性は私たち全員の財産であり、その中の非常に大切な部分部分は私たちの玄関前に生きているのだ。

私は、インゴ・コヴァリクが言う「樹木種差別というよそ者敵対視」の代弁者となるつもりは毛頭ない。(*2) しかし、旅行者として、ペットの飼い主として、あるいはガーデンの持ち主として、どの人にも特定の連帯責任があることは、このテーマに関してここに提示された論述からいや応なしに推論できることだ。外来動植物種を交えた世界をまたぐ生態ルーレットの中では、私たちは好むと好まざるとにかかわらず、誰一人として受け身的な観察者でいることはできない。壊滅的な出来事を引き起こすのに、動植物の大規模な運搬は不要である。地球最大の熱帯湖（ヴィクトリア湖）には、一個のバケツに稚魚をいっぱい入れた男が一人、それで十分だった。

ペットを野外へ放つ人は増えるばかりだが、これには弁明の余地もないことは十分すぎるほど明らかではないだろうか。生きながらごみと化した動物をこのように処理する背後には、倒錯した動物愛からくる自己欺瞞的な決定的行為や完全な無関心が隠れているが、それらはいかなる自然理解からも何マイルもかけ離れている上に卑怯でもある。なぜなら、彼らは自分ではすごくいとおしいと言ってはばからぬペットや、打撃を受けた自然に対する義務を怠っているからだ。ペットが大量に野外へ放たれることは阻みようがないというのであれば、食用ガエルやアカミミガメといった動物種をペットとして何の制限もなく販売することが許されている、このことにどんな意味があるのかと問うことも許されよう。なぜなら、それらのほとんどがいずれペットではなくなるのだから。

植物に関しては、状況はさらに複雑にちがいない。どこかの誰かの、ましてや庭園や公園という何百年もの伝統をもつ私たちヨーロッパ人のエキゾチックな植物に対する楽しみを台無しにすることが目的であろうはずはないが、庭園植物や有用植物が世界中の至る所でそれぞれ危険かつ費用のかかる侵略者になり果てているという事実を考慮すると、これまでの考え方はここでも慎重に改めざるをえない。観葉植物や有用植物の巨大マーケットでは、葉や花の美しさ、あるいはその実の甘さだけが規制の対象となるはずはない。この世のガーデニングの愛好家たちが侵入植物という問題について知るだけでも、そして、この問題と比較すればまったくつまらぬ事実、たとえばヨーグルト容器の中身に保存剤が入っているかということを一つ一つ確かめて、場合によってはほかのメーカーに変えるのとまったく同じように、庭園植物の場合も国産植物の中に、あるいはここでもう何百年も前から栽培されている植物の中に、もしかしたらその代わりとなるものがあるのではないかと思うだけでもすでに大きな前進である。そういう配慮をしたとしても、選択の余地はまだまだたくさんあるのだから。

そうこうする間にも、人間が重要な気候要素になっていること、それとともに効果的な予測の試みを自らすべて粉粋していることを示す徴候は増すばかりである。とくに、地球全体の温度の分布によって決まる動植物種の分布境界線は、温室ガスが私たちの惑星をどんどん温めていることによって異常な激しさで変動し出すだろう。その徴候は、もうすでに観察されている。未来の生活圏での陣地をかけたこの世界的な競走の参加者リストは、五〇年前や一〇〇年前、あるいは五〇〇年前のそれとはまったく別物だ。

何千という動植物種が、私たち人類なしでは絶対にたどり着くことのなかった場所に生きている。スタート地点にいるのは新しい競争相手だ。国産種同様、それらもそれぞれが適切な場所で、変わりつつある条件を最大限に利用しようとするだろう。その結果でき上がる自然は、悪いとは言えないにしても、これまでとは別な、下手をするとより貧弱な自然であることは確実である。

# 訳者あとがき

何を隠そう、この本は私の訳書第一号である。ここ数年、日本語であれドイツ語であれ、本を買う際にはいつも翻訳出版の可能性を考えながら選ぶようになっている。もちろん、最初は自分自身の興味からスタートするが、実際読んで面白いと思った本はほかの多くの人々にも読んでもらいたいと思うからだ。今回も、まったく純粋とは言えないにしても、一読者としての興味から原書を手に取って読み進んでいくうちに、「日本にもこの本を紹介したい」という思いがどんどん強くなってきた。だが、凡例にも記載したように、抄訳出版とせざるを得なかったほどの分量の厚さに気後れして、なかなか翻訳作業に取り掛かれなかったのも事実である。

実は、私には生物学の知識などまるでなく、この本を読んで驚くことばかりだった。日本ではまだ名前も確定していない新しい学問について一般の読者向けに分かりやすく書かれているので、一通り読み終えたときには「ああ、面白かった」ですんだが、いざ翻訳を始めてみると、著者の文章には文学的なセンスとユーモアと専門知識が交じり合っていて、未熟で稚拙な日本語しか書けない私には何とも訳しづらい。加えて、鳥の名前すらろくすっぽ知らないのに、魚やらトカゲなどいろんな生き物が登場してくる。聞いたこともない名前の樹木もたくさんあった。調べることには相当悩まされ、訳註の原稿を保存したフロッピーは、アパートが火事にでもなって燃えてしまったらどうしようと、家を出るときには一緒に持ち歩いたりもした。

訳書が出版されるのはうれしいが、「専門用語の訳が間違っていたら、この本の価値はなくなる」という編集者の言葉が頭から離れず、今はまさに原著者と同じ心境である。ケーゲル氏は、「このような本を書き終えて、自然科学を学んだ私としてはどうしても不安な感じが残ってしまう。完全を求める妄念や立証強迫観念にさいなまされ、もしかしたら、完全に間違った例を選んでしまったのではないか、また意義のある細部を忘れたのではないか、あるいは決定的となる考慮をおろそかにしてしまったのではないかと不安」になったそうだが、私にも、生物の名前を間違えていないか、学者の名前の読み方は正しいか、正しい専門用語の訳を使用しているかなど不安の種は山ほどある。一時は正直、「ああ、とんでもないことになってしまった」とも思った。

そんなふうに唸りながら翻訳作業をしているある日、原著者のケーゲル氏にお目にかかる機会に恵まれた。それまでにも、彼にはメールで何度も質問を浴びせ掛けており、生物学者だったら絶対にしないような素人の質問にもていねいな答えをいただいていた。原書の出版社は私の住む町からバスで一五分ほどのチューリヒにあるのだが、その出版社を訪ねる用事があるので、この機会にぜひ一度会って話をしようというメールをいただいたのである。その日は日曜日で、彼が我家へ出向いてくることになった。ドアを開けてびっくりしたほど背の高いケーゲル氏は、メールのやり取りで感じた通りとても気さくで、どんな話題でも楽しく会話のできる魅力的な人だった。

そのころ、私たち夫婦は今のアパートに引っ越してまだ日が浅く、ベランダから見渡せるさまざまな緑色にあふれる眺めがとても気に入っていた。初めて窓辺に立つ人は、まあ多少の社交辞令も混ざっているのだろうが、誰もが必ずため息を漏らす。ところが、このケーゲル氏は何も言わない。あとで納得したのだが、彼の目には、これらの緑もやはり「不自然な自然」としか映っていなかったのだろう。実際、ガラス越しにはアジアのレンギョウやイチョウなんかが姿をのぞかせているのだから。部屋の中のベンジャミンやユカの木にも、「ああ、ここでもか」と思われたに違いない。数時間後、車で送っていくという夫の申し出をていねいに断り、ケーゲル氏は徒歩でチューリヒまで帰っていった。きっと、あちこちで「侵入者」を観察しながらであろう。

この日以来、これまで翻訳や出版の世界について思う存分話し合える人を身近にもたなかった私は、しばらく「ケーゲル」熱に浮かされていた。

このケーゲル氏と現代の神器であるインターネットの助けがなければ、スイスにいながらにしてのこの本の翻訳は不可能だっただろう。とくに、日本のサイトが充実しているのには驚かされた。大抵の動植物はラテン名、つまり学名をキーワードに検索するとその情報を得ることができた。どうしても分からない場合は、ぶしつけながらここならと思われる機関にメールで問い合わせた。うれしいことに、日本からもオーストラリアからも、またヨーロッパからも親切な回答をいただくことができた。日本でまだ確定していない「侵入生物学」という言葉について助言していただいた国立環境研究所の五箇公一氏や、「旧帰化植物」「新帰化植物」の訳語を提案してくださった東京大学の邑田仁教授をはじめ、私の突然の質問に快く答えてくださった方々にこの場を借りて改めてお礼を申し上げたい。

また、意味の通じないことも多々あった私の稚拙な文章を懇切ていねいに校正してくださり、ここまで導いてくださった株式会社新評論の武市一幸氏にはいくら感謝しても足りることがない。スイスに渡ったのをきっかけにドイツ語を一から学び始め、翻訳という恐れ多い作業に興味をもち、とにかく一人で面白そうな記事や本を訳すしかなかった私は、出版が決まって経験豊かなプロの方に自分の文章を校正してもらえるのがとてもうれしかった。この本の翻訳を通して、やっと翻訳の何たるかを知ったといっても過言ではない。ただし、今はそれを何となく知っただけであり、これからそれに向かって少しずつでも前進していくことができればと願っている。

下手の横好きで翻訳がやめられず、そのうちに活字を通じて日本の文化をドイツ語圏へ、ドイツ語文化を日本へ紹介したいという思いに駆られるようになり、数年前から日本やドイツ、スイスなどの出版社に翻訳原稿を送付し続けてきた。だが、日本ではドイツ語の小説はマイナーだし、ドイツ語圏の出版社はヨーロッパで無名の日本人作家の作品に対しては非常に消極的だ。そんな中で、私が送付した原稿にいちいち興味をもって対応してくださった新評論の姿勢は私個人にとってはとてもありがたいものであるし、日本語－ドイツ語間の文化交流という意味でも非常に歓迎すべきものだ。そして、「売れるもの」よりも「良いもの」を手がける新評論の方針は、偶然というか、当たり前というか、原書の出版社であるアンマン出版社とまったく同じである。このような出版社と知り合えたことを、私は非常に誇らしく、またうれしく思っている。

最後に、日本語のできない夫が直接読むことは決してないだろうが、ものになるともならないとも分からない私の翻訳活動を長い間じっと見守っていてくれたことに、今、心から「ありがとう」と言いたい。

ドイツ語の書籍が身の周りにあふれるチューリヒに住むという利点を生かし、微力ながらもこれからも面白い作品を紹介し続けられればと願っている。

二〇〇一年　五月　　チューリヒにて

小山千早

(9) Nöh 1996，P.13
(10) Regal 1993
(11) Regal 1993
(12) Williamson 1993
(13) Williamson 1996
(14) Kowarik 1992，P.12
(15) Williamson 1996
(16) US Congress OTA 1993
(17) Lohmeyer & Sukopp 1992
(18) Bartsch 1996
(19) AFP 5. 12. 97
(20) de Vries et al. 1992，Kowarik 1992 が引用
(21) 〈Der Spiegel〉 2， 1998
(22) Enquete-Kommission 1987
(23) Sukopp & Sukopp 1993，Kowarik 1992，1996
(24) Kowarik 1996
(25) 〈New Scientist〉 2116，10. 1. 98，P. 4
(26) Hilbeck et al. 1998
(27) Wohrmann 1991
(28) Regal 1993，P.233
(29) Tenner 1997，P.12から引用。

**あとがき**

(1) Williamson 1996
(2) Kowarik 1989

(9) 著者インタビューによる。
(10) Henle & Kaule 1993
(11) Mansfield 1996
(12) 前掲書。P. 2
(13) 前掲書。
(14) 前掲書。
(15) 著者インタビューによる。
(16) Clout & Efford 1984
(17) 著者インタビューによる。
(18) Campbell 1993，P.246／247
(19) US Congress OTA 1993.
(20) 前掲書。P.20
(21) IMO 1991
(22) Gollasch & Dammer 1996
(23) 著者インタビューによる。
(24) AOU Conservation Committee 1991, Temple 1992
(25) 〈Die Welt〉 30. 8. 96,〈Frankfurter Rundschau〉12. 10. 96,〈Hamburger Abendblatt〉4. 2. 97,〈Bleib gesund〉 6／1998；US Congress OTA 1993
(26) Sutherland et al., 1997
(27) DoC 1994
(28) Sutherland et al., 1997
(29) 前掲書。
(30) 〈The Press〉 Christchurch, 4. 2. 1997
(31) Kelton 1995，P.60／61

**14　点滴下の自然**

(1) Adams & Carwardine 1991，P.146／47
(2) Kakapo Management Group 1996
(3) 前掲書。
(4) 前掲書。
(5) Doc Fact Sheet : Takahe, Dezember 1996
(6) Eberhard Meyer の映画, Bayerischer Rundfunk 1997
(7) Kinzelbach 1995
(8) World Conservation Monitoring Centre 1992
(9) 〈Süddeutsche Zeitung Magazin〉 44, 30. 10. 97

**15　トランスジェニック侵入者**

(1) Regal 1993
(2) Wöhrmann 1991
(3) Regal 1993
(4) Regal 1986
(5) US Congress OTA 1993，P.19
(6) Regal 1986
(7) Williamson 1993，P.223
(8) 〈Der Spiegel〉 2， 1998

(2) Kunick 1974
(3) Kowarik 1995a
(4) Kowarik 1992
(5) Löffler 1996
(6) Lelek 1996
(7) Myers 1987
(8) Kowarik 1995a
(9) 前掲書。
(10) Williamson 1996
(11) Williamson 1996
(12) 前掲書。
(13) Williamson 1993
(14) Kowarik 1995 a, b, 1996
(15) Williamson 1993
(16) Williamson 1996
(17) 前掲書。
(18) 前掲書。P.43

## 12　アキレス腱

(1) Ramakrishnan 1991
(2) Reimer 1994
(3) Gritten 1995，P.216
(4) US Congress OTA 1993，P.11
(5) Usher et al. 1988
(6) Loope 1992，Vitousek 1992
(7) Kowarik 1992
(8) Primack 1995
(9) Vermeij 1991
(10) Crosby 1991
(11) Ward 1997
(12) Martin 1963，Ward 1997
(13) Crosby 1991，P.225
(14) 前掲書。
(15) 前掲書。P.232
(16) Reimer 1994
(17) Culotta 1991
(18) Schmidt 1993，P.298
(19) 〈Der Tagesspiegel〉 30. 7. 1998
(20) Kowarik 1992
(21) Kowarik 1995a
(22) Kowarik 1996
(23) Tenner 1997
(24) Kowarik 1995a

## 13　セラピー

(1) 〈Die Zeit〉 41，3. 10. 1997
(2) US Congress OTA 1993
(3) Starfinger 1990，P.38／39
(4) 前掲書。
(5) 前掲書。P.77－79
(6) 前掲書。P.80
(7) Eijsackers & Oldenkamp 1976，Starfinger 1990の引用。
(8) Williams 1994，P.283

(7) Sutherland et al., 1997
(8) McKelvey 1995
(9) Kowarik 1992
(10) Fuentes et al., 1983
(11) Kowarik 1992
(12) Vitousek et al. 1987、Vitousek 1990
(13) Kowarik 1992
(14) 前掲書。P.128
(15) Kowarik 1996
(16) Kowarik 1992，P.140
(17) Hill et al. 1995
(18) Kowarik 1996
(19) Baker 1986，Tenner 1997，P.215 で引用。
(20) Platen & Kowarik 1995
(21) Janssen & Klein 1992，Kowarik 1996で引用。
(22) Kolbe 1991
(23) Kennedy & Southwood 1984
(24) 前掲書。
(25) Williamson 1996，P.173
(26) Pitcher & Hart 1995
(27) Goldschmidt 1997
(28) Pitcher 1995
(29) Goldschmidt 1997，P.12．他に記載のない場合は、当章の引用はすべて Tijs Goldschmidt の書物からとする。
(30) Goldschmidt 1997
(31) Witte et al. 1995
(32) Harris et al. 1995
(33) Witte et al. 1995
(34) Ochumba 1995
(35) Kudhongania & Chitamwebwa 1995
(36) Witte et al. 1995
(37) 前掲書。
(38) 前掲書。
(39) Weiner 1994
(40) Ochumba 1995
(41) Kudhongania & Chitamwebwa 1995
(42) Twongo 1995
(43) Bundy & Pitcher 1995
(44) Reynolds et al. 1995
(45) Kudhongania & Chitamwebwa 1995
(46) Reynolds et al. 1995
(47) Pitcher & Bundy 1995
(48) Harris et al. 1995
(49) Pitcher & Bundy 1995
(50) 前掲書。P.178
(51) 〈Der Spiegel 25〉，15. 6. 1998，P. 208

## 11　植物が反応するまで

(1) Kowarik 1992，1995a

(8) Savidge 1987
(9) Jaffe 1994
(10) 前掲書。P.103
(11) 前掲書。
(12) 前掲書。P.67
(13) 前掲書。P.69，71
(14) 前掲書。P.91
(15) 前掲書。P95／96
(16) Savidge 1987
(17) 前掲書。P667
(18) Rodda & Fritts 1992
(19) Rodda et al., 1992
(20) Savidge 1987
(21) Jaffe 1994
(22) Fritts et al., 1994
(23) Jaffe 1994
(24) 〈Der Spiegel 25〉，1997
(25) US Congress OTA 1993
(26) Jaffe 1994，P.259
(27) Gould 1991
(28) Clarke et al., 1984
(29) Williamson 1996，P.148
(30) Gould 1991
(31) Clarke et al., 1984
(32) 前掲書。
(33) Murray et al., 1988
(34) Gould 1991，P.12
(35) Clarke et al., 1984
(36) Cowie 1992
(37) 前掲書。
(38) Gould 1991，P.12
(39) Wells 1995
(40) MacArthur & Wilson 1967
(41) Wilson 1992，P.271／272
(42) Wilson & Simberloff 1969
(43) Wilson 1992，P.273
(44) Quammen 1996，P.430
(45) Wilson & Simberloff 1969
(46) Simberloff & Wilson 1969，1970
(47) King 1985
(48) 前掲書。
(49) Gillespie & Reimer 1993
(50) King 1985
(51) World Conservation Monitoring Centre 1992
(52) Wilson 1992

## 10　生態系の変化

(1) Spencer et al. 1991
(2) Williamson 1996
(3) Jaffe 1994
(4) Kerr 1993
(5) 前掲書。
(6) Innes 1995

(6) 前掲書。

(7) Vermeij 1991，P.1101

(8) Por 1978

(9) Lelek 1996，P.210

(10) Aron & Smith 1971

(11) Por 1978

(12) Aron & Smith 1971

### 7　放浪アリ

(1) Reimer 1994

(2) Passera 1994

(3) Passera 1994

(4) Bueno／Fowler 1994

(5) Williams 1994

(6) Lubin 1984

(7) Passera 1994

(8) 〈Der Tagesspiegel〉，28.11.1995

(9) Lieberburg et al., 1975

(10) Haines et al., 1994

(11) Fowler et al., 1994

(12) Haines et al., 1994

(13) 〈BZ〉，21.5.1997

(14) Bueno／Fowler 1994

### 8　自然のヘルパー

(1) williamson 1996，P.123／124

(2) 著者インタビューによる。

(3) 〈Die Zeit〉，19.2.1993

(4) 1982年の状況。Franz & Krieg 1982

(5) US Congress OTA 1993

(6) Franz & Krieg 1982，P.42

(7) 〈Der　Tagesspiegel〉15.6.1990，〈Die Zeit〉28.7.1995

(8) 著者インタビューによる。

(9) Lever 1994，P. 110より引用

(10) 前掲書。

(11) Lever 1994

(12) Easteal 1981

(13) Flannery 1994，P.259

(14) Welcomme 1988

(15) Arnold 1990

(16) Lever 1994

(17) Lever 1994，P.195

### 9　絶滅

(1) Adams & Carwardine 1991，P.146／147

(2) Reid & Miller 1989

(3) Jaffe 1994

(4) 前掲書。P.21

(5) Savidge 1987

(6) Dryden 1965，Savidge 1987より引用。

(7) Rodda et al., 1992

(8) Kinzelbach 1995
(9) Tittizer 1996
(10) 〈Die Zeit〉, 7.6.96
(11) Jungbluth　1996
(12) Bernauer et al., 1996
(13) Kremer 1997
(14) Tittizer 1996

## 4 キラー海藻とクシクラゲ、そしてバラストがかける負担

(1) 〈Focus 23〉, 1995, P.146
(2) Travos 1993による James Carlton
(3) Williamson 1996
(4) Mee 1992
(5) Travis 1993
(6) Williamson 1996
(7) Travis 1993
(8) Mark Dammer, Gefährliche Reisende, 〈Mare Ⅰ〉, 1997
(9) Gollasch & Dammer 1996
(10) Gollasch 1996
(11) Carlton & Geller 1993
(12) Gollasch 1996, Gollasch im Druck
(13) Carlton & Geller 1993, P. 8

## 5 速くて強い

(1) Welcomme 1988
(2) 〈Der Spiegel 52〉, 1996
(3) Arnold 1990
(4) Miller et al., 1989。それぞれ一つの要素以上に関与しているので、100%以上の数字となる。
(5) Welcomme 1988
(6) Remmert 1988, P.133／134
(7) 前掲書。P. 8
(8) Lelek 1996
(9) Spencer et al., 1991
(10) Welcomme 1988による。
(11) Arnold 1990
(12) Welcomme 1988
(13) Lelek 1996
(14) Nowak et al., 1994
(15) US Congress OTA 1993
(16) Löffler 1996
(17) Arnold 1990, P.15
(18) Tenner 1997, P.195／196

## 6 レセップスのミグレーション

(1) 〈Der Tagesspiegel〉, 4.8.1991
(2) W.　Steinitz, Porの著書より引用 1971
(3) Aron & Smith 1971
(4) Por 1971
(5) Por 1971, 1978

# 引用出典一覧

（〈　　〉は雑誌および新聞を表す）


**序**

(1) Elton 1958

(2) Urania-Tierreich1995, P.73/74

(3) Gilpin 1990

(4) US Congress OTA 1993

(5) 前掲書。

(6) Tenner 1997

(7) Crosby 1986

(8) Rifkin 1986

**1　新旧植物について**

(1) Kowarik から引用、1992

(2) 前掲書。

(3) 前掲書。F.A.L von Burgsdorf の著書を指している。

(4) 前掲書。

(5) Darwin 1860，ドイツ語版の P.104

(6) Kowarik 1992

(7) 〈Die Zeit〉，27.8.1993

(8) Korneck&Sukopp 1988，旧ドイツ連邦の構成州対象。

(9) Bundesamt für Naturschutz 1996，新旧ドイツ連邦の構成州対象。

(10) Kowarik 1992，P.39

(11) Ellenberg 1982，P.371

(12) Kowarik 1991

(13) Jager 1988

**2　モアとマオリ**

(1) King 1984，P.21－23

(2) 前掲書。

(3) Flannery 1994

(4) King 1984

(5) 前掲書。

(6) 前掲書。P.52

(7) Crosby 1986，P.227

**3　水面下**

(1) Geiger & Waitzmann 1996

(2) 前掲書。

(3) 〈Der Speigel 18〉，1993，〈Der Tagesspeigel〉，6.4.93

(4) Kremer 1997

(5) Jahresmittelwert, Kremer 1997

(6) Kinzelbach 1995

(7) Tittizer 1996

*duced Species.* Westview Press, Boulder, USA

Williamson, Mark 1993. *Invaders, weeds and the risk from genetically modified organisms.* Experientia 49: 219–24

Williamson, Mark 1996. *Biological Invasions.* Chapman & Hall, London

Wilson, Edward O. & Simberloff, Daniel S. 1969. *Experimental zoogeography of islands: Defaunation and monitoring techniques.* Ecology 50: 267–278

Wilson, Edward O. 1992. *Der Wert der Vielfalt.* Piper, München

Wilson, J. B.; Hubbard, J. C. E. & Rapson, G. L. 1988. *A comparison of the realized niche relations of species in New Zealand and Britain.* Oecologia 76: 106–110

Wilson, J. B.; Rapson, G. L.; Sykes, M. T.; Watkins, A. J. & Williams, P. A. 1992. *Distributions and climatic correlations of some exotic species along roadsides in South Island, New Zealand.* Journal of Biogeography 19: 183–194

Winston, Mark L. 1992. *Killer Bees. The Africanized Honey Bee in The Americas.* Harvard University Press, Cambridge, London

Wöhrmann, Klaus 1991. *Ein Beitrag zur Diskussion über die Freilassung transgener Organismen. Teil II: Ökologische Aspekte.* Naturwissenschaften 78: 209–214

Wojcik, Daniel 1994. *Impact of the Red Imported Fire Ant on Native Ant Species in Florida.* In: Williams 1994

World Conservation Monitoring Centre 1992. *Global Biodiversity. Status of the Earth's living Resources.* Chapman & Hall, London

Zebitz, Claus 1996. *Allochthone Insekten in landwirtschaftlichen Kulturen.* In: Gebhardt, Kinzelbach & Schmidt-Fischer 1996

Wenn Sie lieber in den Seiten des WWW blättern, sollten Sie viel Zeit haben und viel freien Platz auf Ihrer Festplatte. Die Suchmaschine Yahoo! findet unter dem Stichwort *introduced species* nicht weniger als 144 572 Web-Seiten (Stand März 1998).

# 邦訳文献一覧

① 『新版・図説　種の起源』吉岡　晶子訳、東京書籍（1997年）

② 『ダーウィンの箱庭ヴィクトリア湖』丸　武志訳、草思社（1999年）

③ 『保全生物学のすすめ——生物多様性保全のためのニューサイエンス』小堀　洋美訳、文一総合出版（1997年）

④ 『ドードーの歌——美しい世界の島々からの警鐘』（上下）鈴木　主税訳、河出書房新社（1997年）

⑤ 『逆襲するテクノロジー——なぜ科学技術は人間を裏切るのか』山口　剛／粥川　準二訳、早川書房（1999年）

⑥ 『フィンチの嘴——ガラパゴスで起きている種の変貌』樋口　広芳／黒沢　令子訳、早川書房（1995年）

*zoobenthos) in den Bundeswasserstraßen.* In: Gebhardt, Kinzelbach & Schmidt-Fischer 1996

Travis, J. 1993. *Invader threatens Black,* Azov Seas. Science 262: 1366–67

Trepl, Ludwig 1993. *Forschungsdefizite: Naturschutzbegründungen.* In: Henle & Kaule 1993

Tschinkel, Walter R. 1993. *The Fire Ant* (Solenopsis invicta) *still unvanquished.* In: McKnight 1993

Twongo, Timothy 1995. *Impact of fish species introductions on the Tilapias of Lakes Victoria and Kyoga.* In: Pitcher & Hart 1995

*Urania-Pflanzenreich 1991–1995,* Urania-Verlag, Leipzig, Jena, Berlin

US Congress OTA, Office of Technology Assessment 1993. *Harmful Non-indigenous Species in the United States.* OTA-F-565, Washington D.C.

Usher, M.B.; Kruger, F.J.; Macdonald, I.A.W.; Loope, L.L. & Brockie, R.E. 1988. *The ecology of biological invasions into nature reserves: an introduction.* Biological Conservation 44: 1–8

Vermeij, G.J. 1991. *When biotas meet: understanding biotic interchanges.* Science 253: 1099–104

Victoria University 1995. *When New Zealand went under.* Victoria University of Wellington Research Report 1995: 62–63

Vinson, Bradley 1994. *Impact of the Invasion of* Solenopsis invicta (Buren) *on Native Food Webs.* In: Williams 1994

Vitousek, Peter M. 1986. *Biological invasions and ecosystem properties: can species make a difference?* In: Mooney & Drake 1986

Vitousek, Peter M. 1990. *Biological invasions and ecosystem processes: towards an integration of population biology and ecosystem studies.* Oikos 57: 7–13

Vitousek, Peter M. 1992. *Die biologische Vielfalt ozeanischer Inseln und der Einfluß eingeführter Arten.* In: Wilson, E.O. (Hrsg.) 1992. *Ende der biologischen Vielfalt?* Spektrum Akademischer Verlag, Heidelberg

Vitousek, Peter M.; Walker, L.R.; Whittaker, L.D.; Mueller-Dombois, D. & Matson, P.A. 1987. *Biological invasion by Myrica faya alters ecosystem development in Hawaii.* Science 238: 802–4

Ward, Peter Douglas 1997. *The Call of Distant Mammoths. Why the Ice Age Mammals Disappeared.* Copernicus, Springer, New York

❻ Weiner, Jonathan 1994. *Der Schnabel des Finken* oder *Der kurze Atem der Evolution.* Droemer Knaur, München

Welcomme, R.L. 1988. *International Introduction of Inland Aquatic Species.* FAO Fisheries Technical Paper 294, Rom

Wells, S.M. 1995. *The extinction of endemic snails (genus Partula) in French Polynesia: is captive breeding the only solution.* In: Kay, E. Alison (Hrsg.) 1995. *The Conservation Biology of Molluscs.* Occasional Papers of the IUCN Species Survival Commission No. 9, IUCN, Gland

Wester, L. & Juvik, J.O. 1983. *Roadside plant communities on Mauna Loa, Hawaii.* Journal of Biogeography 10: 307–316

Witte, Frans; Goldschmidt, Tijs & Wanink, Jan 1995. *Dynamics of the haplochromatine cichlid fauna and other ecological chances in the Mwanza Gulf of Lake Victoria.* In: Pitcher & Hart 1995

Williams, David F. 1994. *Control of the Introduced Pest* Solenopsis invicta *in the United States.* In: Williams 1994

Williams, David F. (Hrsg.) 1994. *Exotic Ants. Biology Impact and Control of Intro-*

Sedlag, Ulrich 1995. *Urania Tierreich. Tiergeographie.* Urania, Leipzig

Simberloff, Daniel S. 1986. *Introduced insects: A biogeographic and systematic perspective.* In: Mooney & Drake 1986

Simberloff, Daniel S. 1989. *Which insect introductions succeed and which fail?* In: Drake et al. 1989

Simberloff, Daniel S. & Wilson, Edward O. 1969. *Experimental Zoogeography of Islands: The Colonization of Empty Islands.* Ecology 50: 278 – 296

Simberloff, Daniel S. & Wilson, Edward O. 1970. *Experimental Zoogeography of Islands: A Two-Year Record of Colonization.* Ecology 51: 934 – 937

Smith, B. R. & Tibbles, J. J. 1980: *Sea Lamprey (Petromyzon marinus) in Lakes Huron, Michigan, and Superior: History of Invasion and Control, 1936–78.* Canadian Journal of Fish. Aquat. Science 37: 1780 – 1801

Spencer, Craig N.; McClelland, B. Riley & Stanfort, Jack A. 1991. *Shrimp stocking, salmon collaps and eagle displacement.* BioScience 41: 14 – 21

Spongberg, Stephen A. 1990. *A Reunion of Trees. The Discovery of Exotic Plants and Their Introduction into North American and European Landscapes.* Harvard University Press, Cambridge, London

Starfinger, Uwe 1990: *Die Einbürgerung der Spätblühenden Traubenkirsche* (Prunus serotina Ehrh.) *in Mitteleuropa.* Landschaftsentwicklung und Umweltforschung 69, Berlin

Stern, Horst 1997. *Das Gewicht einer Feder. Reden, Polemiken, Filme, Essays.* Herausgegeben von Ludwig Fischer. btb, Goldmann, München

Streit, Bruno 1991. *Verschleppung, Verfrachtung und Einwanderung von Tierarten aus der Sicht des wissenschaftlichen Naturschutzes.* In: Henle & Kaule 1991

Sukopp, Herbert 1972. *Grundzüge eines Programms für den Schutz von Pflanzenarten in der Bundesrepublik Deutschland.* Schriftenreihe für Landschaftspflege und Naturschutz 7: 67 – 80

Sukopp, Herbert 1976. *Dynamik und Konstanz in der Flora der Bundesrepublik Deutschland.* Schriftenreihe für Vegetationskunde 10: 9 – 27

Sukopp, Herbert 1995. *Neophytie und Neophytismus.* In: Böcker et al. 1995

Sukopp, Herbert 1996. *Welche Natur wollen wir schützen? Fragen der Ökologie und des Naturschutzes.* In: Bartsch & Haag 1996

Sukopp, Herbert & Sukopp, Uwe 1993. *Ecological long-term effects of cultigens becoming feral and of naturalization of non-native species.* Experientia 49: 210 – 218

Sutherland, O. R. W.; Cowan, P. E. & Orwin, J. 1997. *Biological Control of possums and rabbits in New Zealand.*

Temple, S. A. 1990. *The nasty necessity: Eradicating exotics.* Conservation Biology 4: 113 – 115

Temple, S. A. 1992. *Exotic birds: a growing problem with no easy solution.* Auk 109: 395 – 397

Tennant, Leeanne 1994. *The Ecology of* Wasmannia auropunctata *in Primary Tropical rainforest in Costa Rica and Panama.* In: Williams 1994

❺ Tenner, Edward 1997. *Die Tücken der Technik. Wenn Fortschritt sich rächt.* S. Fischer, Frankfurt a. M.

Thompson, Harry & King, Carolyn (Hrsg.) 1994. *The European Rabbit. The history and biology of a successful colonizer.* Oxford University Press

Tittizer, Thomas 1996. *Vorkommen und Ausbreitung aquatischer Neozoen (Makro-*

In: *Grzimeks Enzyklopädie – Säugetiere.* Kindler, München

Pollan, Michael 1994. *Against nativism.* New York Times Magazine, 15. 5. 94: 52–55

Pollard, D. A. (Hrsg.) 1990. *Introduced and Translocated Fishes and their Ecological Effects.* Bureau of Rural Resources, Proceedings No. 8, Canberra

Por, F. D. 1971. *One hundred years of Suez Canal: a century of Lessepsian migration retrospects and viewpoints.* Systematic Zoology 20: 128–159

Por, F. D. 1978. *Lessepsian migration – the influx of Red Sea biota into the Mediterranean by way of the Suez Canal.* Ecological Studies, Vol. 23, Springer, Berlin

Porter, Sanford D. & Savignano, Dolores A. 1990. *Invasion of polygyne fire ants decimates native ants and disrupts arthropod community.* Ecology 71: 2095–2106

❸ Primack, Richard B. 1995. *Naturschutzbiologie.* Spektrum Akademischer Verlag, Heidelberg

Pysek, P.; Prach, K.; Reimanek, M. & Wade, M. (Hrsg.) 1995. *Plant invasions. General aspects and special problems.* SPB Academic Publishing, Amsterdam

❹ Quammen, David 1996. *The Song of the Dodo. Island Biogeography in an age of Extinctions.* Hutchinson, London

Ramakrishnan, P. S. (Hrsg.) 1991. *Ecology of Biological Invasion in the Tropics.* International Scientific Publications, Neu Delhi

Regal, P. J. 1986. *Models of genetically engineered organisms and their ecological impact.* In: Mooney & Drake 1986

Regal, P. J. 1993. *The true meaning of ›exotic species‹ as a model for genetic engineered organisms.* Experientia 49: 225–234

Reid, W. V. & Miller, K. R. 1989. *Keeping Options Alive: The Scientific Basis for Conserving Biodiversity.* World Resources Institute, Washington, D. C.

Remmert, Hermann 1988. *Naturschutz. Ein Lesebuch.* Springer, Berlin-Heidelberg

Reichholf, Joseh H. 1996. *Wie problematisch sind die Neozoen wirklich?* In: Gebhardt, Kinzelbach & Schmidt-Fischer 1996

Reimer, Neil 1994. *Distribution and Impact of Alien Ants in Vulnerable Hawaiian Ecosystems.* In: Williams 1994

Reynolds, Eric; Greboval, Dominique & Mannini, Piero 1995. *Thirty years on: the development of Nile perch fishery in Lake Victoria.* In: Pitcher & Hart 1995

Ribeiro, João Ubaldo 1994. *Das Lächeln der Eidechse.* Suhrkamp, Frankfurt a. M.

Rifkin, Jeremy 1986. *Genesis zwei. Biotechnik – Schöpfung nach Maß.* Rowohlt, Reinbek

Ringenberg, Jörgen 1994. *Analyse urbaner Gehölzbestände am Beispiel der Hamburger Wohnbebauung.* Dissertation, Verlag Dr. Kovac, Hamburg

Rodda, G. H. & Fritts, T. H. 1992. *The Impact of the Introduction of* Boiga irregularis *on Guams Lizards.* Journal of Herpetology 26: 166–174

Rodda, G. H.; Fritts, T. H. & Conry, P. J. 1992. *Origin and population growth of the brown tree snake,* Boiga irregularis, *on Guam.* Pacific Science 46: 46–57

Santoianni, Francesco 1997. *Von Menschen und Mäusen.* Europäische Verlagsanstalt, Hamburg

Savidge, Julie A. 1987. *Extinction of an island forest avifauna by an introduced snake.* Ecology 68: 660–668

Schmidt, Wolfgang 1993. *Forschungsstand und -bedarf des Arten- und Biotopschutzes im Bereich »Straße« aus botanischer Sicht.* In: Henle & Kaule 1993

Mansfield, Bill 1996. *Moving from successful restoration of islands to ecosystem restoration on mainland New Zealand.* Vortrag gehalten auf dem IUCN World Conservation Congress, Montreal. DoC, Department of Conservation

McDowall, Robert M. 1994. *Gamekeepers for the Nation. The Story of New Zealand's acclimatisation societies 1861–1990.* Canterbury University Press, Christchurch

McKelvey, Peter 1995. *Steepland Forests. A Historical Perspective of Protection Forestry in New Zealand.* Canterbury University Press, Christchurch

McKnight, Bill N. (Hrsg.) 1993. *Biological Pollution. The Control and Impact of Invasive Exotic Species.* Indiana Academy of Science, Indianapolis

Mee, L. D. 1992. *The Black Sea in crisis: a need for concerted international action.* Ambio 21: 278–86

Meeson, J. 1885. *The plague of rats in Nelson & Marlborough.* Transactions and Proceedings of the N. Z. Institute 17: 199–207

Miller, R. R.; Williams, J. D. & Williams, J. E. 1989. *Extinctions of North American Fishes during the Past Century.* Fisheries 14: 22–38

Mooney, Harold A. & Bernardi, Giorgio (Hrsg.) 1990. *Introduction of Genetically Modified Organisms into the Environment. SCOPE 44.* Wiley & Sons, Chichester

Mooney, Harold A. & Drake, James A. (Hrsg.) 1986. *Ecology of Biological Invasions of North America and Hawaii.* Ecological Studies 58, Springer, New York

Moyle, P. B. 1986. *Fish introductions into North America.* In: Mooney & Drake 1986

Murray, J.; Murray, E.; Johnson, M. S. & Clarke, B. 1988. *The extinction of Partula in Moorea.* Pacific Science 42: 150–153

Myers, Judith H. 1987. *Population Outbreaks of Introduced Insects: Lessons from the Biological Control of Weeds.* In: Barbosa, P. & Schultz, J. C. (Hrsg.) 1987. *Insect Outbreaks.* Academic Press, San Diego

Nöh, Ingrid 1996. *Risikoabschätzung bei Freisetzungen transgener Pflanzen: Erfahrungen des UBA beim Vollzug des Gentechnikgesetzes (GenTG).* In: Bartsch & Haag 1996

Novak, Eugeniusz, Blab, Josef & Bless, Rüdiger 1994. *Rote Liste der gefährdeten Wirbeltiere in Deutschland.* Schriftenreihe für Landschaftspflege und Naturschutz 42, Bonn-Bad Godesberg

Ochumba, Peter 1995. *Limnological Changes in Lake Victoria since the Nile Perch Introduction.* In: Pitcher & Hart 1995

Ornithological Society of New Zealand 1990. *Checklist of the Birds of New Zealand.* Auckland

Passera, Luc 1994. *Characteristics of Tramp Species.* In: Williams 1994

Patterson, Richard 1994. *Biological Control of Introduced Ant Species.* In: Williams 1994

Pitcher, Tony J. & Bundy, Alida 1995. *Assessment of the Nile perch fishery in Lake Victoria.* In: Pitcher & Hart 1995

Pitcher, Tony J. & Hart, Paul J. B. (Hrsg.) 1995. *The Impact of Species Changes in the African Lakes.* Chapman & Hall, London

Platen, Ralph & Kowarik, Ingo 1995. *Dynamik von Pflanzen-, Spinnen- und Laufkäfergemeinschaften bei der Sukzession von Trockenrasen zu Gehölzstandorten auf innerstädtischen Bahnanlagen in Berlin.* Verhandlungen der Gesellschaft für Ökologie 24: 431–439

Poglayen-Neuwall, Ivo 1988. *Kleinbären.*

Kramer, P. 1984. *Man and other introduced organisms.* Biol. Journal of the Linnean Society 21: 253–258

Kremer, Bruno P. 1997. *Neue Tierarten im Rhein.* Spektrum der Wissenschaft 6/97: 126–128

Kudhongania, Aggrey & Chitamwebwa, Deonatus 1995. *Introduced Nile Perch in Lake Victoria: Impacts on Biodiversity and Evaluation of the Fishery.* In: Pitcher & Hart 1995

Kübler, R. *Versuche zur Regulierung des Riesenbärenklaus* (Heracleum mantegazzianum). In: Böcker et al. 1995

Küster, Hansjörg 1995. *Geschichte der Landschaft in Mitteleuropa.* C. H. Beck, München

Kunick, W. 1974. *Veränderungen von Flora und Vegetation einer Großstadt, dargestellt am Beispiel von Berlin (West).* Dissertation, TU Berlin

Kuttler, W. 1994. *Ökologie – Zum Etikettenschwindel eines Begriffs.* Verhandlungen der Gesellschaft für Ökologie 24: 3–9

Lachenmaier, Klaus 1996. *Neubürger der Vogelwelt Baden-Württembergs – Zur Situation jagdbarer Arten.* In: Gebhardt, Kinzelbach & Schmidt-Fischer 1996

Lelek, Anton 1996. *Die allochthonen und die beheimateten Fischarten unserer großen Flüsse – Neozoen der Fischfauna.* In: Gebhardt, Kinzelbach & Schmidt-Fischer 1996

Lever, Christopher 1987. *Naturalized Birds of the World.* Longman, Harlow

Lever, Christopher 1994. *Naturalized Animals.* Poyser, London

Lever, Christopher 1996. *Naturalized Fishes of the World.* Academic Press, San Diego, London

Lewin, Roger 1987. *Ecological invasions offer opportunities.* Science 238: 752–753

Lieberburg, Ivan; Kranz, Peter M. & Seip, Anne 1975. *Bermudian ants revisited: the status and interaction of* Pheidole megacephala *and* Iridomyrmex humilis. Ecology 56: 473–478

Löffler, Herbert 1996. *Neozoen in der Fischfauna Baden-Württembergs – ein Überblick.* In: Gebhardt, Kinzelbach & Schmidt-Fischer 1996

Lohmeyer, Wilhelm & Sukopp, Herbert 1992. *Agriophyten in der Vegetation Mitteleuropas.* Schriftenreihe für Vegetationskunde 25, Bonn-Bad Godesberg

Lodge, D. M. 1993. *Biological Invasions: Lessons for Ecology.* Trends of Ecology and Evolution 8: 133–137

Long, J. L. 1981. *Introduced Birds of the World.* David and Charles, London

Lubin, Yael D. 1984. *Chances in the native fauna of the Galapagos Islands following invasion by the little red fire ant,* Wasmannia auropunctata. Biol. Journal of the Linnean Society 21: 229–242

Luther, Dieter 1995. *Die ausgestorbenen Vögel der Welt.* Die Neue Brehm-Bücherei, Bd. 424, Magdeburg

Lutz, Walburga 1996. *Erfahrungen mit ausgewählten Säugetierarten und ihr zukünftiger Status.* In: Gebhardt, Kinzelbach & Schmidt-Fischer 1996

MacArthur, R. H. & Wilson, E. O. 1967. *The Theory of Island Biogeography.* Princeton University Press, Princeton

Mack, Richard N. 1986. *Alien Plant Invasion into the Intermountain West: A Case History.* In: Mooney & Drake 1986

MacKenzie, Deborah 1991. *Where earthworms fear to tread.* New Scientist 131/10. 8. 91: 31–34

Mahler, Ulrich 1996. *Neubürger in der Vogelwelt Baden-Württembergs – Konsequenzen für den Artenschutz?* In: Gebhardt, Kinzelbach & Schmidt-Fischer 1996

*Story of an Ecological Disaster in a Tropical Paradise.* Simon & Schuster, New York

Jungbluth, Jürgen 1996. *Einwanderer in der Molluskenfauna von Deutschland.* In: Gebhardt, Kinzelbach & Schmidt-Fischer 1996

Kakapo Management Group 1996. *Kakapo Recovery Plan 1996–2005.* Department of Conservation, Wellington

Kalish, Paul J. 1993. *Native and exotic earthworms in deciduous forest soils of eastern North America.* In: McKnight 1993

Kelton, Simon 1995. *Control technology application – what currently limits our effectiveness.* In: DoC, Department of Conservation 1995. *Possums as conservation pest.* Wellington

Kennedy, C. E. J. & Southwood, T. R. E. 1984. *The number of species of insects associated with british trees: a re-analysis.* Journal of Animal Ecology 53: 455–478

Kerr, Alexander M. 1993. *Low Frequency of Stabilimenta in orb webs of* Argiope appensa (Araneae: Araneidae) *from Guam: An indirect effect of an introduced avian predator?* Pacific Science 47: 328–337

King, Carolyn M. 1984. *Immigrant Killers. Introduced Predators and the Conservation of Birds in New Zealand.* Oxford University Press, Auckland

King, Carolyn M. (Hrsg.) 1990. *The Handbook of New Zealand Mammals.* Oxford University Press, Auckland

King, Warren B. 1985. *Island Birds: Will the Future repeat the past?* In: Moors, P. J. (Hrsg.) 1985. *Conservation of Island Birds.* ICBP Technical Publication No. 3, Cambridge

Kinzelbach, Ragnar 1995. *Neozoans in European waters – Exemplifying the worldwide process of invasion and species mixing.* Experientia 51: 526–538

Kolbe, Wolfgang 1991. *Fremdländeranbau in Wäldern und sein Einfluß auf die Arthropoden-Fauna der Bodenstreu. Ein weiterer Aspekt des Burgholz-Projektes.* Jber. naturw. Ver. Wuppertal 44

Korneck, D. & Sukopp, H. 1988. *Rote Listen der in der Bundesrepublik Deutschland ausgestorbenen, verschollenen und gefährdeten Farn- und Blütenpflanzen und ihre Auswertung für den Arten- und Biotopschutz.* Schriftenreihe für Vegetationskunde 19: 1–210

Kowarik, Ingo 1989. *Einheimisch oder nichteinheimisch. Einige Gedanken zur Gehölzverwendung zwischen Ökologie und Ökologismus.* Garten und Landschaft 99: 15–18

Kowarik, Ingo 1991. *Berücksichtigung anthropogener Standort- und Florenveränderungen bei der Aufstellung Roter Listen.* In: Auhagen, A.; Platen, R. & Sukopp, H. (Hrsg.): *Rote Listen der gefährdeten Pflanzen und Tiere in Berlin.* Landschaftsentwicklung und Umweltschutz SH 6, Berlin

Kowarik, Ingo 1992. *Einführung und Ausbreitung nichteinheimischer Gehölzarten in Berlin und Brandenburg.* Verh. Bot. Ver. Berlin Brandenburg, Beiheft 3, Berlin

Kowarik, Ingo 1995a. *Time lags in biological invasions with regard to the success and failure of alien species.* In: Pysek et al. 1995

Kowarik, Ingo 1995b. *Ausbreitung nichteinheimischer Gehölzarten als Problem des Naturschutzes?* In: Böcker et al. 1995

Kowarik, Ingo 1996. *Auswirkungen von Neophyten auf Ökosysteme und deren Bewertung.* In: Bartsch & Haag 1996

Kowarik, Ingo & Sukopp, Herbert 1986. *Unerwartete Auswirkungen neu eingeführter Pflanzenarten.* Universitas 41: 828–845 *gung nicht-einheimischer Arten.* Dissertation, Verlag Dr. Kovac, Hamburg

Gollasch, Stephan (im Druck). *Introductions of Unwanted Non-indigenous Organisms in Marine and Brackish Waters by International Shipping and Aquaculture Activities.* In: Umweltbundesamt. *Gebietsfremde Organismen in Deutschland. Ergebnisse eines Arbeitsgespräches,* Berlin

Gould, Stephen J. 1991. *Unenchanted Evening.* Natural History 9: 4–14

Gritten, Rod H. 1995. *Rhododendron ponticum and some other invasive plants in the Snowdonia National Park.* In: Pysek et al. 1995

Groves, R.H. & Burdon, J.J. (Hrsg.) 1986. *Ecology of Biological Invasions.* Cambridge University Press, Cambridge

Groves, R.H. & Di Castri, F. (Hrsg.) 1991. *Biogeography of Mediterranean Invasions.* Cambridge University Press, Cambridge

Haines, I.H.; Haines, J.B. & Cherrett, J.M. 1994. *The Impact and Control of the Crazy Ant,* Anaplolepis longipes (Jerd.), *in the Seychelles.* In: Williams 1994

Hanski, I. & Camberfort, Y. (Hrsg.) 1991. *Dung beetle ecology.* Princeton University Press, Princeton

Harman, H.M.; Syrett, P.; Hill, R.L. & C.T. Jessep 1996. *Arthroped introductions for biological control of weeds in New Zealand, 1929–1995.* New Zealand Entomologist 19: 71–80

Harris, Craig; Wiley, David & Wilson, Douglas 1995. *Socio-economic impacts of introduced species in Lake Victoria fisheries.* In: Pitcher & Hart 1995

Hedgpeth, Joel W. 1993. *Foreign Invaders.* Science 261: 34–35

Henle, Klaus & Kaule, Giselher 1993. *Zur Naturschutzforschung in Australien und Neuseeland: Gedanken und Anregungen für Deutschland.* In: Henle & Kaule (Hrsg.) 1993. *Arten- und Biotopschutzforschung in Deutschland.* Berichte aus der Ökologischen Forschung 4, Jülich

Heywood, V.H. 1989. *Patterns, extents and modes of invasions by terrestrial plants.* In: Drake et al. 1989

Hilbeck, Angelika; Baumgartner, Martin; Fried, Padruot & Bigler, Franz 1998. *Effects of transgenic* Bacillus thuringiensis *corn-fed prey on mortality and development time of immature* Chrysoperla carnea (Neuroptera: Chrysopidae). Environmental Entomology 27: 480–487

Hill, R.L.; Wittenberg, R. & Gourlay, A.H. 1995. *Introduction of* Phytomyza vitalbae *for control of old man's beard: An importation impact assessment.* Unveröff. Landcare Research Report, Landcare Research, Lincoln

Hobhouse, Henry 1988. *Fünf Pflanzen verändern die Welt.* Klett-Cotta, Stuttgart

Hölldobler, Bert & Wilson, Edward O. 1990. *The Ants.* Springer, Berlin

Hulme, Keri 1987. *Unter dem Tagmond.* S. Fischer, Frankfurt a.M.

Innes, John 1995. *The impacts of possums on native fauna.* In: DoC, Department of Conservation 1995. *Possums as conservation pest.* Wellington

IMO, International Maritime Organisation 1991. *International Guidelines for Preventing the Introduction of Unwanted Aquatic Organisms and Pathogens from Ships' Ballast Water and Sediment Discharges.* MEPC Resolution 50, 4. Juli

Jäger, E.J. 1988. *Möglichkeiten der Prognose synanthroper Pflanzenausbreitungen.* Flora 180: 101–131

Jaffe, Mark 1994. *And No Birds Sing. The*

Journal of the Linnean Society 16: 93–113

Ellenberg, Heinz 1982. *Vegetation Mitteleuropas mit den Alpen.* Ulmer, Stuttgart

Elton, C. S. 1958. *The ecology of invasions by animals and plants.* London

Enquete-Kommission des Deutschen Bundestages. Catenhusen, W.-M.; Neumeister, H. (Hrsg.) 1987. *Chancen und Risiken der Gentechnologie. Dokumentation des Berichts an den Deutschen Bundestag.* Gentechnologie 12. J. Schweitzer Verlag, München

Fenner, F. & Ross, J. 1994. *Myxomatosis.* In: Thompson & King 1994

Fergusson, M. M. 1990. *The genetic impact of introduced fishes on native species.* Canadian Journal of Zoology 68: 1053–1057

Flannery, Tim 1994. *The Future Eaters.* Reed, Chatswood

Flux, John E. C. 1994. *World distribution.* In: Thompson & King 1994

Franz, Jost M. & Krieg, Aloysius 1982. *Biologische Schädlingsbekämpfung.* 3. Aufl., Parey, Berlin

Fritts, T. H.; McCoid, M. J. & Haddock, R. L. 1994. *Symptoms and circumstances associated with bites by the brown tree snake* (Colubridae: Boiga irregularis) *on Guam.* Journal of Herpetology 28: 27–33

Fowler, Harold; Schlindwein, Marcelo & de Medeiros, Maria Alice 1994. *Exotic Ants and Community Simplification in Brazil: A Review of the Impact of Exotic Ants on Native Ant Assemblages.* In: Williams 1994

Fuentes, E. R.; Jaksic, F. M. & Simonetti, J. A. 1983. *European rabbits versus native rodents in Central Chile: effects on shrub seedlings.* Oecologia 58: 411–414

Gebhardt, Harald; Kinzelbach, Ragnar & Schmidt-Fischer, Susanne (Hrsg.) 1996. *Gebietsfremde Tierarten. Auswirkungen auf einheimische Arten, Lebensgemeinschaften und Biotope. Situationsanalyse.* ecomed, Landsberg

Geiger, Arno & Waitzmann, Michael 1996. *Überlebensfähigkeit allochthoner Amphibien und Reptilien in Deutschland – Konsequenzen für den Artenschutz –.* In: Gebhardt, Kinzelbach & Schmidt-Fischer 1996

Gillespie, G. D. 1985. *Hybridisation, introgression, and morphometric differentiation between mallard* (Anas platyrhynchos) *and grey duck* (Anas superciliosa) *in Otago, New Zealand.* Auk 102: 459–469

Gillespie, R. & Reimer, N. J. 1993. *The effect of alien predatory ants (Hymenoptera: Formicidae) on Hawaiian endemic spiders (Araneae: Tetragnathidae).* Pacific Science 47: 21–33

Gilpin, M. 1990. *Ecological prediction.* Science 248: 88–89

Goeden, R. D. 1983. *Critique and revision of Harris' scoring system for selection of insect agents in biological control of weed.* Protection Ecology 5: 287–301

Goeze, E. 1916. *Liste der seit dem 16. Jahrhundert bis auf die Gegenwart in die Gärten und Parks Europas eingeführten Bäume und Sträucher.* Mitt. Deutsch. Dendr. Ges. 26, 160–188

❷ Goldschmidt, Tijs 1997. *Darwins Traumreise. Nachrichten von meiner Forschungsreise nach Afrika.* C. H. Beck, München

Gollasch, Stephan & Dammer, Mark 1996. *Nicht-heimische Organismen in Nord- und Ostsee.* In: Gebhardt, Kinzelbach & Schmidt-Fischer 1996

Gollasch, Stephan 1996. *Untersuchungen des Arteintrags durch den internationalen Schiffsverkehr unter besonderer Berücksichti-*

*delter Säugetierarten auf Lebensgemeinschaften.* In: Gebhardt, Kinzelbach & Schmidt-Fischer 1996

Brandão, Carlos Roberto & Paiva, Ricardo 1994. *The Galapagos Ant Fauna and the Attributes of Colonizing Ant Species.* In: Williams 1994

Brechtel, Fritz 1996. *Neozoen – neue Insektenarten in unserer Natur?* In: Gebhardt, Kinzelbach & Schmidt-Fischer 1996

Bueno, Odair & Fowler, Harold 1994. *Exotic Ants and Native Ant Fauna in Brasilian Hospitals.* In: Williams 1994

Bundy, Alida & Pitcher, Tony 1995. *An analysis of species changes in Lake Victoria: did the Nile perch act alone?* In: Pitcher & Hart 1995

Campbell, Faith Thompson 1993. *Legal avenues for controlling exotics.* In: McKnight 1993

Carlton, J. T. & Geller, J. B. 1993. *Ecological roulette: the global transport of nonindigenous marine organisms.* Science 261, 78–82

Chilvers, G. A. & Burdon, J. J. 1983. *Further studies on a native Australian eucalypt forest invaded by exotic pines.* Oecologia 59: 239–245

Chippindale, Peter 1996. *Nerz!* Albrecht Knaus, Berlin, München

Clarke, B.; Murray, J. & Johnson, M. S. 1984. *The Extinction of Endemic Species by a Program of Biological Control.* Pacific Science 38: 97–104

Clement, E. J. & Foster, M. C. 1994. *Alien Plants of the British Isles.* Botanical Society of the British Isles, London

Clout, M. N. & Efford, M. G. 1984. *Sex differences in the dispersal and settlement of Brushtailed Possums* (Trichosurus vulpecula). Journal of Animal Ecology 53: 737–749

Cowie, R. H. 1992. *Evolution and extinction of Partulidae, endemic Pazific island snails.* Philosophical Transactions of the Royal Society B 335: 167–91

Crosby, Alfred W. 1986. *Ecological Imperialism. The Biological Expansion of Europe, 900–1900.* Cambridge University Press, Cambridge (Dt.: *Die Früchte des weißen Mannes.* Campus, Frankfurt/Main 1991)

Culotta, E. 1991. *Biological immigrants under fire.* Science 254: 1444–1447

Daehler, Curtis C. & Strong, Donald R. 1993. *Prediction and biological invasions.* Trends in Ecology and Evolution 8: 380

❶ Darwin, Charles 1859. *On the Origin of Species by Means of Natural Selection.* London (Dt. Ausgabe 1967, Reclam, Stuttgart)

Di Castri, F.; Hansen, A. J. & Debussche, M. (Hrsg.) 1990. *Biological Invasions in Europe and the Mediterranean Basin.* Kluwer, Dordrecht

DoC, Department of Conservation 1994. *Possum control in native forests.* Wellington

DoC, Department of Conservation 1997. *Ecological weeds on conservation land in New Zealand: a database.* Wellington

Dawson, J. C. 1984. *A Statistical Analysis of Species Characteristics Affecting the Success of Bird Introductions.* BSc., Thesis, University of York

Drake, J. A.; Mooney, H. A.; di Castri, F.; Groves, R. H.; Kruger, F. J.; Rejmanek, M. & Williamson, M. (Hsgb.) 1989. *Biological Invasions: A Global Perspective.* SCOPE 37, John Wiley & Sons, Chichester

Easteal, S. 1981. *The history of introductions of* Bufo marinus (Amphibia: Anura); *a natural experiment in evolution.* Biological

# 参考文献一覧

（白ヌキ数字は邦訳書があるもの。末尾に記載）


Adams, C.T. & Lofgren, C.S. 1981. *Red imported fire ants (Hymenoptera: Formicidae): Frequency of sting attacks on residents of Sumter County, Georgia.* Journal of Medical Entomology 18: 378–382

Adams, Douglas & Carwardine, Mark 1991. *Die letzten ihrer Art. Eine Reise zu den aussterbenden Tierarten unserer Erde.* Hoffmann und Campe, Hamburg

Albert, Reinhard 1996. *Bedeutung eingeschleppter Arthropoden für die gärtnerische Praxis.* In: Gebhardt, Kinzelbach & Schmidt-Fischer 1996

AOU Conservation Committee 1991. *International trade in live exotic birds creates a vast movement that must be halted.* Auk 108: 982–984

Arnold, Andreas 1990. *Eingebürgerte Fischarten.* Neue Brehm-Bücherei 602, Ziemsen, Wittenberg

Aron, W.I. & Smith, S.H. 1971. *Ship canals and aquatic ecosystems.* Science 174: 13–20

Asquith, Adam & Messing, Russel H. 1993. *Contemporary Hawaiian insect fauna of a lowland agricultural area on Kaua'i: Implications for local and island-wide fruit fly eradication programs.* Pacific Science 47: 1–16

Baker, H.G. 1986. *Patterns of plant invasions in North America.* In: Mooney & Drake 1986

Bartsch, Detlev 1996. *Welche unerwünschten Folgen für die Umwelt können durch gentechnisch veränderte Zuckerrüben hervorgerufen werden?* In: Bartsch & Haag 1996

Bartsch, Detlev & Haag, Christine (Hrsg.) 1996. *Langzeitmonitoring von Umwelteffekten transgener Organismen.* Umweltbundesamt Texte 58/96, Berlin

Bernauer, Dietmar; Kappus, Berthold & Jansen, Wolfgang 1996. *Neozoen in Kraftwerksproben und Begleituntersuchungen am nördlichen Oberrhein.* In: Gebhardt, Kinzelbach & Schmidt-Fischer 1996

Bezzel, Einhard 1996. *Neubürger in der Vogelwelt Europas: Zoogeographisch-ökologische Situationsanalyse – Konsequenzen für den Naturschutz.* In: Gebhardt, Kinzelbach & Schmidt-Fischer 1996

Bogenschütz, Hermann 1996. *Die Bedeutung eingeschleppter Insektenarten für die Forstwirtschaft Südwestdeutschlands.* In: Gebhardt, Kinzelbach & Schmidt-Fischer 1996

Böcker, R.; Gebhardt, H.; Konold, W. & Schmidt-Fischer, S. 1995. *Neophyten – Gefahr für die Natur? Zusammenfassende Betrachtung und Ausblick.* In: Böcker et al. 1995

Böcker, R.; Gebhardt, H.; Konold, W. & Schmidt-Fischer, S. (Hrsg.) 1995. *Gebietsfremde Pflanzenarten. Auswirkungen auf einheimische Arten, Lebensgemeinschaften und Biotope. Kontrollmöglichkeiten und Management.* ecomed, Landsberg

Boye, Peter 1996. *Der Einfluß neu angesie-*

【や】



【ら】



【わ】

**【な】**



**【は】**

## 【た】

# 索　引

## 訳者紹介

**小山　千早**（こやま・ちはや）

1963年、三重県志摩郡生まれ。
日本大学短期大学部国文科卒業。1989年、結婚を機に渡瑞。
1994年にゲーテ・インスティトゥートの小ディプロム（Kleines Sprachdiplom）を取得し、翻訳活動を始める。
文芸作品のほか、環境・人権・社会問題をテーマとした書物の翻訳を中心に、ドイツ語圏と日本の間の交流に貢献できればと願う。

**放浪するアリ**
——生物学的侵入をとく——

（検印廃止）

2001年7月25日　初版第1刷発行

訳者　小山千早
発行者　武市一幸

発行所　株式会社　新評論

〒169-0051
東京都新宿区西早稲田3-16-28
http://www.shinhyoron.co.jp

電話　03(3202)7391
FAX　03(3202)5832
振替・00160-1-113487

落丁・乱丁はお取り替えします。
定価はカバーに表示してあります。

印刷　フォレスト
製本　協栄製本
装丁　山田英春



Printed in Japan
ISBN4-7948-0527-6 C0045